滇池流域水生态功能分区研究

黄　艺　曹晓峰　樊　灏　蒋大林　汪　杰　蔡佳亮等　著

U0214853

科学出版社

北　京

内 容 简 介

本书系统介绍了滇池流域水生态功能分区理论，全书分为 7 章，在总结水生态功能分区理论的基础上，重点阐述了滇池流域的自然环境、社会经济和人文地理特征的空间分布概况，以及水资源、水环境、大型水生生物等水生态系统的时空演变规律，并分析了滇池流域水生态功能的驱动机制，以此构建了滇池流域水生态功能 1~4 级分区的指标体系，最后对分区结果进行了功能评价，并提出流域水生态系统保护目标和保护建议。

本书适合生态学、环境科学、地理学、水文与水资源和流域规划与管理等专业的科研、教学和管理工作的读者借鉴和参考。

图书在版编目（CIP）数据

滇池流域水生态功能分区研究／黄艺等著 . —北京：科学出版社，2018.6
ISBN 978-7-03-057615-6

Ⅰ.①滇… Ⅱ.①黄… Ⅲ.①滇池–流域–水环境–生态环境–环境功能区划–研究 Ⅳ.①X321.274.113

中国版本图书馆 CIP 数据核字（2018）第 120065 号

责任编辑：刘 超／责任校对：彭 涛
责任印制：张 伟／封面设计：李姗姗

科学出版社 出版
北京东黄城根北街 16 号
邮政编码：100717
http://www.sciencep.com

北京建宏印刷有限公司 印刷
科学出版社发行 各地新华书店经销

*

2018 年 6 月第 一 版 开本：787×1092 1/16
2018 年 6 月第一次印刷 印张：14
字数：340 000
定价：218.00 元
（如有印装质量问题，我社负责调换）

前　　言

　　滇池流域是云南省重要的政治文化中心,其地处金沙江、珠江、红河三大水系的分水岭。昆明市依附于滇池而发展,从20世纪80年代末90年代初的480万人口,发展成了常住人口662.6万人、面积21012.54 km²、GDP 3712.99亿元的大城市,成了高原上的一颗明珠。然而,伴随昆明市人口快速增长和城市规模的不断扩大,滇池流域的生态系统也发生了巨大的变化。滇池流域水资源供需矛盾突出,入湖河流水量锐减、水质下降、滇池生态环境恶化,湖泊富营养化严重,景观及供水等功能下降等问题引起了社会各界的广泛关注,滇池被列为全国重点治理的"三江三湖"之一。在科学技术部的"水体污染控制与治理科技重大专项"研究中,滇池流域作为"三河、三湖、一江、一库"里的重点项目,均列入"十一五"和"十二五"国家重大水专项的研究对象。

　　在相当长的一段时间内,滇池流域仍然要承受人口和经济增长带来的巨大环境压力。一方面,人口的持续增长将增加对滇池的用水需求,使得滇池的饮用水服务功能相对减弱;另一方面,城市化进程的推进和人口的持续增长所带来的污染物和生活废水的排放,在某种程度上将加剧污染物对环境的压力。流域所面临的水资源短缺和水体富营养化将使滇池这一高原湖泊的生态系统面临严峻的挑战。

　　本书基于国家重大水专项对滇池研究的成果,在研究滇池流域的水文、水质和水生态特征的基础上,通过分析滇池水生态过程,对滇池流域水生态功能进行分级分区,并对各区的水生态服务功能进行阐述。以期为滇池流域水生态系统的保护和恢复,为滇池流域的综合管理提供重要技术支持。

　　全书共分7章,第1章阐述不同生态功能区划的概念内涵和研究进展,并确立了水生态功能区划的理论基础和划分路径,由黄艺和蔡佳亮撰写。第2章介绍了滇池流域的自然环境特征与社会经济情况,由汪杰、蔡佳亮、曹晓峰、孙金华撰写。第3章综述了滇池流域现有的区划和规划,由蒋大林和黄艺撰写。第4章阐述了滇池流域自然和社会要素与水生态系统的关系,由蔡佳亮、文航、吕明姬、曹晓峰、高喆、孙金华撰写。第5章和第6章对滇池流域的水生态功能1~4级区划进行了具体划分和说明,由樊灏、曹晓峰、蒋大林、高喆、汪杰、陈小勇、赵亚鹏撰写。第7章则在上述分区的基础上,在水生态功能二级分区水平对滇池流域水生态系统的安全性进行了评估,并提出了保障滇池生态安全的管理对策,由曹晓峰、樊灏、孙金华撰写。全书由黄艺、曹晓峰定稿。

　　本书的写作与出版受"十一五"国家水体污染控制与治理科技重大专项—重点流域水

生态功能一级二级分区研究（2008ZX07526-002）—滇池流域水生态功能一级二级分区研究（2008ZX07526-002-06）与"十二五"国家水体污染控制与治理科技重大专项—重点流域水生态功能三级四级分区研究（2012ZX07501-002）—滇池流域水生态功能三级四级分区研究（2012ZX07501-002-06）的资助，并受昆明市环境监测中心、中国林业科学研究院西南生态研究中心和中国科学院昆明动物研究所提供支撑材料。在此，谨向参与本书研究工作的所有专家学者、技术人员、研究生，以及给予本书研究工作帮助、指导的单位和个人，表示诚挚的谢意！

　　由于作者水平有限，书中难免存在疏漏与不足之处，敬请学术界同仁与广大读者不吝批评赐教。

黄　艺

2016 年 9 月

目　　录

第1章　绪论 ……………………………………………………………………… 1

1.1　流域水生态功能分区研究的背景 ……………………………………… 1

1.2　水生态功能分区相关的研究及其进展 ………………………………… 2

1.3　流域水生态功能分区的理论基础和线路图 ………………………… 14

第2章　滇池流域水生态系统形成基础 ……………………………………… 26

2.1　湖泊流域特征 …………………………………………………………… 26

2.2　滇池流域自然环境特征 ………………………………………………… 27

2.3　滇池流域社会经济特征 ………………………………………………… 49

第3章　滇池流域现有区划方案解析 ………………………………………… 53

3.1　生态功能区划 …………………………………………………………… 53

3.2　水功能区划 ……………………………………………………………… 57

3.3　水环境功能区划 ………………………………………………………… 66

3.4　主体功能区规划 ………………………………………………………… 70

3.5　其他区划 ………………………………………………………………… 75

3.6　现有区划与水生态功能分区的关系 ………………………………… 76

第4章　滇池流域自然和社会要素与水生态系统功能关系分析 ………… 79

4.1　水生生物群落结构和水质关系分析 ………………………………… 80

4.2　河流水文形貌对底栖动物群落结构的影响 ………………………… 86

4.3　人类活动对水质变化的影响 ………………………………………… 90

第5章　滇池流域水生态功能分区 ………………………………………… 109

5.1　滇池流域水生态功能分区的定位与目标 ………………………… 109

5.2　滇池流域水生态功能分区目的和原则 …………………………… 110

5.3　滇池流域水生态功能划分方法 …………………………………… 112

5.4　一级分区过程与结果 ……………………………………………… 114

5.5　二级分区过程与结果 ……………………………………………… 122

5.6　三级分区过程与结果 ……………………………………………… 130

5.7　四级分区过程与结果 ……………………………………………… 143

第6章　滇池流域水生态功能分区方案说明 ……………………………… 154

6.1　北部水源地—山区河流—水生态功能一级区（LGⅠ区） ……… 154

6.2　南部水源地—山区河流—水生态功能一级区（LGⅡ区） ……… 164

6.3　环滇池—平原河流—水生态功能一级区（LGⅢ区） …………… 168

6.4　滇池—湖体—水生态功能一级区（LGⅣ区） …………………… 184

6.5 西山—海口河—水生态功能一级区（LGⅤ区） ·············· 188

第7章 基于水生态功能分区的水生态系统安全评价 ·············· 190

7.1 水生态安全的概念和内涵 ·············· 190

7.2 滇池流域水生态系统安全评估方法 ·············· 192

7.3 滇池流域水生态系统安全评估 ·············· 197

7.4 滇池流域水生态系统安全评估结果解析及管理对策 ·············· 204

参考文献 ·············· 211

第 1 章 绪 论

分区是空间组织和管理的一种常见手段。自然资源管理者和生态系统管理者一直在探索不同的分区理论和技术，以适应不同管理目标的需求。本章通过梳理既有生态分区相关的研究和实践，提出水生态功能分区的理论基础和技术路线，为滇池水生态功能分区提供基础。

1.1 流域水生态功能分区研究的背景

流域（watershed）在自然地理学中被定义为水系的汇水区域和具有水文功能的连续体，包括自然水文网、相邻路段，以及集水区内的人口、环境、资源、经济、文化、政策和决策等要素，是一个兼具封闭性与开放性的动态复合生态系统。流域的封闭性由其明确的自然地理界限所决定，流域内各要素之间具有因果关系，通过物质输移、能量流动、信息传递，各因素通过相互交织、相互制约，形成自然-社会-经济复合系统。流域的开放性在于其复合系统的耗散结构，依赖于外界的能量流动、物质循环和信息传递，以及生态系统的自组织能力，从而维系流域生态系统健康，进而实现作为完整系统所提供的服务功能（蔡晓明，2000）。

流域是人类活动最为剧烈的地区之一。然而，随着人口的急剧增长和资源的过度消耗，持续而剧烈的人类活动已经使全球生态系统遭受空前的冲击与破坏，生态系统服务功能（ecosystem services）及其对人类的福祉正在迅速衰退，甚至威胁到人类可持续发展的生态基础（李文华等，2008）。联合国环境规划署（United Nations Environment Programme，UNEP）报告，近 20 年来全球各流域生态系统的生物多样性持续锐减，水生态系统的恶化程度比陆地生态系统更加严峻（UNEP，2007），已经造成全球约 20%的人口不能获得安全饮用水，约 40%的人口缺少基本用水卫生条件（UNEP，2012）。我国流域生态环境的状态也并不乐观，主要问题为水质急剧恶化，水量型缺水与水质型缺水并存，水资源开发与生态用水冲突（钱正英和张光斗，2001），水生态破坏严重与河口淤积，流域跨行政边界管理的职能分割与脱节（黄艺等，2009）等。因此，通过何种手段来科学合理地开展流域生态系统管理（ecosystem management）和水资源保护，已成为中国和世界各国可持续发展所面临的关键挑战之一。

自 20 世纪 70 年代末起，以生态系统健康（ecosystem health）为目标的水环境管理逐渐成为流域管理的研究主流，其理念强调了水环境污染控制向水生态系统完整性保护的转变。80 年代中期，美国国家环境保护局（US Environmental Protection Agency，USEPA）提出了水生态区的概念及其分区方法，并以此作为水生态系统环境管理的基本单元（Omernik，1987）。水生态区体现了水生态系统空间特征的差异，实现了从水化学指标向水生态指标管理的转变。90 年代末，USEPA 基于水生态区开始着手建立《地区营养标准发展的国家战略》（*the National Strategy for the Development of Regional Nutrient Criteria*），通过对湖泊与水库、河流与溪涧、河口区与海岸带、湿地等不同水体制定监测技术指导手册，以期发展和完善流域生态系统的非点源污染控制和生物多样性保护的管理标准。2000年，欧盟颁布《水框架指令》（*Water Frame Directive*，WFD），其中明确提出要以水生态区和水体类型为基础来评估水体的生态状况，从而确定水生态系统健康恢复目标的保护原则（Moog et al.，2004）。国外的这些研究和实践表明，水生态分区成为水环境管理的基础，它使决策者和管理者从系统的角度认识水环境，实现流域生态系统健康的目标。

我国一直在积极寻求适宜的水环境保护和管理措施，已先后制定了《水功能区划技术大纲》（中华人民共和国水利部，2000）、《地表水环境功能区划分技术导则》（国家环境保护总局环境规划院，2001）、《近岸海域环境功能区划分技术规范》（HJ/T 82—2001）、《中国水功能区划（试行）》（中华人民共和国水利部，2002）、《中国地表水环境功能区划》（国家环境保护总局，2002），以及《生态功能区划技术暂行规程》（国家环境保护总局，2002）等，它们对解决我国的水生态环境问题都发挥了重要作用。然而受众多主客观因素的影响，这些现行区划都还存在一系列问题，如缺乏基于流域生态环境特征与生态环境问题、生态环境敏感性，以及生态系统服务功能空间异质性规律的理论与方法的研究（孟伟等，2007），无法从根本上协调流域各利益相关者在水质、水量、水生态方面的冲突（周丰等，2007），无法适应以恢复完整性和可持续性生态系统健康为目标的流域生态系统管理的新要求（刘永和郭怀成，2008），因而无法满足未来我国水环境管理和水资源保护战略的新需求（阳平坚等，2007）。

为促进我国水资源管理从单一的水质管理向流域综合管理转变，实现流域水质保障与水生态安全的目标，国家在"十一五""十二五"期间启动了水体污染控制与治理科技重大专项（水专项），其中，专门设置了"流域监控"主题。该主题中的一项重要任务是要"系统地开展流域水生态功能分区理论与方法研究，建立水生态功能分区分指标体系，建立全国水生态功能分区技术框架，完成重点流域水生态功能一级、二级、三级和四级分区"。旨在研究流域水生态环境特征与生态环境问题、生态环境敏感性和生态系统服务功能空间异质性规律的基础上，建立体现流域水生态系统异质性的单元区，以协调流域各利益相关者在水质、水量、水生态方面的冲突，适应以恢复完整性和可持续性生态系统健康为目标的流域生态系统管理。

1.2　水生态功能分区相关的研究及其进展

分区是空间组织和管理的一种常见手段。出于不同的管理目的，人们一直在探索不同的分区技术和分区方案，如为了给自然资源管理提供依据，为生态环境保护、生物多样性保护提供指导等需求，国内外已经进行了许多分区的研究和实践，相继进行了生态分区、生态功能分区、水生态分区、水功能分区、水环境功能分区等区划实践。区划由最初基于对自然地理特征的认识，从气候、地质、地形、地貌、水文、土壤等非生物性因素方面进行的区划，或基于植被、动物等生物性因素趋同或异质性进行的分区，逐渐转向关注由生物、非生物构成的整个生态系统的认识和空间划分。在区划空间范围上，有以行政边界为基本单元进行的区划，以便于空间的行政管理；有突破行政界线，以流域为基本单元，在生态水文完整性基础上进行的区划，以保证流域水生态过程的连续性和完整性。各种区划研究的开展对人类认识自然、合理利用和保护自然资源、差异性管理国土空间、指导区域开发建设活动、统筹协调区域发展等提供了基础。下面将详细介绍与流域水生态功能分区相关的各项区划的研究进展。

1.2.1 生态分区

自然地理环境是生态系统形成和分异的基础。在一定尺度区域内，自然地理环境的地域分异规律会导致空间分布呈区域分异的不同生态系统的组合。因此，生态区划多是在自然区划的基础上发展而来的（蒙吉军，2005）。19 世纪初，德国地理学家 Humboldt 把气候与植被分布有机结合，首创了世界等温线图。俄国地理学家 Dokuchaev 提出按气候划分自然土壤带，建立了土壤地带学说。与此同时，德国地理学家 Hommever 发展了地表自然区划的观念，以及在主要单元内部逐级分区的概念，设想出 4 级地理单元，开启了现代自然区划的研究（傅伯杰等，1999）。

19 世纪末生态区划研究出现，其标志是 Merriam 以生物作为自然区划的依据来划分美国的生命带和农作物带（Merriam，1898）。英国生态学家 Herbertson（1905）对全球各主要自然区域单元进行了区划和介绍，并指出了进行全球生态地域划分的必要性。1935 年英国生态学家 Tansley 提出了生态系统的概念，以植被（生态系统）为主体的生态区划研究得到了蓬勃发展，但也出现了把植被区划等同于生态区划，忽视生态系统整体特征的研究误区（郑达贤等，2007）。1962 年，加拿大森林学家 Orie Loucks 提出了生态区（ecoregion）的概念，即具有相似生态系统或期待发挥相似生态功能的陆地和水域，并将其作为生态分区研究的基本单元（Marshall et al.，1987；Wickware and Rubec，1989；Warry and Hanau，1993；Klijn and Udo Haes，1994）。1967 年，加拿大生态学家 Crowley 根据气候和植被的宏观特征，绘制了加拿大生态区地图（ecoregion map）。1976 年，美国生态学家 Bailey 从生态系统角度阐述了生态分区研究是按照其空间关系来整合自然地理单元的过程，先后绘制了美国（Bailey，1976，1994）、北美洲（Bailey and Cushwa，1981；Bailey，1997）、世界大陆（Bailey，1989）和海洋（Bailey，1996）的生态区地图。同一时间，加拿大进一步发展了全国生态分区体系（表1-1）。

表1-1 加拿大生态区划方案

分区名称	分区数量	分区描述
生态带（ecozone）	15 个	地表上极为一般化的区域，大生态景观单元指在任何特定的、有明显区别和相互关系的生物与非生物因素混合的地区
生态省（ecoprovince）	53 个	生态带的一部分，基于地形地貌、动物群区系、植被、水文学、土壤和大气候等的差异而进一步划分的区域

分区名称	分区数量	分区描述
生态区（ecoregion）	194 个	生态省的一部分，基于植被、土壤、水和动物群等的差异而进一步划分的区域
生态小区（ecodistrict）	1021 个	生态区的一部分，基于地貌、地质、地形、植被、土壤、水、动物群等的差异而进一步划分的区域

资料来源：Bailey et al.，1985。

目前，USEPA 将生态区最新定义为具有一个独特的生物种群分布结构和模式的空间区域。在这空间区域中，非生物因素，如气候、地形、土壤和水文等，不仅与生物种群之间有着密切的联系，而且对于生态系统的发展起着重要作用。换言之，生态区反映了基于景观特征的主要生态模式，为生态系统评估、监测和管理提供了景观尺度的空间结构（Merriam，1898；Dice，1943；Udvardy，1975；Thayer，2003），从而能够保证在生态系统完整的前提下，指导各政府部门开展自然资源和生态环境保护的管理工作。

中国的自然区划工作始于 20 世纪 30 年代，其标志是《中国气候区域论》的发表（竺可桢，1931）。40 年代初，黄秉维（1940，1941）对我国进行了首次植被区划。1959 年，中国科学院自然区划工作委员会编写出版了《中国综合自然区划（初稿）》，首次明确区划目的是为农、林、牧、水等事业服务，并依据国外（主要是苏联）的区划工作拟订了适合中国特点、又便于与国外相比较的区划原则和方法（燕乃玲，2003）。与此同时，根据农业发展的需要，中国提出了一系列全国农业区划方案。80 年代出版的《中国自然生态区划与大农业发展战略》，根据生态系统的差异，首次将全国划分为 22 个生态区，标志着中国生态区划的研究正式拉开了帷幕（侯学煜，1988）。针对 20 世纪 90 年代中期中国日益严峻的生态形势，傅伯杰等（1999）提出在充分认识区域生态系统特征的基础上，研究生态系统服务和生态资产分布、生态胁迫过程和生态环境敏感性，建立中国生态环境综合区划的原则、方法和指标体系。杨勤业和李双成（1999）明确了中国生态地域的基本分区，将全国分为 52 个生态区。21 世纪初，傅伯杰等（2001）提出了中国生态区划的方案，即将全国划分为 3 个生态大区、13 个生态地区、54 个生态区，从而揭示不同生态区的生态环境问题及其形成机制。针对人类活动在自然生态环境变化中的作用和影响，苗鸿等（2001）基于社会、经济和资源利用等指标开展了全国生态环境胁迫的区划，初步提出了我国生态环境敏感特征，以及人类活动对生态环境的影响规律。这些研究为全国各区域进一步开展生态功能区划建立了宏观框架。

1.2.2 生态功能分区

生态特征区划和生态功能区划是生态区划的两大组成部分。相比于前者，生态功能区划强调了不同时空尺度的景观异质性（landscape heterogeneity）。景观异质性不仅是景观结构的重要特征和决定因素，而且对景观格局、过程和功能具有重要影响和控制作用，决定着景观的整体生产力、承载力、抗干扰能力、恢复能力，决定着景观的生物多样性。环境资源异质性、生态演替和干扰都是景观异质性的主要来源。

生态功能区划自 20 世纪 80 年代兴起，在大区域尺度上得到了广泛应用，其中，包括美国国家环境保护局（USEPA）（Omemik，1987）、塞拉俱乐部（Sierra Club）（Elder，1994）、环境合作委员会（Commission for Environmental Cooperation）、世界野生生物基金会（World Wildlife Fund International）（Olson and Dinerstein，1998），以及联合国粮食及农业组织（Food and Agriculture Organization of the United Nations）的相关工作。表1-2 主要概括了美国生态功能分区的发展历程。这些生态功能区划的方法与成果（生态功能区地图）通过分析区域生态环境问题形成的原因和机制，进一步对生态环境及其生态资产进行综合评价，为区域资源的开发利用、生物多样性保护，以及可持续发展战略的制订等提供了科学的理论依据（Bailey，1996；傅伯杰等，1999）。

表1-2 美国生态功能分区的发展

框架	目标	特征指标	分类方法	地理信息重要性
生态区（Bailey，1976，1988）	美国林业部能推进更多的地区性和长期规划的公共土地管理机构参与其中	气候、顶级植被、地形（高地、低地）	分类学，边界描绘规则应用于每个生态层级的一两个预先确定的环境变量	重要，确定地区某一特定层级空间范围内的变量
主要土地资源地区（US Department of Agriculture，Soil Conservation Service，1981）	为农业相关的决策制定提供基础	土壤、气候、水资源、土地利用	地区是所谓的土地资源单元（land resource units，LRUs）的集合。LRUs与各州土壤地图单元相对应，但必须基于气候、水资源、土地利用等重要地理差异进行修订或细化	重要，确定怎样或何时来细化LRUs，从而区别于其他环境变量的巨大差异
生态区（Omemik，1987；USEPA，1999）	协助淡水水域和陆地资源的管理者来理解可获得资源质量的地区模式	气候、地质（地表和岩床）、地文、土壤、植被（过去、现在、潜在的顶级种群）、土地利用、水质，以及其他与环境潜能和容量相关的变量	边界确定是基于一套能够最好控制或反映在给定区域给定范围的地区潜能和容量	重要，驱动整体方法，对于描绘每个生态区重要或相对重要变量的选择是基于地理信息和适应于每个生态区的特征指标
植被生态区（Hargrove and Hoffman，1999）	提供一种量化、自动和可重复的方法对景观结构进行地理分割	高地、斜坡、土壤体积密度、矿物土壤厚度、岩床厚度、年平均气温、年平均降水量、水土保持能力和年平均太阳辐射	统计聚类分析	不重要，因为聚类分析不需要在地理空间上实现

框架	目标	特征指标	分类方法	地理信息重要性
Holdridge 生命地带（Lugo et al.，1999）	提供一种生态制图的工具，能够应用到全球范围（与全球其他地区植被分类效果做比较）	降水量、生物温度、潜在土壤水分蒸发蒸腾损失总量、高地	自动方法对 Holdridge 生命地带图表进行地理空间应用	重要，在 Holdridge 生命地带分类学中，嵌入天气变量和其他特定变量（海拔）
北美陆地生态区（Rickett and Claerbout，1999）	用于保护规划的指导生物多样性评估	基于 Omernik（1995），但需修订物种分布和与地区物种生境有关的环境变量的有用信息	如果生物地理的和生物多样性模式不能在原来的边界上充分地区别或者充分地区别物种或唯一生境的额外集合，Omernik（1995）的生态区就可以被相互融合	重要，确定何时去融合或何时和怎样去充满生态区
生态区	生态区规划	基于 Bailey（1994），但需修订有用的额外的生物和行政信息	基于自然保护地区团队的建议，对 Bailey 生态区进行修订，边界修订是基于各种可以影响保护效果的因素	重要，地理和行政（政治）信息

2001 年，国家环境保护总局组织中国科学院生态环境研究中心编制了《生态功能区划暂行规程》，对省域生态功能区划的一般原则、方法、程序、内容和要求做了规定，用于指导和规范各省开展生态功能区划（郑达贤等，2007）。目前，全国许多省和城市都相继开展并完成了各自的生态功能区划。

生态功能区划体现了空间尺度的生态系统管理框架。通过识别生态系统空间格局、关键过程、动态演替的特征因子，揭示生态系统服务功能的区域差异，从而为因地制宜地开展生态功能区划，引导区域经济–社会–生态复合系统的可持续发展提供一种新的思路和途径（欧阳志云和王如松，2005；黄艺等，2009）。

1.2.3 水生态分区

早在 20 世纪 70 年代末，USEPA 期望水环境管理部门在水域管理中，不仅要关注水化学指标和水污染控制问题，而且要关注水生态系统结构和功能的保护。要求有一套针对水生态系统的区划体系，不仅可以指导水质管理，而且能够反映水生物及其自然生活环境的特征。

1987 年，USEPA 根据 Omernik 提出的水生态区概念，即基于土壤、自然植被、地形和土地利用 4 个区域性特征指标，将具有相对同质的淡水生态系统或生物体及其与环境相关的土地单元划分为同一生态区的分区方法，制定了首份美国水生态区方案。该方案不是根据某一种自然因素来划定各个级别的水生态区，而是将上述 4 个区域性特征指标结合在一起，反映水生生态系统及其周围陆地生态系统耦合关系的关键性因素（Omemik and Gallant，1990）。这些特征指标之间的联系密切，共同决定着土地利用类型，也影响着植被演替和土壤信息。例如，气候和地形影响土壤构成，气候和土壤影响植被类型，植被类型又影响着土壤构成。USEPA 通过对这 4 个指标专题地图的叠置和比较，确定其各自的空间特点和关系，以及潜在的水生态区范围。每个潜在的水生态区往往都由核心区和过渡区组成。其中，所有指标在核心区内的空间特点相对一致，能够基本重叠在一起，在过渡区内只有部分指标能够重叠在一起，需要根据专家经验进行判断，最终确定水生态区边界，因此，USEPA 水生态区方案是一个既能体现水生生态系统空间特征差异，又能够为水生生态系统完整性标准制定提供依据的管理单元体系。更重要的是，美国实现了从水化学指标向水生态指标管理的转变。

USEPA 水生态区方案至今已被多次修改，其最大变化是由Ⅲ级水生态区体系细化为Ⅴ级体系。其中，Ⅰ级和Ⅱ级划分都较为粗略，将整个美国划分为 15 个Ⅰ级区和 52 个Ⅱ级区；Ⅲ级划分比较细致，包括美国大陆（除阿拉斯加州和夏威夷州以外的美国国土）（the Conterminous United States）的 84 个Ⅲ级区和阿拉斯加州的 20 个Ⅲ级区（USEPA，2013）；为了管理和监测非点源污染问题，由各州划分Ⅳ级区，主要指标包括气候、地文、土地利用、土壤、植被、地表水质等；Ⅴ级区是基于区域景观水平开展的。目前，Ⅳ级水生态分区已经在美国各州实现，如在西弗吉尼亚州的阿巴拉契亚山脉山脊和山谷生态区，采用高程、电导率和水温 3 个指标将其划分为石灰岩山谷、页岩山谷、砂岩山脊、砂岩岩床山脊 4 种类型亚区，并且 4 种类型区并不是连续的，而是相互交错在一起；而Ⅴ级分区研究还仅在个别区域进行。

1998 年，USEPA 基于水生态区着手建立《地区营养标准发展国家战略》（*the National Strategy for the Development of Regional Nutrient Criteria*，NSDRNC），以期通过制定河流与溪涧、湖泊与水库、河口区与海岸带、湿地 4 种不同水体营养状态基准的监测技术指导手册来完善流域生态系统非点源污染控制和生物多样性保护的管理标准。根据这个国家的战略标准，将美国大陆的 84 个Ⅲ级区整合成了 14 个应用型的水生态区。

除此之外，美国自然保护机构（The Nature Conservancy，TNC）也开展了淡水生态系统保护的分区研究，其基本单元按尺度由大到小的顺序依次为Ⅰ级区—大生境（macrohabitat）、Ⅱ级区—水环境生态系统（aquatic ecological system）、Ⅲ级区—生态流域单元（ecological drainage unit），以及Ⅳ级区—水环境动物地理单元（aquatic zoogeographic unit）。

与美国水生态区方案中对流域水环境生态系统的管理理念相似，欧盟于 2000 年颁布了《水框架指令》，它以法律的形式要求欧盟境内的地表水达到"好的状态"。所谓"好的状态"，是指健康的水体生态状况，包括水物理-化学质量（pH、营养物、污染物）、水形态质量（水文区、河流连同性），以及水生物质量（鱼类、浮游植物、浮游动物、底栖动物）3 类指标，都处于良好状态。换言之，基于水体类型和水生态区，《水框架指令》分析水体的参考条件，从而评估水体的生态状况，并最终确定水环境生态系统健康恢复目标的保护原则（Moog et al.，2004）。

《水框架指令》的水生态区方案包括：①确定流域。②水体分类（河流、湖泊、过渡带水、海岸水、人工水、严重改变的水体）。③基础分区，即划分 A 系统或 B 系统。其中，A 系统是按照生态区的方法划分（包括海拔高度、下游区面积和地质这 3 个附加特征），而 B 系统除必需因子（与 A 系统因子相同）外，还引入了表征人类活动影响的选择因子，从而能够反映自然–社会经济–环境之间的耦合关系。④详细分区，即按照压力–状态–影响，将同一类型水体划分为未显著影响水体和显著影响水体。《水框架指令》克服了在生物多样性管理上的国家政策局限性，改革性地以流域尺度确定欧盟水质目标，代替原来的行政管理单元。

为达到减少污染、改善水质、促进水资源可持续利用和降低旱涝灾害破坏的预期目标，欧盟提出了分阶段实施《水框架指令》：2004 年完成水质现状及人类活动对水质影响的分析；2007 年完成流域地表水风险评估（WFD，2007）；2009 年推进流域管理计划；2012 年全面应用水生态区方案；2015 年境内地表水达到"好的状态"，是分类、分级、分区实现流域生态环境管理目标的典型范例。

澳大利亚横跨整个大洋洲大陆，水体具有极大的生态多样性，因此，澳大利亚提出以影响水生态系统的景观要素指标，即降水量（季节性和充足度）、海拔和地形、植被类型（结构和组成）3 个关键性因素，反映水生态系统的自然差异性（Davies，2000）。水生态区方案首先在维多利亚州试行，基于上述 3 个指标标准，可将其划分为 17 个水生态区（Wells and Peter，1997）。

我国为了满足生态水量标准制定的需求，中华人民共和国水利部于 2000 年开展了生态水文区划的工作。尹民等（2005）基于以往的水文区划（熊怡和张家祯，1995），提出了我国的生态水文区划方案，将水文要素特征与水生态特征区划进行了初步关联。该工作标志着我国的生态区划开始细化，有了专门针对水生态系统的区划研究和实践。

1.2.4　水功能分区

水功能区划（water function zoning）是为满足水资源合理开发和有效保护的需求，根据流域或区域水资源的自然条件、功能要求、开发利用现状，按照流域综合规划、水资源保护规划和经济社会发展要求，在相应水域按其主导功能并执行相应质量标准进行特定区域划分（高健磊等，2002）。

水功能区划是《中华人民共和国水法》赋予水利部门的一项重要职责。中华人民共和国水利部于 1998 年在全国范围内组织开展水功能区划分工作，全国七大流域根据各自情况对流域内所有江河湖库进行了水功能区划。在此基础上，中华人民共和国水利部根据国家和流域水资源的管理重点和核心，于 2001 年下发了《中国水功能区划（试行）》［简称《区划（试行）》］。通过 1 年的试行，水功能区管理取得了一定的效果。2003 年，中华人民共和国水利部征求全国各省、自治区、直辖市人民政府及各部委意见，对《区划（试行）》进行调整修改后上报国务院批准，并于 2003 年 7 月 1 日正式颁布实施了《水功能区管理办法》。目前，中华人民共和国水利部已经完成了全国地表水水功能区划方案（表 1-3）。

表1-3 中华人民共和国环境保护部地表水水环境功能区划与中华人民共和国水利部水功能区划简介

类型	项目	具体内容			
		中华人民共和国环境保护部地表水水环境功能区划		中华人民共和国水利部水功能区划	
区划原则依据	区划目标	正确实施地表水环境质量标准，促进水污染物排放总量控制和环境管理目标责任制的实施，正确决策地方水环境保护的重点水域和保护目标		根据流域（区域）水资源开发利用现状与社会需求，合理开发和有效保护水资源，并确保发挥其最佳效益	
	区划依据标准	GB 3838—2002	地表水环境质量标准	GB 3838—2002	地表水环境质量标准
		GB/T 14529—1996	自然保护区类型及级别划分原则	GB 5749—2006	生活饮用水卫生标准
		GB 5749—2006	生活饮用水卫生标准	GB 11607—1989	渔业水质标准
		GB 11607—1989	渔业水质标准	GB 5084—2005	农田灌溉水质标准
		GB/T 14848—1993	地下水质量标准	GB 12941—1991	景观娱乐用水水质标准
	适用范围	适用于按《地表水环境质量标准》划分的Ⅰ～Ⅴ类的水环境功能区、混合区、过渡区，不适用于没有水环境功能的季节性水域		流域（区域）内河流（包括运河和渠道）、湖泊、水库	
	区划原则	可持续发展的原则，集中式生活饮用水水源地优先保护的原则，地下饮用水水源地污染预防为主的原则，不得降低现状使用功能的原则，水域兼有多种功能时按高功能保护的原则，对专业用水区及跨界管理水域统筹考虑的原则，与调整产业布局、陆上污染源管理紧密结合的原则，实用可行、便于管理的原则		可持续发展原则，统筹兼顾、突出重点的原则，前瞻性原则，便于管理、实用可行原则，水质水量并重原则	
区划技术方法	分级分类系统	采用Ⅰ级区划，分为8类：自然保护区、饮用水水源保护区、渔业用水区、工业用水区、农业用水区、景观娱乐用水区、混合区、过渡区		采用二级区划，其中Ⅰ级区划分为4类：保护区、保留区、开发利用区和缓冲区；Ⅱ级区划分为7类：饮用水水源区、工业用水区、农业用水区、渔业用水区、景观娱乐用水区、过渡区、排污控制区	
	资料收集	水质控制断面的常规监测资料，分水期进行水质单因子评价，从不同水期的多项水质指标监测值中找出主要污染物类型（超标因子）、主要污染时段（控制水期）。按照超标因子的不同，可以分为有机污染类型（COD、BOD$_5$等）、富营养化类型（TP、TN等）、有毒有害类型（氰化物、汞、镉、铅、铬、砷等），分断面开列水环境问题清单		自然条件、社会经济、水资源开发利用现状、相关地方性法规与规划（流域综合规划、水资源保护规划）、水质现状及排污情况等。其中，Ⅰ级区划以省级行政区为单位，Ⅱ级区划以地级市为单位	

类型	项目	具体内容	
		中华人民共和国环境保护部地表水水环境功能区划	中华人民共和国水利部水功能区划
区划技术方法	区划技术程序	汇集水域使用功能、确定水质控制断面，水质评价与输入响应分析，水环境功能区划分，协调水环境功能区保护目标，上报审批	Ⅰ级区划：按照先易后难的规则，首先划定保护区，接着划定缓冲和开发利用区，然后划定为保留区 Ⅱ级区划：确定各开发利用功能区，然后协调和平衡各功能区的位置和长度等，最后考虑与规划衔接，检查所划功能区的合理性，进行适当的调整
	区划技术要求	饮用水水源保护区优先划分，混合区范围从严控制，明确水质控制断面考核目标，综合决策陆上污染源控制方案	以流域（区域）为单元，因地制宜地考虑水资源自然属性的空间差异性

水功能区划执行二级区划，即先对水域按照"保护区、保留区、开发利用区、缓冲区"进行Ⅰ级分区，再在开发利用区内进行Ⅱ级分区，共划分饮用水源区、工业用水区、农业用水区、渔业用水区、景观娱乐用水区、过渡区和排污控制区7类水功能区。

1.2.5 水环境功能分区

水环境功能区划（water environmental function regionalization）是针对流域或区域水域使用功能、经济发展和污染源总量控制的要求，而开展的水域分类管理功能区划分（夏青，1989）。早在"六五"期间，我国就开始了水环境功能区划的相关工作，但主要集中在对部分流域的水环境容量研究上；自1988年起，我国《地表水环境质量标准》从GB 3838—1983水域分级管理过渡到GB 3838—2002水域分类管理，确定了高功能水域高标准保护和低功能水域低标准保护的思想；到20世纪90年代，各省、自治区、直辖市在中华人民共和国环境保护部的指导下，相继开始进行当地水环境功能分区的工作，并取得了阶段性成果（王红等，2002；许宏斌，2003；尹越等，2003；陈德容等，2004；侯国祥等，2004）；2002年，中华人民共和国环境保护部发布《关于开展全国水环境功能区划汇总工作的通知》（环办〔2002〕55号），正式启动全国的水环境功能区划汇总工作，同年又发布了《关于汇总核实全国水环境功能区划及开展环保重点城市水环境功能区划汇总工作的通知》（环办〔2002〕117号），要求对面积在1000 km²以上的流域必须进行水环境功能区划，同时编写《全国水环境功能区划汇总工作指南》，将水环境功能分区研究进行规范和统一（表1-3）。

目前，在全国31个省、自治区、直辖市和113个环境保护重点城市的环境保护主管部门的共同努力下，全国水环境功能区划汇总工作初步完成。我国第一次对十大流域、51个二级流域、600个水系、57 374条总计298 386 km的河流、980个总计52 442 km²的湖库进行了系统的水环境功能区划，得到了我国水环境功能区划全息描绘，将我国水环境管理出发点、最终目标和地表水环境质量标准对应到1.3万个水环境功能区，形成以地理信息系统（GIS）为工具，以1∶25万或1∶5万标准电子地图为平台，省市2级、数据表和数据图两种表现形式的工作成果，构建了数字水环境管理工程的、开放的、动态的平台。

水环境功能区划和水功能区划为我国的水环境改善和水资源可持续利用做了大量卓有成效的研究和实践工作，在我国水环境管理和水资源保护战略中具有不可替代的作用（孟伟等，2007）。然而受众多主客观因素的影响，水环境功能区划和水功能区划已难以满足流域生态系统服务功能的需求，主要表现在：①较少考虑流域的区域特征、水文结构和生态完整性，缺乏对流域生态系统健康受损机制成因的认识，从而难以支持水环境及其生物的基准制定，导致无法实现汇水区内淡水生态系统与陆地生态的综合管理；②忽略了非点源污染对流域污染的贡献，及其在流域内迁移转化的规律；③限于"地方（部门）制定，国家协调"的行政思路，未形成一套利益相关方共同参与协商解决冲突矛盾的管理机制。

基于对我国现行水环境功能区划和水功能区划的问题识别，周丰等（2007）提出了流域水环境功能区的概念，即根据当地水环境自然条件、水资源利用状况和经济社会发展需求，在流域尺度和时间尺度上统筹权衡人类需求功能与水生态需求功能，将水域划分为不同的分类管理功能区，并实行针对性的动态管理目标。阳平坚等（2007）从流域生态系统管理的角度丰富了这个概念，提出基于生态管理的流域水环境功能分区研究，即以水生态区为背景，充分考虑水生态系统完整性及区域分异性，综合权衡水生态需求功能与人类需求功能，优先满足水生态系统维持其自身生态功能的水量需求；同时为满足未来生态管理的战略要求，建立水生态保护目标、水质目标和最小水量目标相结合的近、远期多目标管理体系。这些研究为流域水生态功能分区研究的概念界定、关键问题识别、技术方法筛选提供了科学借鉴。

1.2.6 流域水生态分区

在水生态区概念提出之前，一些学者就开始了河流分类方法研究。河流分类方法主要包括以下两种：一种是基于生物学的河流分类方法，即根据水生物的分布特点划分河流类型；另一种是基于景观地理学的河流分类方法，即根据影响水生物分布的物理特点对河流进行分类。虽然根据水生物划分能体现河流功能全面配置的特点，并以此建立了相应的河流分类系统（Naiman et al.，1988）。然而，根据生态系统中心理论，河道形态、河流物理过程和水文过程与流域形貌特征有关，并最终决定了河流水生态系统的生物群落和潜在响应（Montgomery，1999），因此，以流域生态系统水文形貌因素（物理特征）为基础的分类系统似乎更能诠释河流的多样性结构。

最初，人们只是采用一些栖息地指标进行河道类型的划分，并没有考虑尺度问题。Schumm（1979）认为，一个理想化的河流系统包括3个河道区：①沉积物产生的上游区域（源区），其主要控制因素是气候、地壳运动和土地利用。②传输的中间区，其主要控制因素是均衡。③下游区（沉积区），其主要控制因素是地壳运动。Brussock等（1985）提出了一个河流栖息地的纵向划分体系，其依据是河渠被认为存在3种不同的沉积形式的环境：①鹅卵石或者石头的河床；②砾石的河床河道；③沙河床河道。Frissell等（1986）通过对时空尺度的河流等级体系进行研究，提出了真正意义上的河流等级层次体系，即可将其划分为流域、河流段、区、河道区、形态单元、水动力学群落生境区6类（图1-1）。

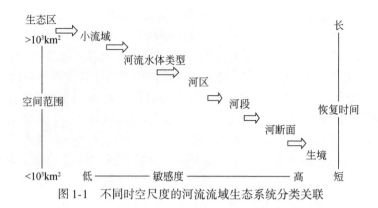

图 1-1　不同时空尺度的河流流域生态系统分类关联

Frissell 等（1986）的层次模型提供了河流流域物理特性的空间框架，是建立流域水文、河道水动力学和沉积物传输过程模型的基础。Bailey 生态区方案和 Omernik 水生态区方案都借鉴了这个层次模型的理念，先对不同空间尺度的河流流域进行分区，然后根据它所在的生物地理气候区和流域的相关特性，再对河流流域进行进一步分类，从而将大的区域划分（生态区）与小的微生境尺度相联系（Naiman et al.，1992）。Rosgen（1996）从流域地势、河流地形、河谷地貌出发，以岩性、河流过程、沉积物、气候和主要生物带 5 类指标，丰富了这个层次模型（图 1-2）。

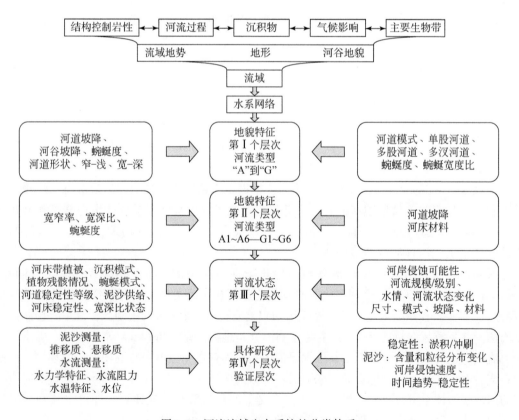

图 1-2　河流流域生态系统的分类体系

对于湖泊流域的水生态分区，多以栖息地的差异进行划分。Søndergaard 等（2005）以化学和生物指标分类丹麦 709 个湖泊，结果发现 TP 是确定湖泊富营养化水平的限定条件，并以此确定不同湖泊的生态分区。Miers（2004）将水生栖息地与陆地、湿地和海洋系统交织在一起，由生态区、生物地理气候带（单元）和生态系统类型 3 个水平组成，划分了英国哥伦比亚的水生栖息地类型（表 1-4）。

表 1-4　英国水生栖息地的分类体系

项目	分区尺度						
	Ⅰ级区	Ⅱ级区	Ⅲ级区	Ⅳ级区	Ⅴ级区	Ⅵ级区	Ⅶ级区
分区名称	生态区	生物地理气候带（单元）	陆地生态系统				
			河岸带生态系统				
			水生态系统	湿地			
				河段	河段	河道单元	小环境
				湖泊	露天水体		
					近岸水域		
				河口			
				海洋			

在管理上应用上，基于流域水生态分区研究和区划结果，可以制定河流、湖泊的水生态监控指标，制定各水生态区不同类型水体的水物理标准、水化学标准和水生物标准；进行河流、湖泊的生态系统完整性评价；从河流、湖泊生态系统健康和水质安全的理念出发，开展水体污染负荷的计算，强化排污混合区、河流上下游、左右岸之间水质过渡区的管理（Hawkes et al.，1986；Hughes and Larse，1988；Gannon et al.，1996；Austrian Standards Institute，1997）。

1.2.7　流域水生态功能分区

针对流域水生态系统管理需要，"流域水生态功能分区"的概念被提出。水生态功能分区是以淡水生态系统及其周围环境为研究对象，以淡水生态系统的空间层级为划分基础，旨在反映水生态系统的分类学特征，揭示水生态系统类型与功能的区域差异性，从而为水环境的分区分级管理提供依据。水生态功能分区是水环境功能区划的基础，是功能区划中水体生态系统特征的识别，以及水生态功能定位的基础，同时可以为水体资源功能、环境功能和生态功能的协调发展提供基础，从而制定出适宜的流域生态保护目标和发展愿景。

尽管目前人们对实施流域水生态功能区划的紧迫性有了一定的了解，但是国内外尚缺乏对湖泊流域水生态学问题进行系统性分析，并在此基础上制定划分湖泊流域水生态系统功能区，并建立以水生态功能区划单元为基础的健康恢复措施与生态系统管理对策的综合性研究。

1.3 流域水生态功能分区的理论基础和线路图

所谓流域水生态功能区划（aquatic ecological function regionalization），就是在对流域水生态系统特征进行全面了解的基础上，分析流域内水生态系统结构和功能的空间分异规律，辨析水–陆生态系统的耦合关系，并根据水生态系统的水文形貌特征、生态敏感性和生态功能在空间上的差异性和相似性，将湖泊流域划分为不同水生态功能区的研究过程。湖泊水生态功能区划的本质是区分水生态系统结构和功能空间异质性，目的是为制定科学的流域管理策略提供技术支持，以达到流域的水生态系统安全和水生态系统健康，因此，需要以流域生态学、景观生态学和地理等学科的理论为基础，指导区划的设计、指标选择、边界确定等具体工作（图1-3）。

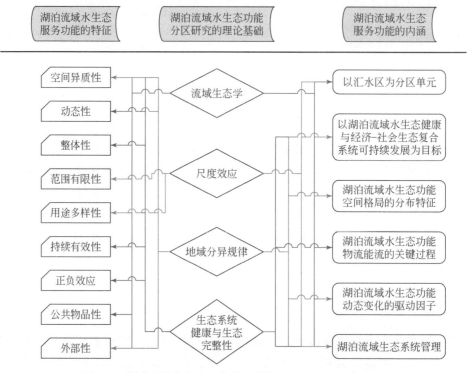

图1-3 湖泊流域水生态功能分区研究理论基础的对应关系

1.3.1 流域生态学

流域又称汇水区，是指分水线包围水系的集水区域，是一个兼具封闭性与开放性、动态的复合生态系统（图1-4）。流域的封闭性是由其明确的自然地理界限所决定的；而流域的开放性在于其复合系统的耗散结构，依赖于外界的能量流动、物质循环和信息传递，以及生态系统的自组织能力，从而维系流域生态系统健康，进而实现作为完整系统所提供的服务功能。

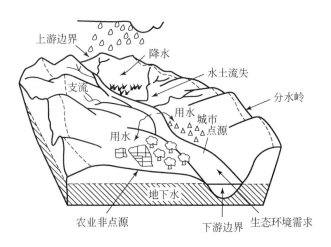

图 1-4　流域生态系统的边界与结构（刘永和郭怀成，2008）

第二次世界大战后，流域开发日益受到人们的重视，许多国家和地区越来越倾向于以流域为单位，建立和恢复森林生态系统或发展混农林业（混林农业）作为整治环境和发展经济的一个重要途径。河流和湖泊生态系统易受来自汇水区及其沿岸带所辖陆域内的地形地貌、生物多样性和土地利用/覆被变化（land use coverage change，LUCC）的强烈影响，并将所产生的生态效应最终作用于陆-水耦合体（land-water coupling）。因此，要了解水生态系统，仅仅研究水体是不够的，需要将流域视为一个大的生态系统进行解析和研究。

流域生态学就是以内陆水体及其汇水区域为对象，运用现代生态学和数理科学的理论、方法，研究作为复合生态系统的流域内部高地、沿岸带和水体生态系统间物质、能量、信息的流动规律，从而通过对水体及其流域生态系统进行科学管理，维持流域生态、经济和社会相统一的可持续发展的平衡状态。其主要探讨流域尺度内陆-水耦合体的斑块镶嵌对流域生态系统健康动态变化的影响。

对于湖泊流域而言，湖泊作为流域下游的"汇"，受纳了经地表径流（即入湖河流）输入的来自流域上游陆域生态系统的点源和非点源污染物。换言之，入湖河流从入湖口排入湖泊的污染物代表了该入湖河系所汇集的流域上游陆域生态系统点源和非点源污染物的总和。结合水文学基本规律，流域尺度内 1 个或若干个入湖河系被分水线所包围的集水面积就构成了流域的汇水区。

因此，基于汇水区研究湖泊流域陆-水耦合体对其生态系统健康动态变化的影响，反映了流域生态系统结构、功能及其过程的整体性和连续性，从而为识别湖泊流域陆-水耦合体的空间格局、物流能流过程及其动态变化的驱动因子提供了重要的理论依据。

1.3.2　生态系统服务功能

生态系统功能是生态系统所固有的本质属性，是维系生态系统服务的基础。流域生态系统功能体现了流域陆－水耦合体之间物流能流的关键过程，对改善人类福祉（human well-being）与扶贫提供了4种至关重要的流域生态系统服务，包括供给服务（providing services）、调节服务（regulating services）、文化服务（cultural services）和支持服务（supporting services）（Costanza et al.，1997；欧阳志云等，1999；世界资源研究所，2005）（图1-5）。这不仅为人类提供所需的食物（鱼类）、淡水、纤维等，更重要的是支持和调节地球生命系统与环境的时空动态平衡（孙刚和盛连喜，2001；于书霞等，2004）；同时，流域还在美学、教育、精神等文化服务方面具有重大的价值，为人类提供了众多必不可少的休闲娱乐的条件（表1-5）。

一种流域生态系统功能可提供多种流域生态系统服务，同时，一种流域生态系统服务又由多种流域生态系统功能共同维系。流域生态系统服务功能内涵关系之间的这种紧密联系决定了其生态系统健康状态的强弱。因此，湖泊流域水生态功能分区研究的核心内容就是整合与分异流域各汇水区内的生态系统服务水平。换言之，湖泊流域水生态功能分区研究的基本方法即为先分区、再分类。

表1-5中的符号"1，2，3，?"分别表示"低、中、高和未知"；空格则表示人们认为该项生态系统服务不适用于该项流域生态系统类型。表1-5中的信息代表有关专家对全球流域平均格局的看法。局地和区域范围内的相对量级存在一定的差异。

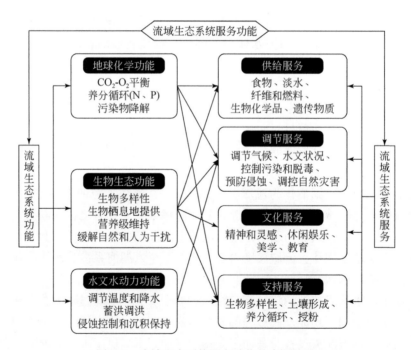

图1-5　流域生态系统服务功能的内涵关系

表 1-5 各种流域生态系统类型提供的生态系统服务的相对量级

服务	具体功能与范例		永久性和暂时性的江河溪流	永久性湖泊和水库	季节性湖泊和沼泽（包括河漫滩）	林泽湿地和沼泽（包括河漫滩）	高山湿地和苔原湿地	泉水和绿洲	地热湿地	地下湿地（包括洞穴和地下水系统）
内陆流域										
供给服务	食物	产出鱼类、野生动物、水果谷物	3	3	3	3	1	1		
	淡水	储存和保留水分；提供灌溉用水和饮用水	3	3	2	1	1	1		3
	纤维和燃料	产出木材、薪柴、泥炭、饲草和聚合物	2	2	1	3	2	1	1	
	生物化学品	从生物群中提取生物化学物质	1	1	?	?	?	?	?	
	遗传物质	提供药物、抵抗植物病原体的基因和观赏物种等	1	1	?	1	?	?	?	
调节服务	调节气候	调节温室气体、气温、降水及其他气候过程，调节大气中的化学构成	1	3	1	3	1	1	1	1
	水文状况	地下水的补给和排放，储存农业或工业用水	3	3	2	2	1	1		1
	控制污染和脱毒	保留、恢复和消除过多的养分和污染物	3	3	1	2	1	1		2
	预防侵蚀	保持水土，防止土壤出现结构性的变化(沿海侵蚀、河岸坍塌等)	2	1	1	2	?	1		1
	调控自然灾害	防洪、抵御风暴	2	3	3	2	2	1		1

服务	具体功能与范例		永久性和暂时性的江河溪流	永久性湖泊和水库	季节性湖泊和沼泽（包括河漫滩）	林泽湿地和沼泽(包括河漫滩)	高山湿地和苔原湿地	泉水和绿洲	地热湿地	地下湿地（包括洞穴和地下水系统）
文化服务	精神和灵感	个人的感受与福祉，宗教意义	3	3	2	2	1	2	1	1
	休闲娱乐	提供旅游和休闲活动的机会	3	3	2	1	1	1	1	1
	美学	欣赏自然景致	2	2	1	2	1	1	1	1
	教育	提供正规和非正规教育和培训的机会	3	3	2	2	1	1	1	1
支持服务	生物多样性	为长期或短暂生活的物种提供栖息地	3	3	2	2	1	1	1	1
	土壤形成	保留沉积物、聚集有机物	3		2	3	1	?	?	
	养分循环	养分储存、再循环、加工和获取	3	3	3	3	1	1	?	1
	授粉	为授粉者提供支持					1	1		
滨海流域										
供给服务	食物	产出鱼类、海藻、无脊椎动物	3	3	1	2	1	2	1	2
	淡水	储存和保留水分，提供灌溉用水和饮用水	1		1					1
	纤维和燃料	产出木材、薪柴、泥炭、饲草和聚合物	3	3	2					
	生物化学品	从生物群中提取生物化学物质	1	1			1			1
	遗传物质	提供药物、抵抗植物病原体的基因及观赏物种等	1	1	1		2			1

服务		具体功能与范例	永久性和暂时性的江河溪流	永久性湖泊和水库	季节性湖泊和沼泽（包括河漫滩）	林泽湿地和沼泽(包括河漫滩)	高山湿地和苔原湿地	泉水和绿洲	地热湿地	地下湿地（包括洞穴和地下水系统）
调节服务	调节气候	调节温室气体、气温、降水及其他气候过程，调节大气中的化学构成	2	2	2	1		1	1	2
	生物调节	抵御外来物种的入侵，调节不同营养级位之间的相互关系，保持生态系统功能的多样性及其相互关系	2	3	2	1		1		1
	水文状况	地下水的补给和排放，储存农业或工业用水	1		1					
	控制污染和脱毒	保留、恢复和消除过多的养分和污染物	3	3	2		?	1	1	1
	预防侵蚀	保持水土，防止土壤出现结构性的变化（沿海侵蚀、河岸坍塌等）	2	3	1	1	1	2	2	2
	调控自然灾害	防洪、抵御风暴	3	3	1	1	1	2	2	3

服务	具体功能与范例		永久性和暂时性的江河溪流	永久性湖泊和水库	季节性湖泊和沼泽（包括河漫滩）	林泽湿地和沼泽(包括河漫滩)	高山湿地和苔原湿地	泉水和绿洲	地热湿地	地下湿地（包括洞穴和地下水系统）
文化服务	精神和灵感	个人的感受与福祉	3	1	2	3	1	1	1	3
	休闲娱乐	提供旅游和休闲活动的机会	3	1	1	3	1			3
	美学	欣赏自然景致		1	2	2				3
	教育	提供正规和非正规教育和培训的机会	1	1	1	1				1
支持服务	生物多样性	为长期或短暂生活的物种提供栖息地	2	2	1	3	1	3	1	3
	土壤形成	保留沉积物、聚集有机物	2	2	1	1				
	养分循环	养分储存、再循环、加工和获取	2	2	2	1	1	1		2

资料来源：世界资源研究所，2005。

1.3.3 生态系统尺度效应

从生态学的角度来说，尺度是指所研究生态系统的面积大小或最小信息单元的空间分辨率水平（即空间尺度），或者所研究生态系统动态变化的时间间隔（即时间尺度），尺度效应（scaling effect）是生态学的核心理论之一，时空尺度包含于任何景观的生态过程之中。因此，景观格局、功能、过程研究都必须考虑尺度效应。

尺度效应通常指生态系统或景观随尺度变换而出现的一系列变化。例如，景观格局的简单化是由尺度增加造成的，具体表现为某一尺度下空间变异中的噪声（noise）成分，可在另一较小尺度下表现为结构性成分。在一个尺度上定义的同质性景观可以随观测尺度的改变而转变成异质性景观。因此，离开尺度来讨论景观异质性是没有意义的。

分析景观异质性在不同时空尺度上的动态变化，可以加深对流域陆–水耦合体时空等级结构（hierarchical structure）的认识。按照等级理论，属于某一尺度的系统过程和性质即受约于该尺度，每一尺度都有其约束体系和临界值，尺度外推必然超越这些约束体系和临界值。例如，流域和子流域过量 N、P 干扰的性质是不一样的，彼此之间的尺度上推（scaling up）和尺度下推（scaling down）都很困难。但也有一些生态学家则认为，不同等级上的生态系统都是由低一等级的系统所构成的，不同等级之间存在着信息交流，这种交流就构成了等级之间的相互联系。

与其他生态系统一样，水生态系统也由多个层次水平的等级体系所组成，在不同的空间尺度中，其结构与功能具有不同的相互依存关系。水生态系统发生过程的多层次性，形成了结构的多等级层次。因此，流域水生态功能分区的目的是反映流域水生态功能在不同空间尺度下的层次结构和分布格局，为水生态系统分类管理提供支撑，进而为实现流域水生态健康服务。

1.3.4 景观异质性

景观由异质要素组成，而流域是由陆地生态系统和淡水生态系统组成的异质性区域，所以，流域生态学和景观生态学之间有着紧密的联系。水生态学家从景观的角度描述湖泊和河流已有相当长的历史。20 世纪 70 年代，Hynes（1975）综合了当时关于景观−溪流相互作用的知识，通过较大尺度上对化学、水文学和沉积输移的控制，整个汇水区也影响着其边界内的河流和湖泊。

景观异质性是许多基本生态过程和物理环境过程在不同时空尺度下连续共同作用的产物，反映了景观生态系统的空间结构、过程和功能的异质性，强调了景观要素在时空分布上的不均匀性、不确定性和复杂性。在自然或半自然区域内，受土地利用类型及其空间分布相似性的影响，多个汇水区的综合分析能够体现出流域尺度上土地利用类型与水质的相关关系（图 1-6）。然而，营养物质类型及其累积浓度的空间分布在不同土地利用类型上

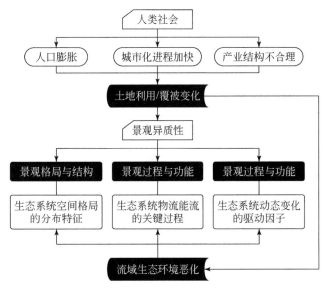

图 1-6　土地利用/覆被变化与景观异质性的关系

呈现出各不相同的特征。尤其是在城市区域中，人类活动的影响造成流域中不同汇水区之间土地利用的异质性，这不仅使得土地利用类型发生变化，而且其空间分布也变化强烈，从而导致不同汇水区内的土地利用类型对水质的影响效果产生差异。

因此，汇水区景观异质性的研究方法，为识别湖泊流域水生态过程的结构特征与空间格局，以及汇水区土地覆盖的时空分异，对湖泊流域水生态健康产生影响的外部驱动力，提供了理论基础和技术方法。

1.3.5 生态系统完整性与生态系统安全和健康

生态系统完整性主要从两个方面阐述，一个是从生态系统组成要素的完整性来阐释，认为生态系统完整性是生态系统在特定地理区域的最优化状态。在这种状态下，生态系统具备区域自然生境所应包含的全部本土生物多样性和生态学进程，其结构和功能没有受到人类活动胁迫的损害，本地物种处在能够持续繁衍的种群水平。另一个是从生态系统的系统特性来阐释生态系统完整性，认为生态系统完整性主要体现在以下3个方面：①生态系统健康，即在常规条件下维持最优化运作的能力；②抵抗力及恢复力，即在不断变化的条件下抵抗人类胁迫和维持最优化运作的能力；③自组织能力，即继续进化和发展的能力。

根据生态系统完整性的内涵，具有生态系统组成（物理组成、化学组成、生物组成）和生态进程（生态系统功能）完整性的生态系统才是健康的生态系统。基于这个理论，在水生态系统功能区划中，通过对生态系统组成和生态进程的完整性进行评估，以确定水生态系统的安全和水生态系统管理对策。

生态系统健康评估是用一种综合的、多尺度的、动态的和有层级的方法来度量系统的恢复力、组织和活力，其来源于由对系统内单一个体的健康判断引申到整个系统，即如果一个生态系统是稳定的、可持续的，或者是有活力的，其能够随时间保持它的组织力和自主性，并且在胁迫下易于恢复，那么它是健康的生态系统。生态系统健康不仅是自然生态系统的健康，而且也包括城市区域中人群的环境、社会、经济、文化和政治状况复合体的相互影响。因此，生态系统健康及其评价对分析和认识湖泊流域水生态功能区划的关键问题具有直接的借鉴作用。

生态系统完整性的分析涵盖了研究区域内生境保护所涉及的全部要素和过程，其概念和内涵与生态系统健康、生物多样性、稳定性和可持续性等相互交叉。生态系统完整性既保证了生态系统的健康，也为人类的社会经济发展提供了生态系统安全性（图1-7）。

1.3.6 流域水生态功能区划线路图

鉴于流域水生态功能区划以水量支持、水质改善、生态保护为目标导向，区划方法的划分原则需要以生态优先和坚持流域自然属性为重点，体现流域自然环境要素的空间异质性和流域水生态过程的空间异质性，贯彻流域生态系统管理的理念，强调协调性和重点分明的思路。同时，水生态功能分区不单以自然要素或自然系统的"地带性分异"为基础，

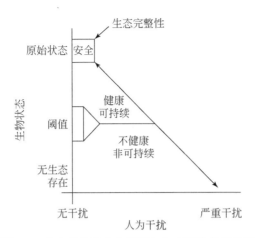

图 1-7 生态系统安全和健康与生态完整性的关系

资料来源：Karr, 2000.

更以水生态系统的等级结构和尺度原则为基础，用生态系统的完整性来评价测量人类活动对生态系统的影响。在流域尺度下，综合考量水生态系统功能和服务的空间异质性，划分出不同等级的水生态功能区（图 1-8）。在生态脆弱约束条件下，通过实施水生态功能分区–分级–分类的精准管理，将陆地生态系统与水污染治理有机结合，从水生态功能角度进行整体规划与分区治理，以达到有效保护和合理利用滇池湖泊流域水生态系统服务功能的目的。

在流域水生态功能区划路径中确立区划目标和区划原则，是保证区划结果的准确性和科学性的基础。

水生态功能区划的目的是在分析流域生态环境特征、生态系统类型、生态系统完整性和生态系统服务功能的空间异质性规律的基础上，明确水生态功能分区的主导服务功能和水生态环境保护目标，划定对流域生态系统健康起关键作用的重要水生态功能区域。以水生态功能区划为基础，指导流域水生态系统管理，增强各功能分区生态系统的生态调节服务功能，为流域水环境保护、产业布局和资源利用的各类规划提供科学依据，促进社会经济发展和生态环境保护的协调，从而保证实现区域经济–社会–生态复合系统的良性循环和可持续发展。

水生态功能区划要遵循以下原则。

1）发生学原则：根据流域生态环境问题、生态敏感性和生态服务功能与生态系统结构、过程、格局的关系，确定区划中的主导因子和区划依据，如流域生态系统的水源涵养和保持功能，与流域的降水特征、土壤结构、地貌特点、植被覆盖、土地利用等许多因素相关。

2）相似性与差异性原则：自然地理环境的地域分异形成了流域生态系统的景观异质性。每个水生态系统单元都有特殊的发生背景、存在价值、优势、威胁及必须处理的相互关系，从而导致水生态系统格局和过程会随流域自然资源、生态环境、生产力发展水平和社会经济活动的不同，而在一定区域范围内表现出相互之间的差异性。相似性是相对于差异性而确立的，空间分布相似的要素会随区域范围的缩小和分辨率的提高而显示出差异

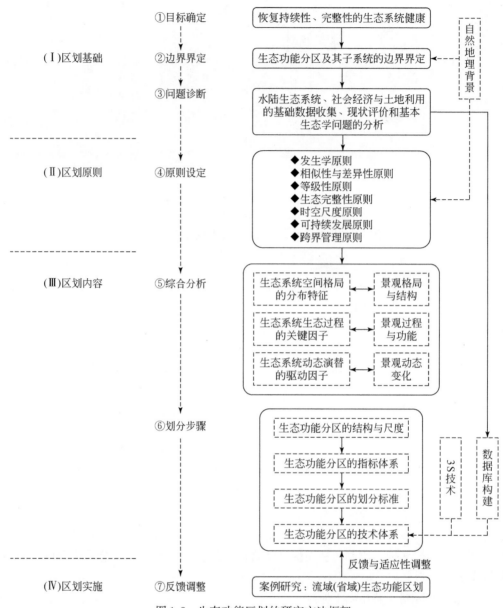

图 1-8　生态功能区划的研究方法框架

性。因此，水生态功能区划必须保持流域内区划特征的最大相似性（相对一致性）、分区单元间区划特征的差异性。

3）等级性原则：等级是一个由若干层次组成的有序系统，它由相互联系的亚系统组成，亚系统又由各自的亚系统组成。以此类推，属于同一亚系统中的组分之间的相互作用在强度或频率上要大于亚系统之间的相互作用。根据等级理论，复杂系统可以看作是由具有离散性等级层次组成的等级系统，其离散性反映了自然界中各生物和非生物学过程具有特定的时空尺度，也简化了对复杂系统的描述和研究。生态系统是典型的复杂适应系统，具有异质性、非线性、等级结构，以及能量、物质与信息流等要素，同时这些要素形成了生态系统的自组织性。通过生态系统自组织，宏观层次上的系统特性可通过微观层次上组分间的局部性相互作用得以体现，而宏观层次又通过反馈作用影响或制约这些微观层次上的相互作用关系的进一步发展。

因此，任何尺度上的分区单元都是多种生态系统服务功能的综合体，不存在单一生态系统服务功能的生态单元。在较高等级生态系统中所表现的生态系统服务动能，与其自身的整体性、综合性并不矛盾，还反映了较高等级生态系统中存在的区域差异。因此，生态功能区划必须按区域内部差异，划分具有不同区划特征的次级区域，从而形成能够反映区划要素空间异质性的区域等级系统。

4）生态完整性原则：生态完整性主要体现在各分区单元必须保持内部正常的能量流、物质流、物种流和信息流等流动关系，通过传输和交换构成完整的网络结构，从而保证其区划单元的功能协调性，并具有较强的自我调节能力和稳定性。因此，生态功能分区必须与相应尺度的自然生态系统单元边界相一致。

5）时空尺度原则：空间尺度是指区域空间规模、空间分辨率及其变化涉及的总体空间范围，以及该变化能被有效辨识的最小空间范围。在生态系统的长期生态研究中，空间尺度的扩展十分必要，目前一般可分为小区尺度、斑块尺度、景观尺度、区域尺度、大陆尺度和全球尺度 6 个层次。任何一类生态系统服务功能都与该区域，甚至更大范围的自然环境与社会经济因素相关。所以流域水生态功能区划的空间尺度需要立足于流域尺度，兼顾考虑更大尺度。

时间尺度是指某一过程和事件的持续时间长短，过程与变化的时间间隔，即生态过程和现象持续多长时间或在多大的时间间隔上表现出来。由于同一流域不同生态系统的生态过程往往在特定的时间尺度上发生，相应地，其在不同时间尺度上表现为不同的生态学效应。流域水生态功能区划应结合行政地区的发展规划，提出近、中、远期不同时间尺度的生态系统管理目标，以适应处于动态变化中的生态环境，从而对区域经济–社会–生态复合系统的可持续发展发挥更好的指导作用。

6）可持续发展原则：人类发展与生态环境变化是密不可分的。漫长的人类历史形成了一个流域特有的劳动生产方式和土地利用格局，体现了这个流域生态系统特有的生物与物理条件。流域的水生态功能区划不仅要促进资源的合理利用与开发，削减和改善生态环境的破坏，而且应正确评价人类经济和文化格局在流域内的相似性和差异性，从而增强流域社会经济发展的生态环境支撑力量，推进生态系统和社会经济系统的可持续发展。

7）跨界管理原则：水生态功能区划的边界具有自然属性而非行政属性，所以区划应统筹考虑跨行政边界（跨部门职能）的冲突问题，使得区划结果能够体现相关政府部门、利益相关者和公众协商的一致认可性，从而保证不会造成未来的生态系统管理问题。

第 2 章　滇池流域水生态系统形成基础

滇池是全国第六大淡水湖，是云南省最大的高原湖泊，有着"高原明珠"之称。滇池属于长江流域金沙江水系，是受古近纪–新近纪喜马拉雅地壳运动的影响而构成的高原石灰岩典型断层陷落构造湖泊。滇池流域地处金沙江、珠江、红河三大水系的分水岭，流域涵盖了云南省会昆明市，是云南省政治、经济、文化的中心。不断变化的环境和剧烈的人类活动影响着流域生态过程，形成了现代滇池流域生态系统类型和特征。本章将从自然环境特征和社会经济特征两个方面来介绍滇池流域的基本概况，了解滇池流域水生态系统形成的地理和人文基础。

2.1　湖泊流域特征

湖泊流域（lake watershed）是维系人类文明的重要淡水生境。作为湖泊水体及其汇水区所构成的相对封闭的景观异质镶嵌体，湖泊流域内拥有湖泊、河流、湿地、水库和陆地等多类生态系统，是人和生物圈的营养循环和物质迁移的主要通道之一。健康的湖泊流域不仅为人类的生存和发展提供了必需的淡水、食物、原材料（木材、药材等）和各种矿产资源，而且还是流域物种多样性、气候调节、水土保持和污染控制的根本保证。与河流流域一样，湖泊流域是人类的主要生境之一，拥有的水、土地、生物和矿产等资源维系着人类的生存和发展。湖泊作为内陆水体供水的主体，为全中国城镇提供了 50% 的饮用水源（吴丰昌等，2008）。同时，湖泊流域范围内的湖泊、河流、水库和湿地，作为其他生物的重要栖息地，为维持生物多样性提供了保障。然而，湖泊流域的自然、社会的高度耦合性，生态系统结构和功能的相对完整性及对外界干扰，尤其是人类活动的相对敏感性，使得我国多数湖泊流域生态环境处于脆弱状态。这种脆弱性在高原淡水湖泊流域表现尤其突出。

高原湖泊流域作为高原这一特定范围内的地域综合体，其固有的形成、发展过程与演化机制，以及特定的生态、社会、经济等要素特征，使得它既有一般湖泊流域的性质，又具有其自身的特色。

流域水体流动性差、抗污染能力差，水生态系统具有较高的脆弱性。水是流域的灵魂，是连接整个湖泊流域的纽带。水通过水文过程将流域内的自然因素连为一体，且使不同区域间的社会、经济相互制约，相互影响，从而把范围广泛、因素众多的流域连接成为一个整体，使得湖泊流域呈现整体性、动态性、非线性和多维度的特性。而高原淡水湖泊流域的地形特点，使其水文特征明显迥异于平原淡水湖泊。东部平原地区的淡水湖泊，如鄱阳湖、太湖、洪泽湖等，流动性强，换水周期短，一旦水体受到了污染，可借助于汛期和外来河道的分流来减轻污染程度。而高原湖泊多属于构造湖，表现为断陷封闭或半封闭特点，流域内的湖泊水深岸陡，入湖河流水系较多，出湖水系较少，湖泊换水周期长，流动性弱，抗污染能力差，具有高度的生态脆弱性；加上湖泊海拔高，一旦湖泊水体受到污染，很难借助于外流河道的水体输入和输出来解决。更由于降水量小，蒸发量大，湖泊流域内水资源贫乏且时空分布不均。

流域水生态系统具有较高的生物多样性和生态系统服务功能。高原湖泊流域，尤其是云贵高原湖泊流域，年内干湿季节转换明显，湖泊水位随降水量的季节而变化，湖水清澈，冬季无冰情，为水生生物提供了丰富的栖息地，与东部平原地区湖泊相比，生物多样性和生态系统服务功能更高。但因为全年低温期较短，水体一旦出现富营养化，全年都可能发生水华。

流域人口相对集中，经济发展相对落后，现有经济的发展对湖泊资源有着较强的依赖性。与其他湖泊一样，高原湖泊流域是在与人类的长期互动过程中发展演变的，其现状和发展过程受到了生态系统和社会经济系统的双重干扰，经过人类的长期干扰以后，流域内湖泊、河流和陆地都已经背离了其原生的发展状态，刻上了人类发展的烙印。与东部平原湖泊地区相比，高原地区宜居地相对较少，湖泊流域人口集中，为主要经济活动发生的场所。例如，云南高原城市的发展大多因湖而兴，滇池流域的昆明市、洱海流域的大理市、抚仙湖流域的澄江坝子和江川坝子等，既是主要人口分布区，也是当地社会经济的重镇。且由于经济发展相对落后，对流域资源具有强烈的依赖性，如何制定合理的湖泊保护策略，以支撑当地发展中对旅游景观、饮用水源、水利灌溉、调节气候、生态、渔业等湖泊水生态系统多种功能的需求，是高原湖泊流域面临的重大生态环境课题。

滇池作为云贵高原的典型高原湖泊，具有典型高原湖泊的地理地貌和水文特性。其特有的构造结构和地理位置形成了内在不稳定性。同时，因为与省会昆明的社会经济发展息息相关，其自然水生态系统的发展受到人类活动的强烈干扰。自然系统的不稳定和人类活动在湖泊发展过程中的广泛参与和有限理性，造就了滇池湖泊流域水生态系统的高度复杂性和脆弱性。因此，需要在了解高原湖泊流域水生态系统特性和现状的基础上，综合考虑自然生态系统和区域社会经济系统各要素之间的联系，分析水生态系统功能和服务的异质性，划分出不同等级的水生态功能区。在生态脆弱约束条件下，通过实施水生态功能分区-分级-分类的精准管理，将陆地生态系统与水污染治理有机结合，从水生态功能角度进行整体规划与分区治理，以达到有效保护和合理利用滇池湖泊流域水生态系统服务功能的目的。

下面将通过解析滇池流域自然环境和社会经济特征，阐述滇池流域水生态系统形成的基础。

2.2 滇池流域自然环境特征

2.2.1 气候特征

滇池流域位于北亚热带湿润季风气候区，主要受西南季风和热带大陆气团交替控制。滇池流域年平均气温为14.7℃（图2-1），全年无霜期为227天，整个流域最低年平均气温为12.3℃，主要位于滇池流域西部和滇池湖体北部区域；最高年平均气温为15.4℃，主要分布在流域东南部。

滇池流域地处低纬度高海拔地区，季节气候明显，干湿分明，流域内多年平均降水量为947mm，其中陆域多年平均降水量为953 mm，湖面多年平均降水量为890 mm（图2-2）。流域内降水量随海拔高程变化，降水量最大值为1188 mm，主要分布在高山地区，以东部、东北部和南部山区降水量较多；降水量最小值为779 mm，主要位于河谷、坝区和湖面。从整个流域来看，降水量空间差异性不大。

图2-1　多年年均气温空间分布

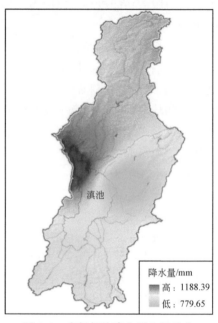

图2-2　多年年均降水量空间分布

滇池流域多年平均蒸发量空间差异性较为显著（图2-3），多年平均最大蒸发量为2076.6 mm，主要分布于滇池流域的北部高山区，多年平均最小蒸发量为1695.9 mm，主要分布于滇池流域的西部和环滇池湖体平原地区。

气象特征表明滇池流域具有明显的低纬度高原季风气候特征：①冬干夏湿，干湿分明；②冬无严寒，夏无酷暑，四季如春；③湖滨小气候，冬暖夏凉，四季变化平缓；④山区气候垂直差异大，谷地、坝区为中亚热带气候，低山地为北亚热带气候，中山地为南温带气候。流域内主要的气候性灾害为干旱、低温冷害、洪涝、冰雹和倒春寒等。

2.2.2　水文水系特征

滇池流域内29条入湖河流，以及上游水库和滇池湖体，构成了滇池流域的水系（图2-4），其水文特征主要表现为以滇池为中心，河流呈向心状汇入其中。水文循环过程包括3个环节：上游溪流形成和河道汇流、中下游平原径流和汇流、人类工程取水与排水，整个循环过程如图2-5所示。

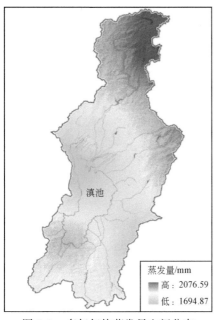

图 2-3 多年年均蒸发量空间分布

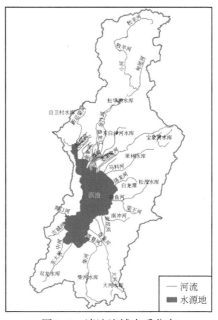

图 2-4 滇池流域水系分布

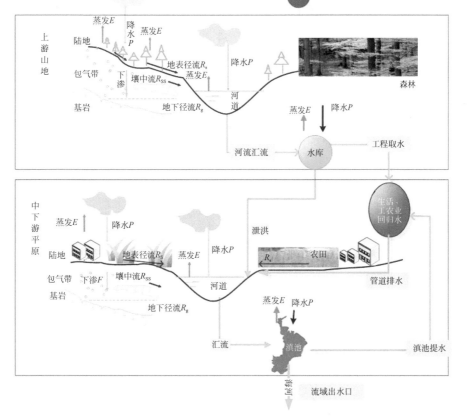

图 2-5 滇池流域水文自然循环和水利用过程

上游径流形成于森林植被覆盖的高海拔地区，径流部分蓄存于水库供流域调水利用，部分下渗到水库下游的平原区入湖河道。

平原区的径流分为两种类型，一是滇池北部的城市径流，二是滇池东部和南部的农田径流。农田径流主要转化为地下水和土壤水，以养育丰富的植被，少部分经河道流入滇池；而城市径流下渗较少，大部分经河道流入滇池。滇池水一方面通过自然蒸发量，形成降雨进入水文循环过程；另一方面经过人工提取进入中下游平原区，供工业生产和农业灌溉。从径流的开发利用看，水库上游为水资源的产流区，而中下游平原区为开发利用和消耗区，滇池湖体为水资源的蓄存周转区。径流形成区和消耗区相分离。

2.2.2.1 湖体水文特征

滇池湖体南北长约为 40.4 km，东西平均宽约为 7 km，湖岸线长为 163.2 km，是云贵高原湖面最大的淡水湖泊。滇池在高水位（约 1887.4 m）运行下，平均水深为 5.3 m，湖岸线长为 163.2 km，水面面积约为 309 km^2，总蓄水量为 15.6 亿 m^3（昆明市水利志编纂委员会，1997）。滇池多年平均入湖水量为 6.7 亿 m^3，多年平均出湖水量为 4.17 亿 m^3。多年平均水面年蒸发量为 4.28 亿 m^3，湖面多年平均年降水量为 2.77 亿 m^3，多年平均亏水量为 1.3 亿 m^3，多年平均水资源量为 5.4 亿 m^3（金相灿，1995）。自 1996 年修建船闸后，滇池湖体被分割为相互联系却很少交换的草海、外海两部分。根据 2001 年《云南省地表水环境功能区划》，草海和外海虽然同属一个流域，却被赋予了不同的水功能定位。

草海位于滇池北部，平均水深为 2.5m，水量约为 0.2 亿 m^3，占滇池总水量的 2%（滇池水污染综合防治调研报告，2007）；其面积约为 9 km^2，约占全湖面积的 2.8%（董学荣和吴瑛，2013）。草海是昆明市主城西部城市纳污河流的过流水域，其主要水源为社会曾用水。每年经由新运粮河和老运粮河进入草海的水量大约为 0.5 亿 m^3，经由西园隧洞的出流量每年约为 1.2 亿 m^3，草海水体在一年中能得到不少于 6 次置换（表 2-1）。在草海控制区内，有第一污水处理厂、第三污水处理厂、船房河截污泵等城市污水处理工程。每年汛期过后，草海水质均能得到不同程度的改善。

表 2-1 滇池草海与外海的湖泊基本特征

水域	径流面积 /km^2	湖泊面积 /km^2	水量 /亿 m^3	出流口	出流水量/(亿 m^3/a)			水体置换周期
					2002 年	2003 年	2004 年	
草海	135	9	0.2	西园隧洞	1.2	1.4	1.3	1~2 月/次
外海	2484	301	12.7	海口闸	4.7	1.6	3.8	3~8 年/次

外海为滇池的主体，平均水深 4.4 m，在正常高水位时的水量为 12.7 亿 m^3，占滇池总水量的 98%；其面积约为 301 km^2，约占全湖面积的 97.2%（董学荣和吴瑛，2013）。外海多年平均供水量占流域城市总供水量的 10% 左右，曾经长期作为昆明市主城区的饮用水源，即便是 2006 年引水济昆工程完成后，外海将长期作为昆明市主城区的备用饮用水源。外海出水经西南端的海口中滩闸，向北经螳螂川、普渡河后，汇入金沙江，出入湖水

量交换周期需要 3 年以上。

2.2.2.2　水源地及入湖河流

滇池流域水源地主要为上游水库区，主要有松华坝水库、柴河水库、大河水库、双龙水库、宝象河水库、海源寺龙潭水源、白龙潭水源、青龙洞龙潭水源、松茂水库、果林水库、东白沙河水库、自卫村水库等（表 2-2）。

表 2-2　滇池流域部分大中型水库一览表

水库名称	所属水系	径流面积/km²	年径流量/亿 m³	库容/10⁸ m³
松华坝水库	盘龙江	593	2.3	2.19
宝象河水库	老宝象河	86	0.158	0.209
大河水库	大河	44.1	0.169	0.185
柴河水库	柴河	106.5	0.397	0.22
双龙水库	东大河	100	0.347	0.122
松茂水库	捞鱼河	55.6	0.190	0.143
果林水库	马料河	37.7	0.121	0.074
东白沙河水库	海河	28.4	0.093	——

如图 2-5 所示，松华坝水库位于盘龙江上游，是一座兼有城市防洪、城市水源、农业灌溉多种功能的综合型水库，设计库容为 2.19 亿 m³，调蓄库容为 1.05 亿 m³，控制径流面积为 593 km²，保护区面积为 629.8 km²，多年平均径流量为 2.1 亿 m³。近 5 年来，日均供水量为 45 万 m³，占昆明城市日供水量的 60% 以上，是城市重要的饮用水源。此外，滇池外海也是流域重要的备用水源。另外，几座大型水库的具体情况如下：宝象河水库总库容为 2070 万 m³，控制径流面积为 67 km²；柴河水库总库容为 1960 万 m³，控制径流面积为 106.5 km³；大河水库总库容为 1850 万 m³，控制径流面积为 46.5 km²。这些水库对于城市防洪和农业灌溉具有重要的意义。

滇池流域的入湖河流多发源于滇池流域北部、东部和南部的山地，以及滇池上游的水库和龙潭等水源。其主要入湖河流可分为 29 条，流入草海的 7 条河流自北向南依次为乌龙河、大观河、新运粮河、老运粮河、王家堆渠、船房河、西坝河；流入外海的 22 条河流自北向南依次为采莲河、金家河、盘龙江、大青河、海河、六甲宝象河、小清河、五甲宝象河、虾坝河、老宝象河、新宝象河、马料河、洛龙河、捞鱼河（胜利河）、南冲河、淤泥河、柴河、白鱼河、茨巷河（原柴河）、古城河、东大河、城河（中河）（图 2-6）。这些河流因为水源不同，河道特征各异，形成了滇池流域具有特色的水文特征。29 条入湖河流和水源地具体情况见表 2-3。

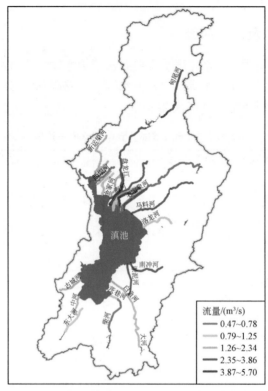

图 2-6 滇池入湖河流平均流量（2001～2009 年）

表 2-3 滇池流域入湖河流类型一览表

河流名称	河流类型	水源地	入湖水域
王家堆渠	断头河流	—	草海
新运粮河	水库下游河流	自卫村水库	草海
老运粮河	水库下游河流	西北沙河水库	草海
乌龙河	断头河流	—	草海
大观河	断头河流	—	草海
西坝河	断头河流	—	草海
船房河	断头河流	—	草海
采莲河	断头河流	—	外海
金家河	断头河流*	—	外海
盘龙江	水库下游河流	松华坝水库	外海
大清河	水库下游河流	松华坝水库	外海
海河	水库下游河流	东白沙河水库	外海
六甲宝象河	水库下游河流	东白沙河水库	外海
小清河	水库下游河流	东白沙河水库	外海
五甲宝象河	水库下游河流	东白沙河水库	外海

河流名称	河流类型	水源地	入湖水域
虾坝河	断头河流	—	外海
老宝象河	水库下游河流	宝象河水库	外海
新宝象河	水库下游河流	宝象河水库	外海
马料河	水库下游河流	果林水库	外海
洛龙河	水库下游河流	白龙潭水源	外海
捞鱼河	水库下游河流	松茂水库	外海
南冲河	水库下游河流	横冲水库、韶山水库	外海
淤泥河	水库下游河流	大河水库	外海
老柴河	水库下游河流	大河水库、柴河水库	外海
白鱼河	水库下游河流	大河水库、柴河水库	外海
茨巷河	水库下游河流	柴河水库	外海
东大河	水库下游河流	双龙水库	外海
中河	水库下游河流	双龙水库	外海
古城河	断头河流	—	外海

*断头河指没有自然来水，水源主要为人类生产和生活过程中排放的经过处理和未经过处理的污水。

根据河流水源特征，滇池流域的 29 条入湖河流分为两类：①水库下游河流 20 条，其中，两条流入草海，18 条流入外海；②断头河流 9 条，其中，5 条流入草海，4 条流入外海（表 2-3）。

29 条入湖河流的流量情况如图 2-6 所示。其中，盘龙江为流域最大的河流，长 103km，流域面积为 761km²，松华坝以上面积为 593km²，以下面积 168km²，根据流量情况可得其平均年径流量约 2.66 亿 m³（昆明市水利志编纂委员会，1997），径流量为滇池来水的三分之一。水库下游河流受上游水库调节水位的影响，属于季节性河流，水源以自然来水为主，其主要特征为全年有 3~6 个月的断流期，在此期间大部分河床内只有地下水形成的基流，入湖口附近的河床内则可能出现滇池湖水倒灌现象。在丰水期，地表径流加速了流域内的水土流失，导致河水中含有大量泥沙，在入湖口处形成较明显的滩涂。

断头河主要指北部的王家堆渠、船房河、大清河等河流，其河道内常年是污水处理厂流出的回归水，其流量较大，但与季节无关。河流水源来自于人类使用过的水，其最初的来源部分属于外流域的水资源。在 29 条入湖河流中，约有 40% 河流的年均水量不足 3 万 m³，年均水量超过 12 万 t 的河流只有大清河和虾坝河。这些水文特征导致滇池流域不能用监测的平均流量作为衡量子流域水资源量的指标。

2.2.2.3　流域水资源特征及问题

流域内水资源具有时空分布不均的特点。从空间分布特征来看，滇池流域地处低纬度高海拔地区，立体气候明显，干湿分明，降水量随海拔变化，高山地区降水量较大，以东部、东北部和南部山区降水量较多，河谷、坝区和湖面降水量较少。从时间分布特征来看，滇池流域汛期（5~10 月）降水集中，水资源量约占全年的 80%；枯期（11 月~次年4月）降水较少，水资源量仅约占全年的20%。同时，降水量年际变化较大，丰水年与枯水年降水量悬殊，最大水资源量为12.02亿 m³（1999年），最小水资源量仅为0.47亿 m³。因此，水资源量的分配不均加剧了流域的缺水形势。

滇池流域水资源供给无法满足流域内社会经济的发展。如果不计降水量和蒸发量，水资源的分配利用情况如图2-7所示。一方面，从整个滇池湖体来看，流入滇池湖体的水量（包括松华坝水库下泄水、城市生产生活污水、城市径流和农业用水等面源污水）约为7亿 m³，而通过海口闸和西园隧洞的湖体出水量就达到了5.9亿 m³。农田径流和农村农业用水的主要来源之一是从滇池外海取水4.32亿 m³。可以看出，对于滇池湖体来说，其入湖水量完全无法满足用水量和出湖水量。为了保证水量平衡，超出的3.22亿 m³水量只能通过引水工程来获得。另一方面，从整个流域来看，多年平均水资源量为5.4亿 m³，而需水量远远大于这个数字。可见，滇池流域的水资源量远远无法满足流域的需要，水资源量十分短缺。

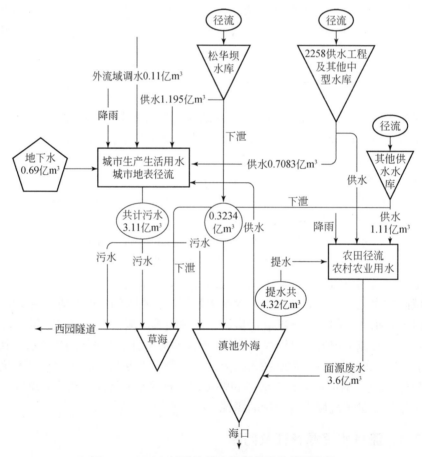

图2-7　2005年滇池流域水资源分配及利用情况

自2008年以来，为了解决滇池流域水资源紧张和水环境污染问题，启动了牛栏江—滇池引水工程。牛栏江—滇池引水工程，主要从牛栏江取水，通过曲靖市的沾益县、会泽县，以及昆明市的寻甸县、嵩明县，进入盘龙区境内，再通过盘龙江直接补入滇池。该工程主要由德泽水库水源枢纽工程、干河提水泵站工程和输水线路工程组成。引水流量为 23 m^3/s，多年平均向滇池补水 5.72 亿 m^3。2012 年引水工程开始运行，该工程对于改善滇池水环境、缓解水资源短缺问题、配合滇池水污染防治的其他措施，以及提高昆明市应急供水能力起到了关键作用。

滇池流域水资源短缺，开发利用严重过度，主要表现在以下 3 个方面：①流域人均水资源量已由 20 世纪 50 年代的 900 m^3/人下降到目前的 165 m^3/人，大大低于全省和全国的水平。②80 年代以来，流域供水总量均超过多年平均水资源量（5.4 亿 m^3）。到 2005 年底，滇池流域已建成大中型水库 8 座，小（一）型水库 29 座，小（二）型水库 128 座，塘坝 441 座，总库容 4.37 亿 m^3，兴利库容 2.71 亿 m^3；小型河道引水工程 110 件，提水泵站 944 处，机电井 134 处，外流域引水工程 1 处。流域内水利工程年供水总量达到 8.13 亿 m^3，其中蓄水工程供水 2.82 亿 m^3，河道引水工程供水 0.19 亿 m^3，滇池提水 4.32 亿 m^3，地下水供水 0.69 亿 m^3，外流域调水 0.11 亿 m^3。③滇池上游水资源开发利用程度为 55.8%，全流域水资源开发利用程度高达 151%，大大超过了流域水资源的承载能力。2005 年以来，昆明市滇池流域用水总量呈现逐年上升趋势，2008 年已达到 10.26 亿 m^3，水资源供需矛盾日益突出。再加之现有供水中约 50% 的水质不达标，因此，滇池流域水资源短缺已由过去的资源性缺水转变为资源性和水质性缺水并存的严峻局面。

水资源短缺问题在整个流域普遍存在。目前的解决措施是通过外流域引水来减小对滇池流域的开发利用程度，缓解人口高密度地区的用水问题。在滇池流域，水资源短缺明显且人口密度大的城市是昆明市。以昆明市为例，市政府已经通过 3 个引水工程：掌鸠河、清水河、牛栏江引水工程来满足城市用水，从而减小对滇池流域的开发利用程度。从整个流域的可持续发展角度来说，引水工程相对有效但并非是最佳解决途径，节约用水、提高水资源的重复利用率是减小对流域开发利用的更加持久、有效的方法。

2.2.3　地质地貌特征

2.2.3.1　地质特征

滇池流域所在区域处于扬子准地台滇东台褶皱带西侧的昆明台褶皱上，处于著名的南北向小江断裂带与普渡河断裂带之间的夹峙地带。这两条断裂带发展历程长，活动剧烈，对流域构造发展、地层沉积、地貌变迁、盆地演化有着明显的控制作用。地区构造类型以断裂为主，褶皱次之；以经向构造为主。纬向构造发育，并派生有后期北东向和北西向构造发生。滇池流域盆地地质构造如图 2-8 所示。

由图 2-8 可以看出，滇池流域的历史地质构造活动频繁且剧烈，目前的地质特征是由不同时期的多个地质构造层交错分布，峨眉山玄武岩和黑山头组的分布相对较广且集中，分别分布在流域南部和东部。灯影组则主要分布在流域东南部，呈东南—西北方向。其他的地质构造层，如关底组、巧家组等，分布面积较小。

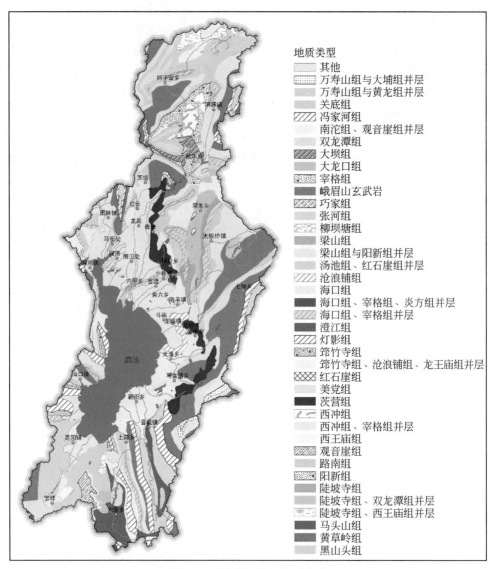

图 2-8　滇池流域地质类型分布

2.2.3.2　地貌特征

滇池流域平均海拔为 1900 m，相对高差为 100~650 m。流域地形分为山地丘陵、淤积平原和滇池水域 3 个层次，如图 2-9 所示。其中，山地丘陵居多，面积为 2030km²，约占 69.5%；湖滨平原面积约 590km²，占 20.2%；滇池水域面积约 300km²，占 10.3%。从地貌类型分布来看，环滇池湖体的区域主要是平原地貌，主要是在滇池流域的中间区域。滇池流域的北部主要是山地，间或有少部分黄土梁峁和丘陵。滇池流域的南部主要是黄土梁峁，间或有小部分山地。流域地形组成具有鲜明的高原地貌的自然景观特点。

在昆明盆地周围山地中，有广泛的石灰岩、白云岩分布，受溶蚀作用后形成峰林、石芽原野、石林、溶蚀缓丘、溶蚀谷地、溶洞等岩溶景观。

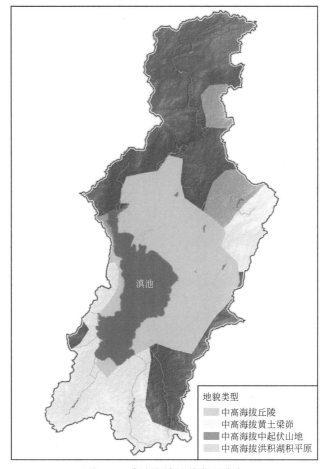

图 2-9　滇池流域地貌类型分布

　　一般地，海拔（高程）、坡度是地形地貌特征的定量化表达因子，因此，采用高程和坡度特征来描述滇池流域的地貌特征。

　　滇池流域的高程如图 2-10 所示，陆域海拔最低为 1880m，最高为 2840m。其空间分布特征为：流域中部（环滇池区域）海拔较低，平均为 1890m，为冲积平原，四周海拔逐渐升高，整个流域四面为高海拔山地，高程为 2350～2700m 的山地占流域面积的 19%。海拔因子在小尺度流域内空间异质性依然非常显著。

　　滇池流域坡度最低为 0°，最高为 65°，其空间分布特征与海拔高度基本一致，也表现为流域中部（环滇池区域）坡度最低，向流域外围逐渐增加的趋势，流域最外围坡度最高，地形起伏明显。流域内坡度≥15°的区域（山地丘陵）所占比例为 60%，而坡度小于 10°的区域（平原）占 20%。同样，坡度因子在滇池流域内的空间异质性显著。坡度大，地形起伏大，多为山地，河流多发育在狭长的山谷中，河网稀疏。坡度小地形起伏小，多为平原、河网密度大。滇池流域上游多为中高海拔中低坡度的山地，而下游多为湖积平原。

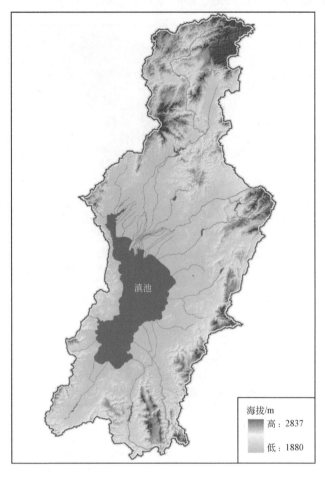

图 2-10　滇池流域海拔分布

2.2.4　土壤特征

　　滇池流域受山原地貌和热带季风下生物条件的影响，土壤类型复杂多样。整个流域的土壤分为 8 个土类（红壤、黄壤、沼泽土、黄棕壤、棕壤、紫色土、新积土、水稻土）、17 个亚类、30 个土属、75 个土种，如图 2-11 所示。山区地带性土壤为红壤，湖盆区受耕作影响，基本为水稻土。各种土壤在滇池流域内沿水平方向呈区域性分布，沿高程方向呈带状分布。海拔在 2600 m 以上的气候冷凉地区为黄棕壤和棕壤，2300 ~ 2600 m 为红壤向棕壤过渡类型的红壤亚类，海拔 2000 ~ 2300 m 为山地红壤。旱地多分布于海拔 2000 ~ 2200 m 的区域内，以涩红土、红土、油红土、红沙土、黄红土、白沙土为主，在紫色砂岩土地区，旱地为紫羊肝土，水田为紫泥田；海拔 2000 m 以下区域主要为坝区冲积、湖积母质发育成的淹育型水稻土红泥田、泥田、胶泥田、沙泥田、沙田等。

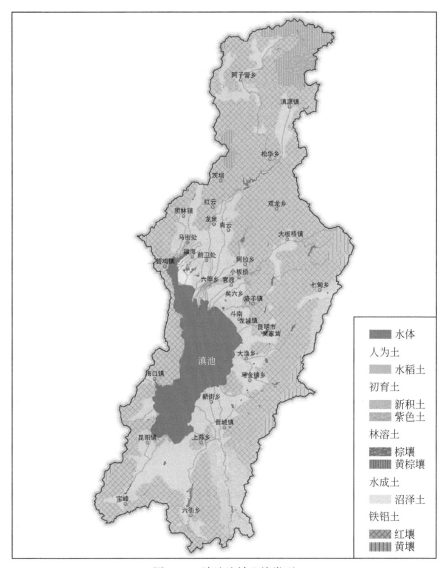

图 2-11　滇池流域土壤类型

滇池流域入湖河流沿岸以水稻土、沼泽土、红壤等土壤类型为主（表 2-4），因而可将入湖河流分为两类：①沿岸以水稻土和红壤为主，共 12 条河流；②沿岸以水稻土为主，共 17 条河流。另外，滇池湖滨带几乎都是水稻土。超过 50% 的河流沿岸的土壤以水稻土为主，类型较为单一，表明流域的土壤类型人工化程度越来越高，尤其是环滇池湖体区域。入湖河流河岸带以水稻土为主，对于水土保持是较为不利的。同时，化肥农药等难降解有机污染物进入水体中的可能性也大大增加。

表 2-4　滇池流域入湖河流河岸带土壤类型一览表

河流名称	土壤类型
王家堆渠	全程都是红壤
新运粮河	全程都是水稻土
老运粮河	全程都是水稻土
乌龙河	全程都是水稻土
大观河	全程都是水稻土
西坝河	以边防路为界，上游是水稻土，下游是沼泽土
船房河	以边防路为界，上游是水稻土，下游是沼泽土
采莲河	以杨家塘分界，上游是水稻土，下游是沼泽土
金家河	全程都是水稻土
盘龙江	以松华坝水库为界，上游是红壤，下游是水稻土
大清河	全程都是水稻土
海河	以牛街庄分界，上游是红壤，下游是水稻土
六甲宝象河	全程都是水稻土
小清河	全程都是水稻土
五甲宝象河	全程都是水稻土
虾坝河	全程都是水稻土
老宝象河	以经济技术开发区为界，上游是红壤，下游是水稻土
新宝象河	全程都是水稻土
马料河	以小古城为界，上游是红壤，下游是水稻土
洛龙河	以呈贡县政府小区为界，上游是红壤，下游是水稻土
捞鱼河	以大学城为界，上游是红壤，下游是水稻土
南冲河	以南冲塘为界，上游是红壤，下游是水稻土
淤泥河	全程都是水稻土
老柴河	全程都是水稻土
白鱼河	全程都是水稻土
茨巷河	以上蒜乡为界，上游是红壤，下游是水稻土
东大河	以储英村为界，上游是水稻土，下游是红壤
中河	全程都是水稻土
古城河	全程都是水稻土

2.2.5　生物群落

2.2.5.1　陆地植被

植被还可以很好地调节生物与生物、生物与无机环境之间的关系，使之达到新的平衡状态。植被变化对水分分配和河川径流具有调节作用。因此，土壤和植被在流域分析中需要考虑的重要因素。

　　流域内自然植被以亚热带的常绿阔叶林为主，代表植被为滇青冈、高山栲、元江栲，次生植被以云南松和华山松为主，森林覆盖率达到22.9%（图2-12，2007年），分布在滇池流域的周边，而环滇池的平原区域没有森林分布。种植的农作物主要是大麦、小麦、玉米、蚕豆、烤烟、果树、马铃薯、花卉等，农田面积为29.1%（2007年）。

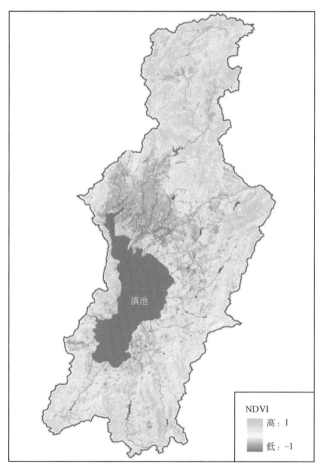

图 2-12　滇池流域 NDVI 空间分布

　　水源地是流域内森林植被分布较集中的区域，平均森林覆盖可达到50%左右。松华坝水库属于浅切割中山地貌，山间盆地与山岭相间保护区的森林覆盖率为63%，内有植物1153种，主要植物类型为常绿阔叶林、桤木、滇油杉、柏树、桉树及栋类。宝象河水库的主要树种为云南油杉、云南松、刺栗、麻栗、白栗及其他灌木类等。柴河水库汇水区的森林覆盖率为16.8%，树种主要为云南松、华山松、桤木、滇油杉、栋类、柏树、桉树。大河水库森林覆盖率为48.7%，主要树种为云南松、华山松、桤木、滇油杉、栋类、柏树、桉树。

　　滇池面山区域的林分向不良方向发展，是一种逆行演替趋势，原先分布较广的湿润、半湿润的常绿阔叶林大部分已遭破坏，而耐寒耐贫瘠的阳性树种——云南松，却迅速增加，成为本地的优势树种，这反映出林地的生境条件正由湿润、半湿润型向干旱贫瘠型退化。现在面山区域森林树种组成以针叶林为主，针叶林地的面积占有林地面积的 73.4%，经济林和果木林占 23%，阔叶林仅占 3.6%。据不完全统计，流域内主要乔木树种有 20 余种，其中，云南松占绝对优势，占有林地面积的 39.5%。

利用归一化植被指数（NDVI）反映滇池流域空间分布格局，可以看出，环滇池湖体的平原区域植被覆盖情况较差（NDVI 在 0~0.28），其中，NDVI 的低值区域大多数分布在环滇池湖体的北部，与昆明市所在的位置一致。显示城市发展恶化了该区域的植被覆盖情况。随着与滇池湖体距离的加大，植被覆盖情况变好，滇池流域北部和南部的植被覆盖指数最高，达到 0.3~0.5（图 2-12）。

2.2.5.2 水生生物

（1）浮游植物

2008 年，滇池浮游植物群落结构仍是蓝藻型，蓝藻门终年占绝对优势，组成群落的种类隶属 7 门 69 种。浮游植物多数种类为 α-中污带和 β-中污带的指示种类。其中，优势种是铜绿微囊藻、惠氏微囊藻，水华束丝藻、四尾栅藻、颗粒直链藻最窄变种也占一定的优势。

滇池浮游植物细胞数在 $0.13 \times 10^8 \sim 4.96 \times 10^8$ 个/L。浮游植物细胞数全年平均为 1.128×10^8 个/L，与 2001~2002 年的状况基本持平。浮游植物分布空间分异明显，呈现自北向南降低的趋势。滇池全湖叶绿素 a 浓度在 0.025~0.272 mg/L，平均为 0.083 mg/L，与浮游植物一样，其分布空间分异明显，也呈现自北向南降低的趋势。

（2）水生植物

2008 年滇池沉水植物以红线草为绝对优势，仅发现少量狐尾藻、马来眼子菜，其数量难以统计。红线草平均密度为 3.08 kg/m²，分布面积约为 207 464.07 m²，约占全湖面积的 0.067%，总生物量约为 68.53 t。从滇池全湖分析，红线草南部密度最高，东部、西部次之，北部最低，其平均密度分别为 4.67 kg/m²、3.60 kg/m²、2.64 kg/m²、1.55 kg/m²。从红线草分布面积分析，西部最大（107 570 m²），其次为东部（41 350 m²），南部第三（35 390 m²），北部最少（13 153 m²）。红线草生物量的分布与分布面积呈现相似的特点，即西部>东部>南部>北部，其生物量分别为 30.47 t、17.14 t、16.61 t、1.84 t。造成上述分布的主要原因是，滇池南北湖岸线远远长于东西湖岸线，南北方向湖湾较多，湾内风浪较小，适宜沉水植物生存。北部污染最重，透明度低，藻类水华严重，沉水植物在竞争中处于劣势地位，使其不断消亡，很多地方已无踪迹。南部污染较轻，湾内风浪较小，相对适宜沉水植物生存，使得红线草密度最高，但由于其湖湾面积较小，生物量仍小于东、西部。

2008 年，滇池浮叶植物主要为凤眼莲，在北部湾内有零星分布，生物量可忽略不计。挺水植物几乎绝迹，其拦截缓冲功能已经散失，只在海埂湾有少许分布，主要为芦苇、菖蒲，分布面积约为 20 000 m²。

2008 年，滇池湖滨带主要水生植物共有 40 种。其中，湿生植物 17 种，挺水植物 6 种，漂浮植物 8 种，浮叶植物 3 种，沉水植物 6 种。滇池湖滨带植被具有以下特点：①植物种类越来越少，大量水生植物灭绝；②植物分布区域越来越小，植物生长深度越来越浅；③植物分布零散，很难成片；④耐污性植物（茭草、红线草等）已逐渐成为优势种；⑤外来物种（紫荆泽兰、水葫芦等）入侵使得植物多样性遭到极大破坏（表 2-5）。

表 2-5　2008 年滇池湖滨带水生植物一览表

生态类型	科	中文名	拉丁名
湿生植物	禾本科	稻	*Oryza sativa*
		双穗雀稗	*Paspalum distichum*
		稗子	*Echinochloa crusgalli*
		薏苡	*Coix lacryma-jobi*
		早熟禾	*Poa annua*
		芦竹	*Arundo donax*
	菊科	紫茎泽兰	*redbud*
	莎草科	莎草	*Cyperus* spp.
	灯芯草科	灯芯草	*Juncus effusus*
	天南星科	芋	*Colocasia esculenta*
		马蹄莲	*Zantedeschia aethiopica*
	凤仙花科	水凤仙花	*Impatiens aquatilis*
	蓼科	水蓼	*Polygonum hydropiper*
	柳叶菜科	沼生柳叶菜	*Epilobium palustre*
	苋科	喜旱莲子草	*Alternanthera philoxeroides*
	泽泻科	慈姑	*Sagittaria trifolia*
		泽泻	*Alisma plantago-aquatica*
挺水植物	禾本科	茭草	*Zizania caduciflora*
		芦苇	*Phragmites australis*
		水葱	*Scirpus validus*
	香蒲科	香蒲	*Typha orientalis*
	天南星科	菖蒲	*Acorus calamus*
		水白菜（大藻）	*Pistia stratiotes*
	伞形科	水芹	*Oenanthe javanica*
漂浮植物	雨久花科	凤眼蓝	*Eichhornia crassipes*
	浮萍科	浮萍	*Lemna minor*
		紫背萍	*Spirodela polyrrhiza*
	槐叶苹科	槐叶苹	*Salvinia natans*
	满江红科	满江红	*Azolla imbricata*
浮叶植物	莲科	莲	*Nelumbo nucifera*
	水鳖科	水鳖	*Hydrocharis dubia*
	菱科	野菱	*Trapa* spp.

生态类型	科	中文名	拉丁名
沉水植物	金鱼藻科	金鱼藻	*Ceratophyllum demersum*
	眼子菜科	菹草	*Potamogeton crispus*
		竹叶眼子菜	*P. malaianus*
		红线草	*P. pectinatus*
	水鳖科	苦草	*Vallisneria natans*
	小二仙草科	狐尾藻	*Myriophyllum verticillatum*

（3）浮游动物

2008 年，滇池浮游动物为 39 种，比历史记录的种类数（155 种）锐减许多，反映了滇池水环境状况发生了较大变化。浮游动物的种类以轮虫类居多（56%），其次为原生动物（26%），枝角类第三（13%），桡足类最少（5%），其群落也以轮虫为主要构成（表2-6）。

表 2-6　2008 年滇池浮游动物种类目录

中文名	拉丁名	中文名	拉丁名
网纹溞属一种	*Ceriodaphnia* sp.	螺形龟甲轮虫	*Kiratella cochlearis*
溞属一种	*Daphnia* sp.	晶囊轮虫属一种	*Asplanchna* sp.
卵形盘肠溞一种	*Chydoridae ovalis*	纵长异尾轮虫	*Trichocerca elongata*
盘长网纹溞属一种	*Ceriodaphnia* sp.	长三肢轮虫	*Filinia longiseta*
象鼻溞属一种	*Bosmina* sp.	曲腿龟甲轮虫	*Keratella valga*
剑水蚤	*Cyclopoidea*	轮虫属一种	*Rotaria* sp.
哲水蚤	*Calanoida*	萼花臂尾轮虫	*Brachionus calyciflorus*
累枝虫属一种	*Epistylis* sp.	胶鞘多态轮虫	*Colloyheca ambigua*
钟虫属一种	*Vorticella* sp.	异尾轮虫	*Trichocerca* sp.
侠盗虫属一种	*Strombilidium* sp.	角突臂尾轮虫	*Brachionus angularis*
球形砂壳虫	*Difflugia globulosa*	月形腔轮虫	*Lecane luna*
靴纤虫属一种	*Cothurnia* sp.	针簇多肢轮虫	*Polyarthra trigla*
膜袋虫属一种	*Cyclidium* sp.	圆筒异尾轮虫	*Trichocerca cylindrica*
太阳虫	*Actinophrys* sp.	多肢轮虫属一种	*Polyarthra* sp.
变形虫	*Amoeba* sp.	罗氏异尾轮虫	*Trichocerca rousseleti*
纤毛虫	*Ciliata*	大肚须足轮虫	*Euchlanis dilatata*
沙壳虫属一种	*Difflugia* sp.	等刺异尾轮虫	*Trichocerca similis*
剪形臂尾轮虫	*Brachionus forficula*	聚花轮虫	*Conochilus* sp.
刺盖异尾轮虫	*Trichocerca capucina*	矩形龟甲轮虫	*Keratella quadrata*
单趾轮虫属一种	*Monostyla* sp.		

（4）底栖动物

2008 年，滇池底栖动物为 13 种，与 2001 年种类数基本持平。其中，寡毛类 8 种（62%），水生昆虫 5 种（38%）。以相对密度或相对生物量≥20% 作为优势类群标准。总体而言，优势类群比较单一，主要有水丝蚓、苏氏尾鳃蚓和摇蚊幼虫。从种类构成分析，耐污的寡毛类成为滇池底栖生物的主要种类，反映了滇池水体的富营养化进程对底栖生物产生了明显的影响（表 2-7）。

表 2-7　2008 年滇池底栖动物种类目录

中文名	拉丁名	中文名	拉丁名
哑口仙女虫	*Nais elinguis*	苏氏尾鳃蚓	*Branchiura sowerbyi*
水丝蚓一种	*Limnodrilus* sp.	羽摇蚊	*Chironomus plumosus*
霍甫水丝蚓	*Limnodrilus hoffmeisteri*	红裸须摇蚊	*Propsilocerus akamusi*
克拉泊水丝蚓	*Limnodrilus claparedeianus*	前突摇蚊属一种	*Procladius* sp.
巨毛水丝蚓	*Limnodrilus grandisetosus*	小摇蚊属一种	*Microchironomus* sp.
多毛管水蚓	*Aulodrilus pluriseta*	长足摇蚊属一种	*Tanypus* sp.
正颤蚓	*Tubifex tubifex*		

滇池流域入湖河流底栖动物具有种类较少、优势种密度极高的特点。2008 年，滇池流域主要入湖河流底栖动物有 14 种，其中环节动物 3 种，即中华颤蚓、蚯蚓、蚂蟥；软体动物 6 种，包括扁蜷螺科大脐圆扁螺、中华圆田螺及幼虫、河蚌幼虫、基眼目尖膀胱螺，其中基眼目尖膀胱螺为外来入侵物种；昆虫类 4 种，即红娘华、蝇幼虫、双翅目摇蚊科摇蚊幼虫，直翅目蝼蛄科；扁形动物为涡虫 1 种。寡毛纲中华颤蚓占底栖动物总数量的 85.44%，为优势类群，因此，将其作为指示物种。

2008 年，滇池流域入湖河流河口底栖动物有 4 种，其中环节动物两种，即中华颤蚓、蚂蟥；软体动物两种，即扁蜷螺科大脐圆扁螺、中华圆田螺及幼虫。与入湖河流一样，寡毛纲中华颤蚓为优势类群，是指示物种。

（5）大型水生动物（鱼类）

2008 年，滇池鱼类有 31 种，其中外来鱼类 24 种，土著鱼类 7 种。与记载的 25 种土著鱼类比较，滇池鱼类的种类构成发生了很大变化。外来鱼类中池沼公鱼、罗非鱼虽数量不大，但为常见种，太湖新银鱼是滇池的优势种。生物量中小型鱼类占有一定比例，滇池鱼类小型化应该引起注意。

2007 年，滇池鱼产量 7000 t，以鲢、鳙、鲤为主。与 2003 年前比，鱼类产量有所上升，这是因为自 2000 年后，昆明市政府每年向滇池投入大量的鲢、鳙鱼苗，来控制蓝藻水华。

2.2.6　土地覆盖特征

2.2.6.1　土地利用结构特征

滇池流域的土地利用类型包括林地、草地、耕地、水体、城镇及建设用地和未利用土地六大类。其中，以林地为主，其次为城镇及建设用地和耕地。2013年林地占49.9%、城镇及建设用地占23.4%，耕地和水体均占10.7%，草地和未利用土地分别占3.8%和1.5%（图2-13所示），人类作用明显的土地利用方式（城镇及建设用地和耕地）已经高达34.1%。

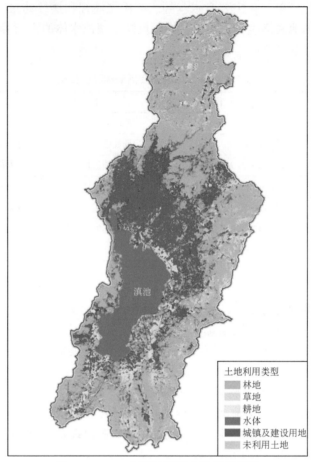

图2-13　2013年滇池流域土地利用现状

　　由滇池湖滨带土地利用类型空间分布图（图2-13）可以看出，滇池流域土地利用现状和上节所介绍的植被覆盖情况和森林覆盖率分布较为一致。耕地和城镇及建设用地多分布在环滇池湖体区域，其中北部为昆明市的城镇及建设用地，南部和东部主要为耕地；林地和草地多分布在距离滇池湖体较远的流域边界，受人类干扰程度较小。

　　湖滨带是湖泊生态系统的重要组成部分，湖滨湿地在调节气候、涵养水源、蓄洪抗旱、控制土壤侵蚀、净化入湖水质、为动植物提供栖息和生存环境、维持生物多样性、改善湖滨景观、维持生态平衡等方面均具有十分重要的作用。滇池流域的湖滨带湿地面积约为6.39万亩①，其中96%已被开发利用，湖滨湿地几乎消失殆尽。随着对滇池水污染情况的日益重视，很多湿地已经重建。其中，捞鱼河湿地和宝象河湿地是滇池流域相对较为

---

①　1亩≈666.67m²。

完整的两个湿地。

　　捞鱼河湿地位于滇池东岸大渔乡附近，总面积约 8.33hm²，集观光和湿地生态功能为一体，是目前滇池湿地中管护较好的湿地之一。湿地主要植物类型有中山杉、柳树、杨树、芦苇、香蒲和菱草等滇池湿地常见植物。捞鱼河湿地由于接纳了该片区农田回归水和村镇部分生活污水，削减了捞鱼河片区村庄、农田面源污染负荷，通过工程手段逐渐恢复滇池湖滨生态环境，初步实现河道预处理和河口生态系统恢复。

　　宝象河湿地分布在滇池北岸湖滨生态带，紧临宝象河，总面积约 160 hm²。引入墨西哥羽杉广泛种植在自然岛上，在充分考虑植物季相、花色基础上建设人工湿地，使水体在流过高低不同的植物区时得到净化，不仅成为滇池生物多样性最丰富的场所，也能提高滇池的生态自然净化能力。

　　入湖河流周边土地利用类型（表 2-8）非常单一，主要是农田和城镇建设用地，只有个别河流的上游土地利用方式为林地。

表 2-8　入湖河流河岸带土地利用类型

河流名称	土地利用类型
王家堆渠	上游林地，中下游城镇建设用地
新运粮河	城镇建设用地
老运粮河	城镇建设用地
乌龙河	城镇建设用地
大观河	城镇建设用地
西坝河	城镇建设用地
船房河	城镇建设用地
采莲河	城镇建设用地
金家河	城镇建设用地
盘龙江	上游林地，中下游城镇建设用地
大清河	城镇建设用地
海河	上游源头是林地，中下游是城镇建设用地
六甲宝象河	农田为主、其次是城镇建设用地
小清河	农田为主、其次是城镇建设用地
五甲宝象河	农田为主、其次是城镇建设用地
虾坝河	农田为主、其次是城镇建设用地
老宝象河	城镇建设用地为主、其次农田
新宝象河	城镇建设用地、农田
马料河	源头是林地，其余是农田
洛龙河	农田
捞鱼河	源头是林地，其余是农田
南冲河	源头是林地，其余是农田
淤泥河	农田
老柴河	农田
白鱼河	水库源头是林地，主要为农田
茨巷河	水库源头是林地，主要为农田

河流名称	土地利用类型
东大河	水库源头是林地，主要为农田
中河	农田
古城河	农田

2.2.6.2 土地利用格局特征

滇池流域的土地利用景观类型为森林景观、农田景观、农村城市建设地、荒草地、裸地景观和水体6类。分析不同景观类型对水体污染的贡献，可将流域内的景观类型进行"源""汇"的划分。滇池流域土地利用景观空间格局呈现以滇池为中心的环状分布（图2-13），点源和非点源污染通过径流过程汇入湖体，引起水体污染，陆域可为"源"，湖体为"汇"。而根据"源–汇"理论，陆域内的不同景观类型又因不同的生态过程扮演不同的"源""汇"作用。一般认为，农田、建设用地是非点源污染物流失的主要地区，而林地、草地和灌丛可以截流非点源污染物，在一定程度上分别起到了"源"与"汇"的作用。实际上，流域的不同地形地貌、土壤、植被和人类活动共同组成的复杂景观，其生态因子时刻发生着变化，由此导致物质能量流动复杂多变。因此，"源""汇"景观在空间格局上达到平衡，形成合理布局是减轻滇池流域水污染的重要因素。

景观指数分为三级：斑块水平指数、类型水平指数和景观水平指数，反映了其结构组成、空间格局和不同尺度的生态学过程。选取类型水平的景观指数来表征滇池流域各种土地利用类型的分布格局，具体景观指数包括斑块数量（NP）、斑块密度（PD）、最大斑块指数（LPI）、边界密度（ED）、景观形状指数（LSI）、景观分裂指数（DIVISION）、分离度（SPLIT）、聚合度（AI）。计算结果列于表2-9中。

表2-9 滇池流域土地利用类型水平景观指数

土地利用类型	NP	PD	LPI	ED	LSI	DIVISION	SPLIT	AI
林地	675	0.23	17.48	16.52	37.37	0.96	26.77	76.84
农田	935	0.32	11.30	20.04	50.84	0.99	73.14	62.05
建设	1 079	0.37	7.29	9.73	36.94	0.99	187.49	58.60
水体	184	0.06	10.51	1.84	7.27	0.99	90.52	92.43
荒草	1 264	0.44	0.23	7.41	42.94	1.00	60 030.11	25.77
裸地	253	0.09	0.06	1.10	16.82	1.00	1 088 195.4	23.85

滇池流域建设用地斑块数量最多，荒草地的斑块密度最大，林地有最大斑块指数，农田则有最大边界密度和景观形状指数，而六种土地利用类型的景观分裂指数都接近或等于1，分离度最大的是裸地，水体聚合度最大。

随着流域地形起伏、海拔的变化，滇池流域土地利用类型呈现明显的空间分异规律，主要表现在以下几个方面：①林地主要分布于高海拔、坡度较大的面山区域，其中，80%以上分布在松华坝、宝象河水库、柴河、大河水源保护区范围内。②农田连片集中，多分布于地势较平缓的环滇池平原区，其中，水浇地及菜地分布在城镇、村庄等居民点附近，尤其是近年来，种植蔬菜和花卉的大棚在官渡、呈贡和晋宁3个县区靠近滇池的地区发展迅速，旱地主要分布在高海拔平坝区和平缓的山坡上，坡旱地在广大山区呈小面积零星分布。③建设用地主要分布在滇池湖体的北部，这里河网密集、水资源丰富，体现了人类缘水而居的特点。④水域主要是滇池和入湖河流，大部分河流流程短、无天然补给水源，并且沿途经受农村垃圾倾倒、接纳城市污水、面源污染物等，水质严重超标。

2.3 滇池流域社会经济特征

2.3.1 行政区划

滇池流域面积为2920 km²，昆明市区新行政区域调整后，滇池流域隶属于昆明市五华区、盘龙区、官渡区、西山区、呈贡区、晋宁县和嵩明县7个县（区）的59个乡镇（或街道办事处）。

2011年流域内人口为419.14万人，占全市的64.6%。其中，主城区涉及五华区、盘龙区、官渡区、西山区4个区，人口为330.04万人，占流域总人口的78.7%。滇池流域平均人口密度为771人/km²。

随着社会经济的发展，滇池流域的人口总数呈现上升的趋势。1997年，滇池流域的总人口数为241.83万人，到2011年滇池流域的总人口数变为419.14万人，增长了近两倍。其中，五华区和盘龙区人口多达80万，呈贡区人口最少（表2-10）。

滇池流域内的总人口密度也呈现上升趋势。1997～2011年，滇池流域的总人口密度由547人/km²上升为771人/km²。2011年，各县（区）的人口密度大小为五华区>呈贡区>盘龙区>官渡区>西山区>嵩明县>晋宁县（表2-10）。

表2-10 滇池流域2014年行政区划及人口分布

行政区	总人口/万人	人口密度/（人/km²）
昆明市区	648.64	309
五华区	85.6	2249
盘龙区	80.99	913
官渡区	55.18	868
西山区	50.79	576
呈贡区	19.44	1281
晋宁县	27.94	209
嵩明县	29.70	221

2.3.2 社会经济

滇池流域产业结构以旅游、商贸和工业为主。2011年，滇池流域的国民生产总值为

25 095 940 万元, 比 2010 年同期增长了 18.36%, 农业（以种植、养殖业为主）、工业（以烟草及配套、制药、装备制造、光电子信息、有色冶金、磷化工、食品加工、轻纺、医药、建材、机械等为主）和第三产业（以旅游业为主）产值分别为 1 338 090 万元、11 611 745 万元和 12 145 740 万元, 分别比 2010 年同期增长了 11.2%、20.8% 和 16.9%, 三大产业在国民生产总值中分别占 5.3%、46.3% 和 48.4%。

从行政区单位土地 GDP 分布来看, 如图 2-14 所示, 最高值出现在五华区, 其次为盘龙区。包括五华区、盘龙区、官渡区的昆明市城区的单位土地 GDP 明显高于其他县（区）。以第一产业为主的嵩明县和晋宁县的单位土地 GDP 仅为 384.45 万元/km² 和 503.93 万元/km², 分别只有五华区的 2.4% 和 3.2%。

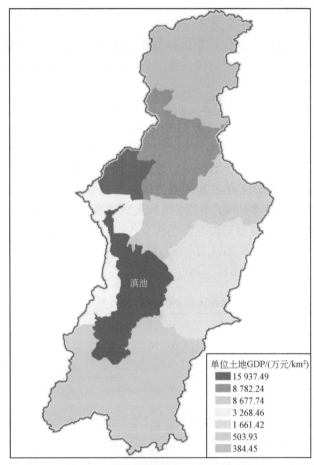

图 2-14　滇池流域单位土地 GDP 分布

滇池流域在昆明市主城建成区规模迅速扩大, 城市集聚效应、乘数效应、分工协作效应的催化作用和辐射带动下不断发展。全市面积仅占流域面积的 13.8%, 生产总值占全流域生产总值的 75.2%, 2011 年人均生产总值达到 3.9 万元（图 2-15）。

滇池流域内的人口和社会经济的区域表现出明显的分异特征体, 滇池湖体北部邻近区域为昆明市城区, 人口密度最大, 交通最为便利, 工商业最为发达, GDP 产值最高, 其产

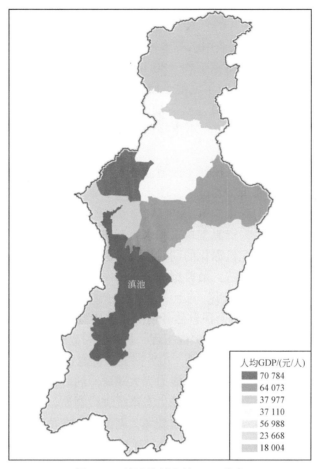

图 2-15   滇池流域人均 GDP 分布

业结构主要以工业、第三产业为主。环滇池的东部区域主要为农业区,产业结构以农业为主、工业分布相对较少,人口密度小、GDP 产值较低;而流域的外围区域,地形多为中高海拔山地,人口分布较分散,同时工业分布非常少,农业分布也较少,GDP 产值最低。

综合分析,滇池流域的经济状况以昆明市区所在区域最好,环滇池区域经济状况次之,流域外围经济状况最差。人口和社会经济的区域差异使生态系统所面对的压力在流域范围内也呈现出明显的差异性,从而导致流域内生态系统健康状况的巨大差异。

2.3.3   人类活动

"高原明珠"滇池,为云南九大高原湖泊之首,全国第六大淡水湖泊,以其湖光山色、宜人气候和人文底蕴享誉全球,千百年来滇池沧桑的根本特点和总体趋势是"人进水退"。

远古时期的滇池,水域曾经达到 1260 km²,水深超过百米,蓄水量超过 800 亿 m³。历史时期滇池的巨大变迁始于元朝,700 年来,滇池水域缩小了多于 200km²。其中,1938~1978 年的 40 年就缩小了 38.8 km²。今日之滇池,水域不及古滇池的 1/4,水深不及 1/20,蓄水不及 1/50。今日之昆明市，全在古滇池之底。滇池哺育了辉煌灿烂的古滇文化，滋养了历史文化名城昆明，调节出"四季如春"的宜人气候，孕育了丰富的生物多样性，具有调蓄、航运、旅游、发电、灌溉、养殖、工业用水等多种功能。

"50 年代淘米洗菜，60 年代游泳痛快，80 年代水质变坏，90 年代风光不再，现今时代依然受害。"这首民谣生动地反映了滇池水质变迁和人们的无奈。20 世纪 70 年代以前，滇池草海和外海水质都好于Ⅱ类，70 年代后期变成Ⅲ类，80 年代末变成Ⅳ类，90 年代变成Ⅴ类和劣Ⅴ类。滇池加速"老化""小化"的同时，还被"异化"和"毒化"。滇池的多种功能和自净能力逐渐丧失。

昆明市近代工业的产生与发展揭开了滇池流域人与自然关系的新篇章。抗战时期大批沿海和内地重要工业迁入昆明市，奠定了昆明市工业发展的基础，也为滇池环境增添了异质性因素，引起了人水关系的深刻变革。如果说前期还只是物理变化，后期则是物理、化学、生物等多种变化急剧发生，资源型缺水和水质型缺水导致了严重的水危机，严重制约着区域经济社会的发展。在水危机深化的同时，人类也陷入了严重的生存发展困境。

人类对滇池的直接干预和改造，最典型的莫过于"围湖造田"。20 世纪中后期，人口高速增长直接推动了滇池"围湖造田"的上演，人类对滇池有组织、大规模地开发利用造成了人水争地的现象，也是人类强烈干预自然环境的极端典型。其后的 80 年代，为了防止湖水上涨淹没沿岸农田而在湖滨修筑的防浪堤工程，是"围湖造田"的补充形式，也是滇池的第二劫难。沿岸各县（区）修筑的防浪堤，几乎把整个滇池合围起来，长达 120km，"割"除了滇池之肺——湖滨湿地，使滇池自净能力大大减弱。同时，其还把滇池和湿地下面的地下泉眼破坏、堵死，使原来的良好的湿地生态系统进行物质、能量、信息交换的通道阻断，造成了滇池沿岸湖滨带生态系统的严重破坏，湖滨带生态系统功能几乎完全丧失。

人类对滇池的间接影响则来自于流域的大规模城市化，包括人口增长和城市扩张。1949 年，昆明市建成区面积为 7.8 km²，人口为 28 万。到 2009 年，建成区面积约 300 km²，主城区人口约 300 万人。2011 年末，昆明市常住人口已达约 650 万人。根据昆明市总体发展规划，2020 年人口达到 800 万高峰，大约 450 万人集中在滇池流域，现代新昆明城市区面积将达 460 万 km²。工业化、城市化、现代化对滇池产生的水环境压力已日趋严重，水资源匮乏也成为制约昆明市经济发展的重要因素。

几十年间，滇池流域水生态系统就以自然调节为主的动态平衡生态系统转变为人工干预的失衡复合生态系统。面对严峻的水环境问题，现代意义的滇池治理保护始于问题凸显的 20 世纪 70 年代。80 年代重点在工业污染治理方面，确定了以水源保护区、滇池汇水区、居民稠密区、风景旅游区为重点的防治目标，采取有力措施控制和削减重金属和有毒有害物质污染，工业点源污染治理卓有成效。作为全国重点治理的"三河""三湖"之一，滇池环境的治理，从地方到中央，从官方到民间，从国内到国外，从世界银行到日元贷款，从技术治理到人文参与，从水体净化到综合治理，从"人进水退"到"四退三还"，从人定胜天到道法自然，从唯 GDP 是从到生态治理，历时几十年，耗资数百亿，有力推进了滇池污染治理工作，同时也深刻认识到滇池治理和生态环境改善的艰难，所以滇池流域水生态系统健康的恢复仍然任重而道远（董学荣和吴瑛，2013）。

第3章 滇池流域现有区划方案解析

20世纪50年代以来，滇池流域及其所在的省（市）开展了各类区划、规划的研究和编制，主要有生态功能区划、水功能区划、地表水水环境功能区划、主体功能区规划，以及滇池分级保护范围划定方案和滇池流域水污染防治规划等。这些方案对在滇池流域内实施空间上差异性的组织和管理，从宏观上为流域及其相关区域的开发建设指明了方向。滇池流域水生态功能区划是在各类区划基础上对流域内水生态系统进行区划。本章通过对现有各类区划方案进行解析，对各类区划方案的划定目标、划定原则、分类体系和划定结果进行梳理，以增加水生态功能分区与各类区划之间的相互衔接，提高水生态功能分区的科学性、实用性和可操作性。

3.1 生态功能区划

虽然我国先后出台了一系列重大决策部署，加大生态环境保护和建设的力度，且生态保护工作取得了重要进展与积极成效，一些地区的生态环境得到了有效保护和改善，但总体上我国生态环境脆弱，生态系统质量和功能低，生态保护与经济社会发展矛盾突出，普遍存在粗放型经济增长和掠夺式资源开发利用的发展模式，生态安全形势严峻（燕乃玲和虞孝感，2003）。这些问题要求管理者科学地认识生态系统，协调人类生产发展与生态环境保护的关系，开展生态功能区划。

生态功能区划就是根据区域生态系统类型、生态环境敏感性和生态服务功能的空间分异规律，将区域划分成不同生态功能区的过程（欧阳志云，2007）。通过以生态环境现状评价、生态敏感性评价、生态服务功能评价、生态功能分区方案制定和各生态功能特点的识别为内容的生态功能区划，可以以生态功能区划为基础，制定区域发展战略和产业布局计划，协调区域开发与生态环境保护。在明确对国家生态安全有重要意义区域的基础上，建立生态功能保护区，以及以生态服务功能为基础，建立国家生态补偿制度等。通过生态功能区划，可以确定不同生态地域、生态系统的不同主导生态功能，并以此为基础，指导资源与环境管理，因地制宜地制定产业发展方向，引导区域社会、经济、生态的协调发展。

因此，中华人民共和国环境保护部和中国科学院于2008年进行了全国生态功能区划，同时云南省环境保护厅进行了《云南省生态功能区划》（2009），《昆明生态市建设规划》（2008～2015）。这3个生态功能区划覆盖整个滇池流域。

3.1.1 全国生态功能区划

《全国生态功能区划》由中华人民共和国环境保护部和中国科学院于2008年7月发

布，但随着经济社会快速发展、生态保护工作的加强，《全国生态功能区划》已不能适应
新时期生态安全与保护的形势，主要问题包括：①2008 年以来我国部分区域生态系统变化
剧烈，生态系统服务功能格局已经改变；②已经原有区划划定的重要生态功能区中，保护
比例普遍较低，不能满足国家和区域生态安全的要求；③受当时多种因素的影响，生态功
能区划分不完善，一些具有重要生态功能的地区未能纳入重要生态功能区范围。为此，中
华人民共和国环境保护部和中国科学院决定，以 2014 年完成的全国生态环境十年变化
（2000～2010 年）调查与评估为基础，由中国科学院生态环境研究中心负责对《全国生态
功能区划》进行修编，完善全国生态功能区划方案，修订重要生态功能区的布局，由中华
人民共和国环境保护部和中国科学院于 2015 年 11 月公布了《全国生态功能区划（修编
版)》。

3.1.1.1　区划目标

1）明确全国不同区域的生态系统类型与格局、生态问题、生态敏感性和生态系统服
务功能类型及其空间分布特征，提出全国生态功能区划方案，明确各类生态功能区的主导
生态系统服务功能和生态保护目标，划定对国家和区域生态安全起关键作用的重要生态功
能区域。

2）全面贯彻"统筹兼顾、分类指导"和综合生态系统管理思想，改变按要素管理生
态系统的传统模式，增强生态系统的生态调节功能，提高区域生态系统的承载力与经济社
会的支撑能力。

3）以生态功能区为基础，指导区域生态保护与建设、生态保护红线划定、产业布局、
资源开发利用和经济社会发展规划，构建科学合理的生态空间，协调社会经济发展和生态
保护的关系。

3.1.1.2　区划原则

1）主导功能原则：区域生态功能的确定以生态系统的主导服务功能为主。在具有多
种生态系统服务功能的地域，以生态调节功能优先；在具有多种生态调节功能的地域，以
主导调节功能优先。

2）区域相关性原则：在区划过程中，综合考虑流域上下游的关系、区域间生态功能
的互补作用，根据保障区域、流域与国家生态安全的要求，分析和确定区域的主导生态
功能。

3）协调原则：生态功能区划是国土空间开发利用的基础性区划，在制订生态功能区
划时，与已经形成的国土空间开发利用格局现状进行衔接。

4）分级区划原则：全国生态功能区划应从满足国家经济社会发展和生态保护工作宏
观管理的需要出发，进行大尺度范围划分。省级政府应根据经济社会发展和生态保护工作
管理的需要，制定地方生态功能区划。

3.1.1.3　分类体系

在生态系统调查、生态敏感性与生态系统服务功能评价的基础上，明确其空间分布特

征，开展生态功能区划方案。

1）按照生态系统的自然属性和所具有的主导服务功能类型，将生态系统服务功能分为生态调节、产品提供与人居保障三大类。

2）在生态功能大类的基础上，生态系统服务功能的重要性，将生态功能划分为 9 个生态功能类型。生态调节功能包括水源涵养、生物多样性保护、土壤保持、防风固沙、洪水调蓄 5 个类型；产品提供功能包括农产品和林产品提供两个类型；人居保障功能包括人口和经济密集的大都市群和重点城镇群两个类型。

3）根据生态功能类型及其空间分布特征，以及生态系统类型的空间分异特征、地形差异、土地利用的组合，划分生态功能区。

3.1.1.4　区划方案

《全国生态功能区划》先将全国按照生态调节、产品提供和人居保障 3 个生态功能大类划分，然后将生态调节分为水源涵养、生物多样性保护、土壤保持、防风固沙和洪水调蓄 5 个功能类型，共划分 148 个功能区；将产品提供分为农产品提供和林产品提供两个功能类型，共划分 63 个功能区；将人居保障分为大都市群和重点城镇群两个功能类型，共划分 31 个功能区。地处西南的滇池流域在全国生态功能区划中属于重点城镇群人居保障功能区中的滇中城镇群人居保障功能区。

3.1.2　云南省生态功能区划

《云南省生态功能区划》由云南省环境保护厅于 2009 年公布，其目标是通过分析云南省生态系统类型的结构与过程、生态环境敏感性和生态服务功能，划分各类生态功能区，并明确各类生态功能区的主导生态服务功能和主要生态问题，为云南省生态环境保护规划和保障经济、社会和生态环境可持续发展提供决策依据。该区划原则与全国生态功能区划原则基本一致（见 3.1.1.2 小节），但该区划在分类体系上将云南省分为一级区（生态区）、二级区（生态亚区）、三级区（生态功能区）三级。其中，生态区为国家生态环境功能区划中的三级区，在云南省表现为生物气候带；生态亚区是在生态区内，以地貌引起的气候、生态系统类型组合的差异为依据进行划分；生态功能区是以生态服务功能的重要性、生态环境敏感性等指标进行划分。

《云南省生态功能区划》共划分一级区 5 个，二级区 19 个，三级区 65 个。根据对生态安全具有重要作用的生态服务功能，将 65 个三级生态功能区又按照主导生态服务功能归为农产品提供、林产品提供、生物多样性保护、土壤保持、水源涵养、农业与城镇和城市群 7 种类型。

滇池流域在该区划中属于昆明市、玉溪市高原湖盆城镇生态功能区（表 3-1），该区是云南省政治、经济、金融、文化中心，人口密度较大，开发程度高，城市化水平高，城乡交错分布，工业企业集中，农业生产现代化水平相对较好，具有较好的发展基础和条件，是经济实力较强的区域。

表 3-1　《云南省生态功能区划》中滇池流域部分

生态功能分区单元			所在区域与面积	主要生态特征	主要生态环境问题	生态环境敏感性	主要生态系统服务功能	保护措施与发展方向
生态区	生态亚区	生态功能区						
高原亚热带北部常绿阔叶林生态区	滇中高原谷盆半湿润常绿阔叶林、暖性针叶林生态亚区	昆明市、玉溪市高原湖盆城镇建设生态功能区	澄江县、通海县、红塔区、江川县，昆明市大部分区域，峨山县的部分地区，面积为11532.70 km²	以湖盆和丘状高原地貌为主。滇池、抚仙湖、星云湖、杞麓湖等高原湖泊都分布在本区内，大部分地区的年降水量为900～1000mm，现存植被以云南松林为主。土壤以红壤、紫色土和水稻土为主	农业面源污染，环境污染、水资源和土地资源短缺	高原湖盆和城乡交错带的生态脆弱性	昆明中心城市建设及维护高原湖泊群和周边地区的生态安全	调整产业结构，发展循环经济，推行清洁生产，治理高原湖泊水体污染和流域区的面源污染

3.1.3　昆明市生态功能区划

昆明市政府于2008年3月编制了《昆明生态市建设规划（2008～2015）》，并在该规划中制定了昆明市生态功能区划。与《云南省生态功能区划》的分类体系类似，昆明市生态功能区划也分为一级区（生态区）、二级区（生态亚区）和三级区（生态功能区）三级。在此基础上以生态环境保护优先为原则，制订了对应的生态功能区控制对策，以达到昆明市经济社会发展与生态环境保护相协调，实现人与自然和谐的目标。

在昆明市生态功能区划方案中，滇池流域在昆明市生态功能区划中主要涉及中部高原湖盆生态区一级区下面的滇池湖盆城镇与工业生态亚区的4类三级区，具体见表3-2。

表 3-2　《昆明生态市建设规划（2008～2015）》中滇池流域部分

一级区	二级区	三级区	面积/km²	主要生态问题	控制对策	主导生态功能
中部高原湖盆生态区	滇池湖盆城镇与工业生态亚区	滇池湖泊和湖滨水生生态系统多功能生态区	639.04	滇池水体污染严重，旅游活动造成一定的生态环境破坏；湖滨带开发过度，侵占天然湿地现象严重	加强污染治理，防治富营养化，严禁开展不符合保护目标的生产和旅游活动，重点保护：①滇池水质及海菜花、轮藻、篦齿眼子菜、金鱼藻等水生植物和多鳞白鱼、昆明裂腹鱼、中华倒刺鲃、长身刺鳅鮍、青鳉等22种土著鱼类；②湖滨生态湿地	重点保护

一级区	二级区	三级区	面积/km²	主要生态问题	控制对策	主导生态功能
中部高原湖盆生态区	滇池湖盆城镇与工业生态亚区	松华坝中山山原水源涵养生态功能区	602.39	森林质量差，水源涵养能力低，人为活动造成了一定的生态环境破坏，不合理的农业生产导致了一定的水体污染	封山育林，提高森林的数量和质量，加强水源涵养能力，规范保护区管理，严禁不符合保护目标的生产和旅游活动，限制化肥农药的施用，推行生态农业生产，重点保护水源地水质	重点保护
		昆明城市生态功能区	1193.14	入滇河流截污不完善，污染严重，土地利用结构不合理，城市发展加剧了水资源和土地资源的紧缺，并侵占了一部分农田，森林覆盖率低，树种单一	按照昆明市城市总体规划的要求，严格控制城市发展规模，调整土地利用结构，治理"城中村"现象；增加城市绿化面积，提高森林覆盖率；加强滇池污染治理，严格化肥农药的施用，防治面源污染；调整产业结构，推行清洁生产，发展循环经济。重点保护：①西山森林公园、筇竹寺、黑龙潭、金殿、大观楼、翠湖、圆通山，以及咸阳王赛典赤墓、晋宁郑和公园等历史文化遗迹和风景名胜；②保护残存的森林类型（主要有滇清冈林、元江栲林、云南油杉林，以及云南松、华山松人工林）和古树（筇竹寺天王殿前的元代柳杉、黑龙潭公园的宋柏等）	优化开发
		滇池面山水源涵养区	495.19	森林覆盖率低，树种单一，森林质量差，土壤侵蚀较敏感，一定程度的水体污染，柴河水库Ⅳ级水质，宝象河和大河水库Ⅲ级水质，未达到功能目标	严格封山育林，林地建设以水源涵养林为主，提高森林覆盖率和森林质量，涵养水源，保持水土，加大污染源的控制力度，减少水体污染，提高水质，达到饮用水功能目标	重点保护

3.2　水功能区划

　　水功能区划是依据国民经济发展规划和水资源综合利用规划，结合区域水资源开发利用的现状和未来需求，科学合理地在相应水域划定具有特定功能、满足水资源合理开发利用和保护要求，并能够发挥最佳效益的区域的过程；通过水功能区划可确定各水域的主导功能和功能顺序，制定水资源保护目标。并通过各功能区水资源保护目标的实现，保障水资源的可持续利用（纪强等，2002）。

随着我国社会经济的发展和城市化进程的加快，水资源短缺和水污染已经成为制约国民经济可持续发展的重要因素。在当前的水资源保护和管理中，由于没有明确各江河湖库水域的功能，造成开发利用与保护的关系不协调，供水与排水布局不尽合理，水域保护目标不明确，水资源保护管理的依据不充分，地区间和行业间的用水矛盾难以解决等诸多问题（纪强等，2002）。为了解决这些问题，中华人民共和国水利部于1999年12月组织各流域管理机构和全国各省（自治区、直辖市）开始开展水功能区划工作，于2002年完成了《中国水功能区划》。面对新形势，2010年中华人民共和国水利部组织流域管理机构对省（自治区、直辖市）批复的水功能区进行了全面复核，在此基础上于2011年编制完成了《全国重要江河湖泊水功能区划》（彭文启，2012），其中主要涉及滇池流域的盘龙江和滇池。同时，云南省水利厅于2013年公布了《云南省水功能区划（第二版）》，其中滇池流域主要涉及源头水保护区、滇池和开发利用区。

3.2.1 全国重要江河湖泊水功能区划

《全国重要江河湖泊水功能区划》由中华人民共和国水利部在对省（自治区、直辖市）批复的水功能区进行全面复核的基础上，于2010年编制完成，并于2011年得到了国务院的批复。该区划共涉及河流1027条。通过划分水功能区为全国水资源开发利用与保护、水污染防治和水环境综合治理，引导经济发展与水环境保护相协调，提供了重要依据（彭文启，2012）。

3.2.1.1 区划目标

根据我国水资源的自然条件和开发利用现状，按照流域综合规划、水资源与水生态系统保护和经济社会发展要求，依其主导功能划定水功能区并执行相应水环境质量标准，力争到2020年水功能区水质达标率达到80%，到2030年水质基本达标。

3.2.1.2 区划原则

1）可持续发展的原则：水功能区划应与水资源综合规划、流域综合规划、国家主体功能区规划、经济社会发展规划相结合，根据水资源和水环境承载能力及水生态系统保护要求，确定水域主体功能，对未来经济社会发展有前瞻性和预见性，为未来发展留有余地，保障当代和后代赖以生存的水资源。

2）统筹兼顾与突出重点相结合的原则：在进行水功能区划分时以流域为单元，统筹兼顾上下游、左右岸、近远期水资源，以及水生态保护目标与经济社会发展需求，水功能区划体系和水功能区划指标既考虑普遍性，又兼顾不同水资源区的特点。同时注重城镇集中饮用水源和具有特殊保护要求的水域的特殊性，划为保护区或饮用水源区，并提出重点保护要求，保障饮用水安全。

3）水质、水量、水生态并重的原则：水功能区划充分考虑各水资源分区的水资源开发利用和社会经济发展状况，水污染和水环境、水生态等现状，以及经济社会发展对水资源的水质、水量、水生态保护的需求。部分仅对水量有需求的功能，如航运、水力发电等，不单独划分水功能区。

4）尊重水域自然属性的原则：水功能区划要尊重水域自然属性，充分考虑水域原有的基本特点，所在区域的自然环境、水资源和水生态的基本特点。对于特定水域，如东北、西北地区，在执行水功能区划水质目标时还要考虑河湖水域天然背景值已经偏高的影响。

3.2.1.3 分类体系

根据《水功能区划分标准》（GB/T 50594—2010），水功能区划采用二级体系，即一级区划和二级区划。一级水功能区分四类，即保护区、保留区、开发利用区、缓冲区。二级水功能区将一级水功能区中的开发利用区具体划分为饮用水源区、工业用水区、农业用水区、渔业用水区、景观娱乐用水区、过渡区和排污控制区七类（图 3-1）。

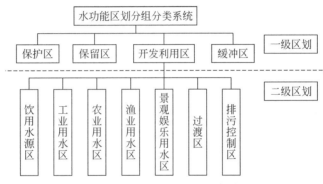

图 3-1　水功能区划分级分类系统

一级区划在宏观上调整水资源开发利用与保护的关系，协调地区间的关系，同时考虑可持续发展的需求；二级区划主要确定水域功能类型和功能排序，协调不同用水行业间的关系。

（1）一级水功能区

保护区：是指对水资源保护、自然生态系统和珍稀濒危物种的保护具有重要意义，需划定进行保护的水域。保护区应具备以下划区条件之一。

——重要的涉水国家级和省级自然保护区、国际重要湿地，以及重要的国家级水产种质资源保护区范围内的水域，或具有典型生态保护意义的自然生境内的水域；

——已建和拟建（规划水平年内建设）跨流域、跨区域的调水工程水源（包括线路）和国家重要水源地的水域；

——重要河流源头河段一定范围内的水域。

保留区：目前水资源开发利用程度不高，为今后水资源可持续利用而保留的水域。保留区应具备以下划区条件。

——受人类活动影响较少，水资源开发利用程度较低的水域；

——目前不具备开发条件的水域；

——考虑可持续发展需要，为今后的发展保留的水域。

开发利用区：为满足城镇生活、工农业生产、渔业、娱乐等功能需求而划定的水域。开发利用区应具备以下划区条件。

——取水口集中，取水量达到区划指标值的水域；

缓冲区：为协调省际、用水矛盾突出的地区间用水关系而划定的水域。缓冲区应具备以下划区条件。

——跨省（自治区、直辖市）行政区域边界的水域；

——用水矛盾突出的地区之间的水域。

（2）二级水功能区

饮用水源区：为城镇提供综合生活用水而划定的水域。饮用水源区应具备以下区划条件。

——现有城镇综合生活用水取水口分布较集中的水域，或在规划水平年内为城镇发展设置的综合生活供水水域；

——用水户的取水量符合取水许可管理的有关规定。

工业用水区：为满足工业用水需求而划定的水域。工业用水区应具备以下划区条件。

——现有工业用水取水口分布较集中的水域，或在规划水平年内需设置的工业用水供水水域；

——供水水量满足取水许可管理的有关规定。

农业用水区：为满足农业灌溉用水而划定的水域。农业用水区应具备以下划区条件。

——现有的农业灌溉用水取水口分布较集中的水域，或在规划水平年内需设置的农业灌溉用水供水水域；

——供水水量满足取水许可管理的有关规定。

渔业用水区：为水生生物自然繁育和水产养殖而划定的水域。渔业用水区应具备以下划区条件。

——天然的或天然水域中人工营造的水生生物养殖用水的水域；

——天然的水生生物的重要产卵场、索饵场、越冬场和主要洄游通道涉及的水域，或为水生生物养护、生态修复所开展的增殖水域。

景观娱乐用水区：以满足景观、疗养、度假和娱乐需要为目的的江河湖库等水域。景观娱乐用水区应具备以下划区条件。

——休闲、娱乐、度假所涉及的水域和水上运动场需要的水域；

——风景名胜区所涉及的水域。

过渡区：为满足水质目标有较大差异的相邻水功能区间水质要求而划定的过渡衔接水域。过渡区应具备以下划区条件。

——下游水质要求高于上游水质要求的相邻功能区之间的水域；

——有双向水流，且水质要求不同的相邻功能区之间的水域。

排污控制区：指生产、生活废污水排污口比较集中的水域，且所接纳的废污水不对下游水环境保护目标产生重大的不利影响。排污控制区应具备以下划区条件。

——接纳废污水中污染物为可稀释降解的；

——水域稀释自净能力较强，其水文、生态特征适宜作为排污区。

3.2.1.4　区划方案

全国重要江河湖泊一级水功能区共 2888 个，区划河长 177 977 km，区划湖库面积为 43 333 km²。其中，保护区 618 个，保留区 679 个，缓冲区 458 个，开发利用区 1133 个。在 177 977 km 区划河长中，保护区共 36 861 km，保留区 55 651 km，缓冲区 13 600 km，开发利用区 71 865 km。在 43 333 km² 区划湖库面积中，涉及一级水功能区 174 个，其中，保护区总面积为 33 358 km²，保留区 2685 km²，缓冲区 498 km²，开发利用区 6792 km²。

在 1133 个开发利用区中，划分二级水功能区共 2738 个，区划长度为 72 018 km，区划面积为 6792 km²。以饮用水为主导功能的二级水功能区共 687 个，区划河长为 13 160 km，区划湖库面积为 2015 km²。以工业用水为主导功能的二级水功能区共 553 个，区划河长 14 999 km，区划湖库面积为 179 km²。以渔业用水为主导功能的二级水功能区共 90 个，区划河长 2075 km，区划湖库面积为 2335 km²。以景观娱乐用水为主导功能的二级水功能区共 243 个，区划河长为 3502 km，区划湖库面积为 1803 km²。全国共划分过渡区 309 个，区划河长 4116 km，区划湖库面积为 10 km²。全国共划分排污控制区 231 个，区划河长 2000 km，全部为河流型（中华人民共和国水利部水资源司，2013）。

《全国重要江河湖泊水功能区划》中涉及滇池流域的一级、二级水功能区划如表 3-3。

表 3-3　《全国重要江河湖泊水功能区划》中滇池流域部分

一级水功能区名称	二级水功能区名称	水系	河流、湖库	范围		长度/km	面积/km²	水质目标
				起始断面	终止断面			
盘龙江松华坝饮用水源保护区		金沙江石鼓以下	盘龙江	源头	松华坝水库坝址	34.3		Ⅱ
滇池昆明市开发利用区	盘龙江昆明景观、农业用水区	金沙江石鼓以下	盘龙江	松华坝水库坝址	入滇池口	35.0		Ⅲ
	滇池昆明草海工业、景观用水区	金沙江石鼓以下	滇池草海	大观公园	草海船闸		7.5	Ⅲ
	滇池北部西部农业、景观用水区	金沙江石鼓以下	滇池外海	回龙村	有余		120.1	Ⅲ
	滇池东北部饮用、农业用水区	金沙江石鼓以下	滇池外海	回龙村	斗南		12.0	Ⅲ
	滇池东部农业、渔业用水区	金沙江石鼓以下	滇池外海	斗南	海晏		85.0	Ⅲ

一级水功能区名称	二级水功能区名称	水系	河流、湖库	范围		长度/km	面积/km²	水质目标
				起始断面	终止断面			
滇池昆明市开发利用区	滇池南部工业、农业用水区	金沙江石鼓以下	滇池外海	海晏	有余		70.0	Ⅲ
	螳螂川昆明安宁工业、农业用水区	金沙江石鼓以下	螳螂川	海口	安宁温青闸	33.0		Ⅳ

3.2.2 云南省水功能区划

2004 年 4 月，云南省人民政府批复实施了《云南省水功能区划》，该区划在云南省水资源保护和管理工作中发挥了重要作用，成为核定水域纳污能力、制定相关规划的重要基础和主要依据，为云南省的产业结构和生产力布局和正确处理开发与保护水资源提供了科学的决策依据。然而，随着社会经济的快速发展，水资源开发利用程度不断提高，加之《云南省加快建设面向西南开放重要桥头堡总体规划》，以及"滇中产业新区"等规划和建设的启动，原有水功能区划已难以适应云南省社会经济发展需要，以及水资源可持续利用和有效保护的要求。为此，云南省水利厅对 2004 年版的《云南省水功能区划》进行复核、修编、再版，于 2013 年 10 月公布了《云南省水功能区划（第二版）》。第二版《云南省水功能区划》与《全国重要江河湖泊水功能区划》一脉相承，在分类体系上均参照《水功能区划分标准》（GB/T 50594—2010）（见 3.2.1.3 小节）。

《云南省水功能区划（第二版）》中涉及滇池流域的一级水功能区划有 6 处源头水保护区和 15 处开发利用区，如表 3-4 所示。涉及的二级水功能区有饮用水源区 1 处，工业用水区 3 处，农业用水区 11 处，景观娱乐用水区 6 处（表 3-5）。

表 3-4 《云南省水功能区划》中滇池流域部分（一级区）

一级区	名称	位置	描述
源头水保护区	盘龙江松华坝饮用水源保护区	由嵩明县河源至松华坝水库坝址，全长 34.3 km	松华坝水库是昆明市的主要集中式供水水源地之一，1989 年昆明市人大常委会通过的《昆明市松华坝水源保护区管理规定》将水库和其汇水区 7 个乡镇中的 325 个自然村划入水源保护区。现状水质为Ⅱ～Ⅲ类，规划水平年水质目标为Ⅱ类
	冷水河昆明源头水保护区	由嵩明县河源至入松华坝水库，全长 22.7 km	冷水河是松华坝水库的主要支流之一，现状水质为Ⅱ类，规划水平年水质目标为Ⅱ类

一级区	名称	位置	描述
源头水保护区	宝象河昆明饮用水源保护区	由官渡区河源至宝象河水库坝址，全长 15.2 km	1996 年，宝象河水库成为官渡区的重要供水水源，承担昆明东郊 16 万人的生活用水的供水任务，2012 年后由承担着机场新区的供水。1997 年划定了水源保护区，成立了宝象河水库管理所，制定了《官渡区宝象河水源保护区管理实施办法》。现状水质为Ⅱ类，规划水平年水质目标为Ⅱ类
	大河晋宁饮用水源保护区	由晋宁县河源至大河水库坝址，全长 5.7 km	晋宁县大河水库为昆明市主城区集中式供水水源地之一，现状水质为Ⅲ类，规划水平年水质目标为Ⅱ类
	柴河晋宁饮用水源保护区	由晋宁县河源至柴河水库坝址，全长 12.8 km	晋宁县柴河水库为昆明市主城区集中式供水水源地之一，现状水质为Ⅲ类，规划水平年水质目标为Ⅱ类
	东大河晋宁饮用水源保护区	由晋宁县河源至双龙水库坝址，全长 10.5 km	双龙水库是晋宁县城主要供水水源，供水人口在 5 万人以上。现状水质为Ⅲ类，规划水平年水质目标为Ⅲ类
开发利用区	滇河昆明市开发利用区	由松华坝水库坝址至富民大桥，全长 115.0 km	此区域包括昆明市主城区、滇池、安宁、螳螂川、富民等区域，现状水质为劣Ⅴ类
	运粮河昆明开发利用区	由五华区河源至入滇池口，全长 5.7 km	现状水质为劣Ⅴ类
	新河昆明开发利用区	由五华区河源至入滇池口，全长 18.9 km	现状水质为劣Ⅴ类
	大观河昆明开发利用区	由五华区河源至入滇池口，全长 8.0 km	现状水质为劣Ⅴ类
	船房河昆明开发利用区	由五华区河源至入滇池口，全长 12.2 km	现状水质为劣Ⅴ类
	大清河昆明开发利用区	由松华坝水库至入滇池口，全长 29.4 km	现状水质为劣Ⅴ类
	宝象河昆明开发利用区	由官渡区宝象河水库坝址至入滇池口，全长 32.8 km	现状水质为Ⅴ类
	马料河昆明开发利用区	由官渡区河源至入滇池口，全长 20.2 km	现状水质为劣Ⅴ类
	洛龙河呈贡开发利用区	由呈贡县河源至入滇池口，全长 29.3 km	现状水质为劣Ⅴ类
	捞鱼河呈贡开发利用区	由呈贡县河源至入滇池口，全长 28.7 km	现状水质为劣Ⅴ类
	梁王河呈贡开发利用区	由澄江县河源至入滇池口，全长 23.0 km	现状水质为劣Ⅴ类

一级区	名称	位置	描述
开发利用区	大河晋宁开发利用区	由晋宁县大河水库坝址至入滇池口，全长 29.8 km	现状水质为劣Ⅴ类
	柴河晋宁开发利用区	由晋宁县柴河水库大坝至入滇池口，全长 30.7 km	现状水质为劣Ⅴ类
	东大河晋宁开发利用区	由晋宁县双龙水库坝址至入滇池口，全长 13.6 km	现状水质为劣Ⅴ类
	古城河晋宁开发利用区	由晋宁县河源至入滇池口，全长 8.0 km	现状水质为劣Ⅴ类

表 3-5 《云南省水功能区划》中滇池流域部分（二级区）

二级区	名称	位置	描述
饮用水源区	滇池东北部饮用、农业用水区	位于官渡区西南角，从廻龙到呈贡斗南 12 km² 的滇池水域	昆明第五自来水厂原在此水域建有 30 万 m³/d 的取水口。1999 年 7 月 1 日，正式停止滇池作为城市供水水源，仅作为预备水源，现状水质为劣Ⅴ类，主要是总磷、总氮、高锰酸盐指数、五日生化需氧量等项目超标，2020 年水质目标为Ⅳ类，2030 年水质目标为Ⅲ类
工业用水区	滇池昆明草海工业、景观用水区	滇池草海位于市区西南部，水位 1887.00 m 时，水面积为 11.7 km²，蓄水量为 2214 万 m³	通过海埂船闸与外海相连，草海是昆明西郊片的主要工业用水和退水区域，1997 年 3 月 19 日西园隧洞竣工后，草海出流主要通过隧洞排入沙河，再入螳螂川。草海之滨坐落着有名的大观楼、云南民族村、西山公园，有较高的景观娱乐功能。现状水质为劣Ⅴ类，规划水平年水质目标为Ⅳ类
	滇池南部工业、农业用水区	由昆阳海晏至有余水域，水面面积为 70 km²	该区域沿岸有磷矿工业、化工等工业用水和农灌用水，有昆阳镇的生活污水和部分工业废水排入。现状水质为劣Ⅴ类，2020 年水质目标为Ⅳ类，2030 年水质目标为Ⅲ类
	螳螂川西山—安宁工业、景观用水区	由西山区海口至安宁市温青闸，全长 33.0 km，流经安宁市城区	区内有昆明钢铁厂、化工、化肥等主要工业用水，河流穿过安宁市城区和温泉旅游度假区，有较高的景观娱乐价值，另有沿岸农田灌溉用水。现状水质为劣Ⅴ类，规划水平年水质目标为Ⅳ类

续表

二级区	名称	位置	描述
农业用水区	滇池北部西部农业、景观用水区	位于滇池外海北部，即东岸的廻龙至西南岸的有余水域，水面面积为120.1 km²，约为滇池外海的42%	由于区内水库主要保证城镇供水，区内大面积耕地靠滇池水通过盘龙江、宝象河等河道提水灌溉，最大年回灌提水量达8000多万立方米。西山公园、云南民族村、海埂公园和滇池国家旅游度假区濒临湖岸，具有较高的景观娱乐功能。其原来具有的渔业用水功能因水生态恶化而削弱。盘龙江、大清河、小清河、东白沙河、宝象河、马料河等河流在该区汇入滇池。该区水质现状为劣Ⅴ类，属中度富营养化，2020年水质目标为Ⅳ类，2030年水质目标为Ⅲ类
	滇池东部农业、渔业用水区	由呈贡区斗南至海晏水域，水面面积为85.0 km²	该区域以湖周农田灌溉用水为主，兼有渔业用水功能，现状水质为劣Ⅴ类，2020年水质目标为Ⅳ类，2030年水质目标为Ⅲ类
	宝象河昆明农业、景观用水区	由大板桥宝象河水库坝址至滇池入口，全长33.8 km	以农业灌溉用水为主兼有河道景观功能，现状水质为Ⅴ类，2020年水质目标为Ⅳ类2030年水质目标为Ⅲ类
	马料河昆明农业用水区	由河源至滇池入口，全长20.2 km	以农业灌溉用水为主。现状水质为劣Ⅴ类，2020年水质目标为Ⅳ类，2030年水质目标为Ⅲ类
	洛龙河呈贡农业用水区	由河源至滇池入口，全长29.3 km	以农业灌溉用水为主。现状水质为劣Ⅴ类，2020年水质目标为Ⅳ类，2030年水质目标为Ⅲ类
	捞鱼河呈贡农业用水区	由河源至滇池入口，全长28.7 km	主要用于农灌。现状水质为劣Ⅴ类，2020年水质目标为Ⅳ类，2030年水质目标为Ⅲ类
	梁王河呈贡农业用水区	由河源至滇池入口，全长23.0 km	主要用于农灌。现状水质为劣Ⅴ类，2020年水质目标为Ⅳ类，2030年水质目标为Ⅲ类
	大河晋宁农业、工业用水区	由大河水库坝址至滇池入口，全长29.8 km	主要用于农灌和晋宁工业园晋城片区工业用水，现状水质为劣Ⅴ类，2020年水质目标为Ⅳ类，2030年水质目标为Ⅲ类
	柴河晋宁农业、工业用水区	由柴河水库坝址至滇池入口，全长30.7 km	主要用于农灌和晋宁工业园上蒜片区工业用水，现状水质为劣Ⅴ类，2020年水质目标为Ⅳ类，2030年水质目标为Ⅲ类
	东大河晋宁农业用水区	由双龙水库坝址至滇池入口，全长13.6 km	以农灌用水为主，兼有工业用水。现状水质为劣Ⅴ类，2020年水质目标为Ⅳ类，2030年水质目标为Ⅲ类
	古城河晋宁农业用水区	由河源至滇池入口，全长8.0 km	以农灌用水为主。现状水质为劣Ⅴ类，2020年水质目标为Ⅳ类，2030年水质目标为Ⅲ类

二级区	名称	位置	描述
景观娱乐用水区	盘龙江昆明景观用水区	由松华坝水库坝址至入滇池口,全长35.0 km	盘龙江是昆明市的穿城河流,城区段河道两旁辟有绿化带,以城市景观为主导功能,现状水质为劣V类,2013年9月25日牛栏江—滇池补水工程通水后,将在盘龙江打造清水通道,规划水平年水质目标为III类
	运粮河昆明景观用水区	由河源至入滇池,全长5.7 km	运粮河是明清时期粮食经滇池、运粮河运入城区的河道,现以城市景观为主要功能。现状水质为劣V类,规划水平年水质目标为IV类
	新河昆明景观、工业用水区	由西北沙河水库上游桃源村河源至入滇池口,全长15.3 km,流经昆明市西市区后入滇池	以景观用水为主要功能,有钢铁、制药、建材、制革、冶炼等工业用水,也有源头区和西郊片部分农灌用水。水质现状为劣V类,规划水平年水质目标为IV类
	大观河昆明景观用水区	由河源至入滇池口,全长8.0 km	现状水质为劣V类,规划水平年水质目标为IV类
	船房河昆明景观用水区	由河源至入滇池口,全长12.2 km	船房河发源于昆明市东城区,流经市区,以景观为主导功能。现状水质劣V类,规划水平年水质目标为IV类
	大清河昆明景观、工业用水区	由松华坝水库坝址至入滇池口,全长29.4 km	大清河源于松华坝水库,上段称金汁河,至菊花村分洪闸长15.7km,菊花村分洪闸至宝海公园段称清水河,此段河长1.7km,宝海公园接海明河后称枧槽河,枧槽河宝海公园至明通河汇入口张家庙间河长5.7km,明通河入后张家庙起称大清河,至滇池入口长6.3km。大清河流经昆明市北部、东部和南部,以景观功能为主,有日用化工、制药、食品加工等工业用水,还接纳昆明市东部部分城市废污水,水质污染严重,现状水质为劣V类,规划水平年水质目标为IV类

3.3 水环境功能区划

水环境功能区是根据水域使用功能、水环境污染状况、水环境承受能力(环境容量)、社会经济发展需要和污染物排放总量控制的要求,划定的具有特定功能的水环境。水环境功能区划对水域进行分类管理,有助于明确不同水域的主要功能,控制水体污染,促进水环境达标。

3.3.1 全国水环境功能区划

水环境功能区是水质监测与评价、水体污染物排放总量控制,以及实施地表水环境质量标准的基础。为此,在全国大部分省(自治区、直辖市)完成水环境功能区划工作的基础上,中华人民共和国环境保护部于2002年5月启动了全国水环境功能区划汇总工作,并要求编制全国水环境功能区划图集（环办〔2002〕55 号）。到 2002 年底，初步完成了全国水环境功能区划工作，对全国十大流域、51 个二级流域、600 多个水系、5737 条河流（区划河流长度总计 29.8 万 km）、980 个湖库（区划湖库面积总计 5.2 万 km²）进行了水环境功能区划，共划分了 12876 个水环境功能区，其中，河流水环境功能区 12482 个，湖泊水环境功能区 394 个，基本覆盖了全国环境保护管理涉及的水域。在各个功能区都设置了相应的控制断面，共计 9000 余个（赵俊杰，2002），为水环境功能区的水质监测、评价和管理奠定了基础。

由于全国水环境功能区划是在各省（自治区、直辖市）水环境功能区工作基础上的汇总，因此，涉及滇池流域的水环境功能区划将在《云南省地表水水环境功能区划》（见 3.3.2 小节）中详细介绍。

3.3.2　云南省地表水水环境功能区划

为强化水环境管理，加强水污染防治，改善水环境质量，合理开发利用水资源，保护水环境，云南省环境保护厅组织开展了地表水水环境功能区划，对 2001 年颁布实施的《云南省地表水水环境功能区划（复审）》的范围和类别进行合理调整和优化，并于 2014 年 4 月公布实施《云南省地表水水环境功能区划（2010~2020 年)》。该区划的范围包括六大水系干流；汇水面积在 1000 km² 以上或重要的一级支流、二级支流；流经建制市及自治州首府所在地的河流；出境跨界及州市跨界河流；大中型水库及水面面积在 1 km² 以上的湖泊；县级及其以上的集中式饮用水水源，以及环境敏感水域等有必要纳入省级区划的其他重要水域。滇池流域湖体、9 个水库和 29 条入湖河流均进行了水环境功能区划。

3.3.2.1　区划目标

水环境功能区的划分与流域的水资源开发利用密切相关，环境功能区划依据社会、经济发展的需要，以及不同地区在环境结构、环境状态和使用功能上的差异，对相应区域进行合理划定，目的是更好地促进全省社会经济可持续发展。

3.3.2.2　区划原则

区划遵循"合理划分、严格保护、有利发展"的总体原则，具体区划原则如下。
1）不得降低现状使用功能的原则；
2）集中式饮用水水源地优先保护的原则；
3）水域兼有多种功能时按高功能保护的原则；
4）汇入干流的功能目标要求不能相差超过一个级别的原则；
5）对专业用水区及跨界管理水域统筹考虑的原则；
6）适应流域内经济和城镇发展规划的要求，兼顾上、下游地区利益。

3.3.2.3　分类体系

根据《地表水环境质量标准》（GB 3838—2002），实施水域分类管理，结合水域使用功能要求，地表水环境功能区分为五类。

Ⅰ类水环境质量功能区，主要适用于源头水、国家自然保护区；

Ⅱ类水环境质量功能区，主要适用于集中式生活饮用水地表水源地一级保护区、珍稀水生生物栖息地、鱼虾产卵场、仔稚幼鱼的索饵场等；

Ⅲ类水环境质量功能区，主要适用于集中式生活饮用水地表水源地二级保护区、鱼虾类越冬场、洄游通道、水产养殖区等渔业水域及游泳区；

Ⅳ类水环境质量功能区，主要适用于一般工业用水区及人体非直接接触的娱乐用水区；

Ⅴ类水环境质量功能区，主要适用于农业用水区及一般景观要求水域。

当同一水体具有多种实用功能时，按照最高功能确定水质目标。

3.3.2.4 区划方案

根据地表水功能区划原则、依据、水域的现状使用功能、规划使用功能、潜在功能和行政决策等对云南全省范围内六大水系的 6 条干流、127 条一级支流、204 条二级，以及二级以下支流、35 个湖泊、273 个水库的共 710 个主要河段、水域（湖库）进行了水环境功能区划。根据地表水水域的使用功能和保护目标，全省 710 个主要水域分类如下：Ⅰ类源头水、国家自然保护区水域 12 个；Ⅱ类集中式生活饮用水源地一级保护区、珍稀水生生物栖息地、鱼虾类产卵场、仔稚幼鱼的索饵场水域 281 个；Ⅲ类集中式生活饮用水源地二级保护区、鱼虾类越冬场、洄游通道、水产养殖区、游泳区水域 316 个；Ⅳ类一般工业用水区、人体非直接接触的娱乐用水区水域 98 个；Ⅴ类农业用水区、一般景观用水水域 3 个。该区划中涉及滇池流域的 29 条河流（表3-6）、9 个水库及滇池（表3-7）。

表3-6 《云南省地表水水环境功能区划》中滇池流域部分（河流）

流域	干流	一级支流	二级及以下支流	河段名称	水环境功能	类别	流经地区
长江	金沙江	滇池	牧羊河	源头—松华坝水库入口	饮用一级	Ⅱ	嵩明县
长江	金沙江	滇池	冷水河	源头—松华坝水库入口	饮用一级	Ⅱ	嵩明县
长江	金沙江	滇池	盘龙江	松华坝水库入口—入外海口	非接触娱乐用水、景观水区、一般鱼类保护	Ⅲ	官渡区、盘龙区、五华区、西山区
长江	金沙江	滇池	大青河	源头—入外海口	一般鱼类保护、农业用水	Ⅲ	官渡区
长江	金沙江	滇池	新宝象河	宝象河入库出口—入外海口	一般鱼类保护、农业用水	Ⅲ	官渡区、盘龙区
长江	金沙江	滇池	马料河	果林水库出口—入外海口	一般鱼类保护、工业用水、农业用水	Ⅲ	呈贡区、官渡区

流域	干流	一级支流	二级及以下支流	河段名称	水环境功能	类别	流经地区
长江	金沙江	滇池	洛龙河	呈贡白龙潭—入外海口	一般鱼类保护、工业用水、农业用水	Ⅲ	呈贡区
长江	金沙江	滇池	捞鱼河（含梁王河）	松茂水库、横冲水库出口—入外海口	一般鱼类保护、农业用水	Ⅲ	呈贡区
长江	金沙江	滇池	大河（淤泥河）	大河水库出口—入外海口	一般鱼类保护、农业用水	Ⅲ	呈贡区
长江	金沙江	滇池	白鱼河	大河水库出口—入外海口	一般鱼类保护、农业用水	Ⅲ	晋宁县
长江	金沙江	滇池	柴河（含茨巷河）	柴河水库出口—入外海口	一般鱼类保护、农业用水	Ⅲ	晋宁县
长江	金沙江	滇池	东大河	双龙水库出口—入外海口	一般鱼类保护、农业用水	Ⅲ	晋宁县
长江	金沙江	滇池	古城河	源头—入外海口	一般鱼类保护、农业用水	Ⅲ	晋宁县
长江	金沙江	滇池	城河（中河）	源头—入外海口	一般鱼类保护、农业用水	Ⅲ	晋宁县
长江	金沙江	滇池	南冲河	源头—入外海口	一般鱼类保护、农业用水	Ⅲ	晋宁县
长江	金沙江	滇池	金家河	源头—入外海口	一般鱼类保护、农业用水	Ⅲ	西山区
长江	金沙江	滇池	小清河	源头—入外海口	一般鱼类保护、农业用水	Ⅲ	官渡区
长江	金沙江	滇池	六甲宝象河	源头—入外海口	一般鱼类保护、农业用水	Ⅲ	官渡区
长江	金沙江	滇池	五甲宝象河	源头—入外海口	一般鱼类保护、农业用水	Ⅲ	官渡区
长江	金沙江	滇池	老宝象河	源头—入外海口	一般鱼类保护、农业用水	Ⅲ	官渡区
长江	金沙江	滇池	海河	源头—入外海口	一般鱼类保护、农业用水	Ⅲ	官渡区
长江	金沙江	滇池	采莲河	源头—入外海口	一般鱼类保护、农业用水	Ⅲ	官渡区、西山区
长江	金沙江	滇池	王家堆渠	圆通街东口—入草海口	非接触娱乐用水、景观娱乐用水区	Ⅳ	西山区
长江	金沙江	滇池	新河	源头—入草海口	非接触娱乐用水、景观娱乐用水区	Ⅳ	西山区

流域	干流	一级支流	二级及以下支流	河段名称	水环境功能	类别	流经地区
长江	金沙江	滇池	运粮河	源头—入草海口	非接触娱乐用水、景观娱乐用水区	IV	西山区
长江	金沙江	滇池	乌龙河	源头—入草海口	非接触娱乐用水、景观娱乐用水区	IV	西山区
长江	金沙江	滇池	大观河	源头—入草海口	非接触娱乐用水、景观娱乐用水区	IV	西山区
长江	金沙江	滇池	西坝河	源头—入草海口	非接触娱乐用水、景观娱乐用水区	IV	西山区
长江	金沙江	滇池	船房河	源头—入草海口	非接触娱乐用水、景观娱乐用水区	IV	西山区

表 3-7　《云南省地表水水环境功能区划》中滇池流域部分（湖库）

水系名称	湖泊（水库）	水面名称	水环境功能	类别	流经地区
长江	松华坝水库	全库	饮用一级	II	盘龙区
长江	宝象河水库	全库	饮用一级	II	官渡区
长江	柴河水库	全库	饮用一级	II	晋宁县
长江	大河水库	全库	饮用一级	II	晋宁县
长江	自卫村水库	全库	饮用二级	III	五华区
长江	双龙水库	全库	饮用一级	II	晋宁县
长江	洛武水库	全库	饮用一级	II	晋宁县
长江	果林水库	全库	饮用二级、一般鱼类保护、游泳区	III	呈贡区
长江	呈贡区吴家营取水点	全库	饮用一级	II	呈贡区
长江	滇池外海	外海全湖	饮用二级、一般鱼类保护、游泳区	III	官渡区、西山区、呈贡区、晋宁县
长江	滇池草海	草海全湖	一般工业用水、非接触娱乐用水	IV	官渡区、西山区

3.4　主体功能区规划

主体功能区规划以服务国家自上而下的国土空间保护与利用的政府管制为宗旨，运用陆地表层地理格局变化的理论，采用地理学综合区划的方法，通过确定每个地域单元在全国和省（自治区、直辖市）等不同空间尺度中开发和保护的核心功能定位，对未来国土空间合理开发利用和保护整治格局进行总体蓝图的设计、规划（樊杰，2015）。国务院在 2010 年发布了《全国主体功能区规划》，滇池流域属于限制开发区和禁止开发区，其中，禁止开发区涉及滇池湖体、金殿和棋盘山森林公园。2014 年云南省人民政府发布《云南省主体功能区规划》，滇池流域涉及重点开发区域、限制开发区域和禁止开发区域。

3.4.1　全国主体功能区规划

我国国土空间辽阔，自然资源丰富，但各地区在支撑经济建设的资源系统和生态基础，对外对内联系条件和区位条件，经济社会发展水平和经济技术基础等方面差异很大，因而各地区在全国经济、社会、资源、生态系统中所履行的功能应当是不同的，发展战略和发展政策也有所差异（樊杰，2006）。因此，国务院于 2010 年印发了《全国主体功能区规划》，推进形成主体功能区，协调开发我国国土空间。该规划将有利于推进经济结构战略性调整，加快转变经济发展方式；有利于推进区域协调发展，缩小地区间基本公共服务和人民生活水平的差距；有利于引导人口分布、经济布局与资源环境承载能力相适应，促进人口、经济、资源环境的空间均衡；有利于从源头上扭转生态环境恶化趋势，促进资源节约和环境保护；有利于打破行政区划界限，制定实施更有针对性的区域政策和绩效考核评价体系，加强和改善区域调控。

3.4.1.1　规划目标

1）清晰空间开发格局。以"两横三纵"为主体的城市化战略格局基本形成，全国主要城市化地区集中全国大部分人口和经济总量；以"七区二十三带"为主体的农业战略格局基本形成，农产品供给安全得到切实保障；以"两屏三带"为主体的生态安全战略格局基本形成，生态安全得到有效保障；海洋主体功能区战略格局基本形成，海洋资源开发、海洋经济发展和海洋环境保护取得明显成效。

2）优化空间结构。全国陆地国土空间的开发强度控制在 3.91%，城市空间控制在 10.65 万 km^2 以内，农村居民点占地面积减少到 16 万 km^2 以下，各类建设占用耕地新增面积控制在 3 万 km^2 以内，工矿建设空间适度减少。耕地保有量不低于 120.33 万 km^2（18.05 亿亩），其中，基本农田不低于 104 万 km^2（15.6 亿亩）。绿色生态空间扩大，林地保有量增加到 312 万 km^2，草原面积占陆地国土空间面积的比例保持在 40% 以上，河流、湖泊和湿地面积有所增加。

3）提高空间利用效率。单位面积城市空间创造的生产总值大幅度提高，城市建成区人口密度明显提高。粮食和棉油糖单产水平稳步提高。单位面积绿色生态空间蓄积的林木数量、产草量和涵养的水量明显增加。

4）增强区域发展协调性。不同区域之间城镇居民人均可支配收入、农村居民人均纯收入和生活条件的差距缩小，扣除成本因素后的人均财政支出大体相当，基本公共服务均等化取得重大进展。

5）提升可持续发展能力。生态系统稳定性明显增强，生态退化面积减少，主要污染物排放总量减少，环境质量明显改善。生物多样性得到切实保护，森林覆盖率提高到 23%，森林蓄积量达到 150 亿 m^3 以上。草原植被覆盖度明显提高。主要江河湖库水功能区水质达标率提高到 80% 左右。自然灾害防御水平提升，应对气候变化的能力明显增强。

3.4.1.2 规划原则

推进形成主体功能区，要坚持以人为本，把提高全体人民的生活质量、增强可持续发展能力作为基本原则。

1）优化结构：要将国土空间开发从以占用土地的外延扩张为主，转向以调整优化空间结构为主。

2）保护自然：要按照建设环境友好型社会的要求，根据国土空间的不同特点，以保护自然生态为前提、以水土资源承载能力和环境容量为基础进行有度有序开发，走人与自然和谐的发展道路。

3）集约开发：要按照建设资源节约型社会的要求，把提高空间利用效率作为国土空间开发的重要任务，引导人口相对集中分布、经济相对集中布局，走空间集约利用的发展道路。

4）协调开发：要按照人口、经济、资源环境相协调，以及统筹城乡发展、统筹区域发展的要求进行开发，促进人口、经济、资源环境的空间均衡。

5）陆海统筹：要根据陆地国土空间与海洋国土空间的统一性，以及海洋系统的相对独立性进行开发，促进陆地国土空间与海洋国土空间协调开发。

3.4.1.3 分类体系

地域功能类型是一个非常复杂的体系，除了考虑自然生态系统服务功能、土地利用类型、人类社会活动的空间类型等作为确定地域功能类型的基础之外，还应该从规划的视角考虑目标导向和问题导向相结合，以及空间尺度效应与不同层级政府职责相结合。着眼制度、战略、规划和政策等政府管理需求，充分兼顾每个区域综合发展的可能性和合理性，将一个地域发挥的主要作用界定为主体功能（樊杰，2015）。按照以上原则，我国国土空间分为以下主体功能区：按开发方式分为优化开发区域、重点开发区域、限制开发区域和禁止开发区域；按开发内容分为城市化地区、农产品主产区和重点生态功能区；按层级分为国家和省级两个层面（图3-2）。

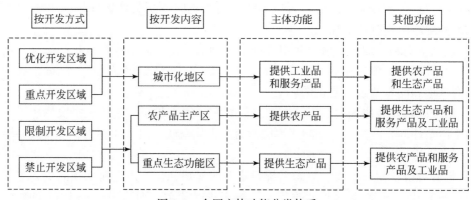

图3-2 全国主体功能分类体系

优化开发区域、重点开发区域、限制开发区域和禁止开发区域是基于不同区域的资源环境承载能力、现有开发强度和未来发展潜力，以是否适宜或如何进行大规模高强度工业化城镇化开发为基准划分的。

城市化地区、农产品主产区和重点生态功能区是以提供主体产品的类型为基准划分的。城市化地区是以提供工业品和服务产品为主体功能的地区，也提供农产品和生态产品；农产品主产区是以提供农产品为主体功能的地区，也提供生态产品、服务产品和部分工业品；重点生态功能区是以提供生态产品为主体功能的地区，也提供一定的农产品、服务产品和工业品。

1）优化开发区域：是经济比较发达、人口比较密集、开发强度较高、资源环境问题更加突出，从而应该优化进行工业化城镇化开发的城市化地区。

2）重点开发区域：是有一定经济基础、资源环境承载能力较强、发展潜力较大、集聚人口和经济的条件较好，从而应该重点进行工业化城镇化开发的城市化地区。优化开发区域和重点开发区域都属于城市化地区，开发内容在总体上相同，开发强度和开发方式不同。

3）限制开发区域：分为两类，一类是农产品主产区，即耕地较多、农业发展条件较好，尽管也适宜工业化城镇化开发，但从保障国家农产品安全和中华民族永续发展的需要出发，必须把增强农业综合生产能力作为发展的首要任务，从而应该限制进行大规模高强度工业化城镇化开发的地区；另一类是重点生态功能区，即生态系统脆弱或生态功能重要，资源环境承载能力较低，不具备大规模高强度工业化城镇化开发的条件，必须把增强生态产品生产能力作为首要任务，从而应该限制进行大规模高强度工业化城镇化开发的地区。

4）禁止开发区域：是依法设立的各级各类自然文化资源保护区域，以及其他禁止进行工业化城镇化开发、需要特殊保护的重点生态功能区。国家层面禁止开发区域包括国家级自然保护区、世界文化自然遗产、国家级风景名胜区、国家森林公园和国家地质公园。省级层面的禁止开发区域包括省级及以下各级各类自然文化资源保护区域、重要水源地，以及其他省级人民政府根据需要确定的禁止开发区域。

3.4.1.4 区划方案

《全国主体功能区规划》从国家层面共划分了3个优化开发区域，18个重点开发区域，32个限制开发区（7个农产品主产区和25个重要生态功能区），1443个禁止开发区域。

滇池流域属于18个重点开发区域中的滇中地区，位于全国"两横三纵"城市化战略格局中包昆通道纵轴的南端，该区域的功能定位是，我国连接东南亚、南亚国家的陆路交通枢纽，面向东南亚、南亚对外开放的重要门户，全国重要的烟草、旅游、文化、能源和商贸物流基地，以化工、冶金、生物为重点的区域性资源精深加工基地。滇池流域也是7个农产品主产区中华南农产品主产区的一部分，是保障农产品供给安全的重要区域。同时，滇池流域的滇池风景名胜区、金殿国家森林公园和棋盘山国家森林公园也属于国家禁止开发区范围，如表3-8所示。

表 3-8　《国家主体功能区规划》中滇池流域部分（禁止开发区）

主体功能	类别	名称	面积/km²	位置
国家禁止开发区	国家级风景名胜区	昆明滇池风景名胜区	685	昆明市
	国家森林公园	云南金殿国家森林公园	19.70	昆明市盘龙区
		云南棋盘山国家森林公园	9.20	昆明市西山区

3.4.2　云南省主体功能区规划

《云南省主体功能区规划》由云南省人民政府于 2014 年 1 月印发，不同于全国主体功能区规划，《云南省主体功能区规划》将全省国土空间分为重点开发区域、限制开发区域（包括农产品主产区和重点生态功能区）和禁止开发区域 3 类主体功能区。国家层面重点开发区域分布在昆明、玉溪、曲靖和楚雄 4 个州市的 27 个县（市、区）和 12 个乡镇，面积为 4.91 万 km²；省级层面重点开发区涉及 16 个县（市、区），面积为 3.66 万 km²；其他重点开发的城镇共涉及 80 个乡镇。在限制开发区域中，农产品主产区面积为 15.9 万 km²。重点生态功能区共包括 38 个县（市、区）和 25 个乡镇，面积为 14.93 万 km²。禁止开发区域总面积为 7.68 万 km²，包括国家级、省级、州（市）级和县级自然保护区 170 个，世界遗产 5 个，国家级、省级风景名胜区共 66 个，国家级、省级森林公园 41 个，世界级、国家级地质公园 10 个，水源保护区 49 个，湿地公园 4 个，水产种质资源保护区 16 个，以及牛栏江流域上游保护区水源核心保护区等。

滇池流域位于"一圈一带六群七廊"城市化战略布局中的滇中城市经济圈，全流域涉及包括集中连片重点开发区域、重点生态功能区、自然保护区、国家风景名胜区、国家森林公园、城市饮用水水源保护区、水产种植资源保护区和牛栏江流域上游保护区水源核心保护区 8 个子类（表 3-9）。

表 3-9　《云南省主体功能区划》中滇池流域部分

主体功能	类别	级别	描述
重点开发区域	集中连片重点开发区域	国家级	所含区县：五华区、盘龙区、官渡区、西山区、呈贡区、晋宁县、嵩明县（不包括滇源镇、阿子营镇）
限制开发区域	重点生态功能区	省级	所含乡镇：嵩明县滇源镇、阿子营镇
禁止开发区域	自然保护区	省级	名称：梅树村；面积：0.58 km²，保护对象：震旦—寒武系地层界线国际剖面
	国家风景名胜区	国家级	名称：昆明滇池风景名胜区，面积为 355.16 km²
	国家森林公园	国家级	名称：金殿国家森林公园；位置：昆明市盘龙区；面积：20.00 km²
		国家级	名称：棋盘山国家森林公园；位置：昆明市西山区；面积：9.20 km²
	城市饮用水水源保护区	—	名称：松华坝水库；面积：286.26 km²；水环境功能为Ⅱ类
		—	名称：宝象河水库；面积：79.31 km²
		—	名称：大河水库；面积：45.58 km²
		—	名称：柴河水库；面积：106.00 km²
		—	名称：自卫村水库；面积：17.49 km²

续表

主体功能	类别	级别	描述
禁止开发区域	水产种植资源保护区	国家级	名称：滇池；面积：18.65 km²；保护对象：滇池金线鲃、昆明裂腹鱼、云南光唇鱼、云南盘鮈等
	牛栏江流域上游保护区水源核心保护区	—	涉及官渡区大板桥街道，面积为 1.10 km²

3.5　其 他 区 划

3.5.1　滇池分级保护范围划定方案

为了加强滇池的保护与管理，防治水污染，改善滇池流域的生态环境，促进经济社会可持续发展，昆明市政府制定了《云南省滇池保护条例》，并于 2013 年 1 月起实施。该条例规定滇池保护范围是以滇池水体为主的整个滇池流域，涉及五华区、盘龙区、官渡区、西山区、呈贡区、晋宁县、嵩明县 7 个县（区），并将滇池保护范围分为一级、二级、三级保护区和城镇饮用水源保护区。在《云南省滇池保护条例》的基础上，昆明市政府组织编制了《滇池分级保护范围划定方案》，并于 2015 年 10 月公布实施。三级保护方案如下。

一级保护区：指滇池水域及保护界桩向外水平延伸 100m 以内的区域，但保护界桩在环湖路（不含水体上的桥梁）以外的，以环湖路以内的路缘线为界。一级保护区面积为 323.97km²，占滇池流域的 11%。

二级保护区：指一级保护区以外至滇池面山以内城乡规划确定的禁止建设区和限制建设区，以及主要入湖河道两侧沿地表向外水平延伸 50m 以内区域。二级保护区面积为 606.94km²，占滇池流域的 21%。其中，禁止建设区 393.84km²，占 14%；限制建设区 213.1km²，占 7%。以上二级保护区面积未完全包含主要入湖河道两侧沿地表向外水平延伸 50m 以内的区域，此区域具体范围将在《滇池流域城镇水系专项规划（修编）》中予以明确。

三级保护区：指一级、二级保护区以外，滇池流域分水岭以内的区域。三级保护区面积为 1112.5589km²，占滇池流域的 38%。

3.5.2　滇池流域水污染防治规划

近几十年来，滇池水环境质量的迅速恶化引起了国家和当地政府的高度重视，为此，滇池在"九五"期间被列为我国湖泊环境治理的重点，云南省、昆明市政府于 1997 年编制了《滇池流域水污染防治"九五"计划及 2010 年规划》。滇池经过"九五"期间的治理，初步遏制了污染迅速恶化的趋势，但水体严重富营养化、水生态系统破坏状况没有得到根本扭转。"九五"期间滇池治理工作的经验和教训显示出水污染防治是一项长期性的工作，因此，中华人民共和国环境保护部相继于 2003 年、2008 年印发了《滇池流域水污染防治"十五"计划》和《滇池流域水污染防治规划（2006—2010 年）》此后于 2012 年印发了包含滇池流域在内的《重点流域水污染防治规划（2011—2015 年）》。

《重点流域水污染防治规划（2011—2015 年）》与"十五""十一五"滇池流域水污染防治规划相比，建立了明确的控制区和控制单元。控制单元分为优先控制单元和一般控制单元，优先控制单元又按水质维护型、水质改善型和风险防范型进行分类管理，形成流域—控制区—控制单元分区的管理体系。对于滇池流域而言，该规划以期改善滇池流域污染水体水环境质量，减轻滇池富营养化程度，改善滇池水生态系统，消除大规模水华爆发引起的水体黑臭现象。

根据滇池流域汇水特征，结合行政管理需求，《重点流域水污染防治规划（2011—2015 年）》将滇池流域划分为草海和外海两个控制区，进一步划分 7 个控制单元（表 3-10）。在优先控制单元中，外海南岸控制单元属于水质维护型单元，草海陆域控制单元、草海湖体控制单元、外海北岸控制单元、外海东岸控制单元、外海湖体控制单元五大单元属于水质改善型单元。

表 3-10　滇池流域水污染防治规划分区

控制区	控制单元名称	水体	控制类别	区县
草海控制区	草海陆域控制单元	新河、老运粮河、西坝河乌龙河、船房河、大观河、自卫村水库	优先控制单元	五华区、高新区、西山区、度假区
	草海湖体控制单元	滇池草海	优先控制单元	—
外海控制区	外海北岸控制单元	宝象河、海河、金汁河、盘龙江、松华坝水库、宝象河水库	优先控制单元	五华区、盘龙区、西山区、度假区、官渡区
	外海东岸控制单元	洛龙河、捞鱼河、马料河	优先控制单元	呈贡县、晋宁县
	外海南岸控制单元	东大河、中河、柴河、大河水库、柴河水库、双龙水库、洛武河水库	优先控制单元	晋宁县
	外海西岸控制单元	—	一般控制单元	西山区
	外海湖体控制单元	滇池外海	优先控制单元	

3.6　现有区划与水生态功能分区的关系

在所有涉及滇池流域的现有区划方案中，从划分的空间范围上可以将其大致分为两大类：一类是国家或省（市）主导的以行政单元为空间范围进行的区划，如主体功能区规划、生态功能区划、水功能区划、水环境功能区划，都是在全国、全省或全市尺度上进行的区划；另一类是突破行政区限制，以流域为空间范围进行的区划，如滇池分级保护范围划定方案、滇池流域水污染防治规划，都是以滇池的汇水区为空间范围进行的区划。

在现有的第一类区划中，基于不同的经济发展规划或生态环境保护需求，各种区划在区划对象、区划目的、分类体系、区划指标上与水生态系统功能分区具有显著的差异（表3-11）。主体功能区规划是一种国家战略性、基础性和约束性的规划，主要考虑我国不同地域在社会经济发展水平与生态环境重要性方面的差异，从而确定不同区域最主要的功能，以明确不同区域在国家发展中的功能定位，从而构建未来我国国土空间合理开发利用与保护整治的格局。生态功能区划是在分析不同区域生态系统格局、生态环境敏感性和生态系统服务功能的空间差异性的基础上，将区域划分成不同生态功能的地区，该区划主要强调陆地生态系统（森林生态系统、灌丛生态系统、草地生态系统、湿地生态系统、荒漠生态系统、农田生态系统和城镇生态系统）的服务功能，明确区域的主要生态问题及生态功能对区域和国家生态安全的作用。水功能区划和水环境功能区划都是针对水域的区划，不同之处在于水功能区划是从合理开发利用和有效保护水资源的角度出发，根据经济发展规划、水资源和水环境承载力及水生态系统保护要求对水域进行功能划定，并确定各水功能区的水质保护目标。而水环境功能区划则从保护和控制地表水水质的角度出发，结合水域的使用功能，按照《地表水环境质量标准》对水域实施分类管理。与现有区划不同，水生态功能区划的对象是流域的水生态系统，其以恢复流域持续性、完整性生态系统健康为目标，针对流域内自然地理环境分异性、生态系统多样性，以及经济与社会发展不均衡性的现状，结合水资源保护与可持续开发利用、流域综合管理与流域生态系统管理的思想，整合与分异流域生态系统服务功能对流域水陆耦合体影响的生态敏感性，进而在流域尺度上进行区划。

表 3-11   水生态功能分区与现有区划

区划名称	区划对象	区划目的	分类体系	区划指标
主体功能区规划	国土空间	推进形成主体功能区，促使空间开发格局清晰，空间结构得到优化，空间利用效率提高，区域发展协调性增强，可持续发展能力提升	分为优化开发区域、重点开发区域、限制开发区域和禁止开发区域 4 类	可利用土地资源、可利用水资源、环境容量、生态脆弱性、生态重要性、自然灾害危险性、人口集聚度、经济发展水平、交通优势度、战略选择
生态功能区划	陆地生态系统	明确各类生态功能区的主导生态服务功能、生态问题，指导区域生态保护与生态建设、生态保护红线划定、产业布局、资源利用和经济社会发展规划，构建科学合理的生态空间，协调社会经济发展和生态保护的关系	分为生态调节、产品提供与人居保障三大类。生态调节功能分为水源涵养、生物多样性保护、土壤保持、防风固沙、洪水调蓄 5 个类型；产品提供功能分为农产品提供和林产品提供两个类型；人居保障功能分为人口和经济密集的大都市群和重点城镇群两个类型	生态敏感性（包括水土流失敏感性、沙漠化敏感性、石漠化敏感性、冻融侵蚀敏感性）、生态系统服务功能（包括生态调节功能、产品提供功能、人居保障功能）

区划名称	区划对象	区划目的	分类体系	区划指标
水功能区划	水域	确定各水域的主导功能和功能顺序，制定相应的水资源保护目标，为水资源的开发、利用和保护管理提供科学依据，实现水资源可持续利用	一级区分为保护区、缓冲区、开发利用区和保留区，开发利用区进一步划分为饮用水源区、工业用水区、农业用水区、渔业用水区、景观娱乐用水区、过渡区、排污控制区7个二级区	集水面积、水量、调水量、保护等级、产值、人口、用水量、水域水质、取水总量、取水口分布、工业产值、灌区面积、水生生物物种、资源量，以及水产养殖产量、产值、污染物类型、排污量、排污口分布等
水环境功能区划	水域	对水资源实施分类管理，为水资源利用、水环境改善和水生态保护提供基础和依据	按照《地表水环境质量标准》（GB 3838—2002）分为Ⅰ、Ⅱ、Ⅲ、Ⅳ、Ⅴ5个类别	社会、经济发展的需要，不同地区在环境结构、环境状态和使用功能上的差异
水生态功能分区	水生态系统	恢复流域持续性、完整性生态系统健康，明确水生态功能区的主导生态系统服务功能和生态环境保护目标	按层级关系，分为一级、二级、三级和四级4个等级	海拔、湖库率、植被覆盖、土地利用、人口密度、水化学指标、水生物指标、河道物理指标、河水来源

在滇池流域现有的第二类区划中，划分的空间范围与水生态功能区划具有一致性，都是以滇池整个汇水区为空间范围进行的，但《滇池分级保护范围划定方案》是针对滇池的水质现状，为了加强对滇池的保护与管理，防治水污染，改善滇池生态环境而划定的保护范围。《滇池流域水污染防治规划》是针对滇池的富营养化现状和入湖河流的污染状况，为改善滇池流域水生态环境质量而进行的阶段性规划，将流域分为不同级别的控制单元，并制定对应的控制策略。以上两种区划与水生态功能区划对滇池流域水生态环境保护都具有重要作用，但《滇池分级保护范围划定方案》和《滇池流域水污染防治规划》着重水体环境质量，未涉及水生生物，而水生态功能分区不仅考虑水环境现状，还将生物因素考虑在内，并关联相应的陆域空间，注重水体生态系统结构和过程的完整性。

第4章 滇池流域自然和社会要素与水生态系统功能关系分析

湖泊流域水生态系统的形成和演变受到自然和社会经济多种因素的共同影响，这些因素在不同类型和不同尺度的格局形成机制中表现出不同的作用。滇池流域人地关系复杂，在自然环境与社会经济共同作用的影响下，形成了复杂、脆弱的水生态系统。水生态系统水文形貌特征对于水生生物群落具有极其重要的影响，任何水量、水质、水生境的变化都将直接影响水生物的群落结构，而流域自然地理环境和人类活动是影响水生生物的原始驱动力（图4-1）。本章将通过分析着生藻、底栖动物、浮游细菌群落等水生物结构与水环境的关系，土地利用与水质的关系，阐述水生态系统的水陆驱动特征，为滇池流域水生态功能分区的指标选择和功能评价奠定科学基础。

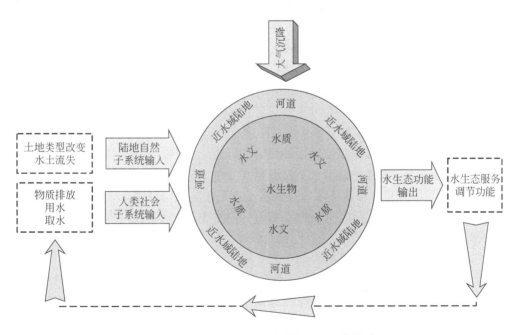

图4-1 滇池流域自然社会条件与水生生物的关系

4.1 水生生物群落结构和水质关系分析

4.1.1 水生态系统表征指标

由于自然、经济和社会的综合性影响，水生态系统呈现出不同的状态。水生生物作为水生态系统的主要组成成分，其生态位、新陈代谢、捕食等是水生态系统状态的反应。同时，为适应生境的改变，其群落结构、多样性和食物链等也会发生相应变化。水生态系统组成、结构和过程，是对流域生态环境变化的综合响应。健康的水生态系统为水生生物提供稳定的生存环境，水生生物在数量、结构、分布等方面呈现稳定状态。当流域生态环境压力负荷积累到一定程度，则出现水生生物群落数量减少、结构紊乱、生物多样性降低的状态。因此，水生物群落状态和变化过程表征了水生态系统健康程度。

水生生物一般包括浮游动植物、着生藻类、底栖动物、水生植物、鱼类和浮游细菌群落等。在水生态系统中，鱼类是食物链的最高级食物链。鱼类生命周期明显，空间尺度较大，具有一定的社会文化价值，常常被用来表征水生态系统健康情况。然而，在滇池流域水域中，水体污染导致鱼类完全丧失了生存条件。在多数入湖河流中，已经没有鱼的生命迹象，鱼类指标在滇池流域的大多数区域几乎不具有参考性；大型无脊椎底栖动物对水生态系统的物质循环和能量流动起着重要的作用，如能加速碎屑分解、提供高级营养层食物来源和促进水体自净，对水质有良好的指示作用。底栖动物为水生态系统中较为稳定的群落，在流域中分布广泛，监测较为容易，在水生态评价中应用较为广泛；藻类作为水生态系统的初级生产者之一，是整个水生态系统物质循环和能量流动的基础，其中，着生藻类相对于浮游藻类来说，其生存位置更加稳定，且便于监测。在水生生态系统食物网中，藻类位于水生物群落食物链的低端，不仅影响食物链的结构和状态，且水环境状况变化，尤其是含 N、P 等的无机营养盐浓度响应敏感。藻类在滇池流域中分布较广，是水质状态的常用表征指标；微生物包括原生生物和细菌，原生生物是水生态系统次级生产者之一，世代周期短，数量庞大，种类多，对环境变化敏感。细菌是饮用水质检测的指标之一，用于人类健康和与水有关的疾病监测。

基于滇池水体污染严重、无机营养盐浓度高等特点，下面将选择滇池流域水体中的大型无脊椎底栖动物、着生藻类和浮游细菌表征水生态系统，分析其与水环境状态的关系，为滇池水生态功能分区的指标选择提供技术支持。

4.1.2 着生藻类群落与水环境因子的关系分析

根据滇池流域水体特征，主要通过监测 $NH_3\text{-}N$、TP、TN、COD_{Mn}、DO、BOD、TOC、Zn、Cd、Pb、Cu、Cr、$NO_3\text{-}N$、TSS、R、WT、pH 共 17 个指标来反映滇池水环境状态。通过对逐月水环境指标的年均值进行因子分析，以辨识表征滇池流域入湖河流水环境状况的主导因子。结果显示（表4-1），NH_3-N、TP、TN、COD_{Mn}、DO、Zn、Cd、Cr、NO_3-N、R、WT、pH 可作为主导因子来表征滇池流域入湖河流丰水期的整体水环境状况。

表 4-1　滇池流域入湖河流水环境指标旋转后的因子载荷率

指标	旋转后的因子载荷率				
	F1	F2	F3	F4	F5
NH_3-N	0.940	0.215	−0.034	−0.058	−0.121
TP	0.913	0.124	−0.028	−0.007	−0.193
TN	0.901	0.249	0.102	−0.095	−0.169
COD_{Mn}	0.890	0.029	−0.189	−0.164	0.195
DO	−0.816	0.009	0.064	−0.230	−0.061
BOD	0.723	0.544	−0.140	−0.188	0.116
TOC	0.656	−0.096	−0.243	0.548	−0.008
Zn	0.213	0.944	0.086	−0.049	−0.099
Cd	0.239	0.907	0.076	0.032	−0.034
Pb	−0.135	0.690	−0.142	−0.142	−0.228
Cu	0.181	0.504	−0.126	0.006	0.415
Cr	−0.127	−0.155	0.867	−0.059	0.287
NO_3-N	−0.390	0.141	0.769	0.003	0.020
TSS	0.186	−0.042	0.718	−0.201	−0.195
R	0.155	−0.024	−0.166	0.860	−0.015
WT	−0.304	−0.097	0.003	0.801	0.079
pH	−0.151	−0.212	0.102	0.046	0.886

　　对滇池流域29条入湖河流12项水环境因子与着生藻类属种进行典型对应分析，以辨识影响着生藻类群落结构的主要水环境因子。由图4-2可得，滇池流域入湖河流水环境因子对着生藻类属种分布的影响程度为 NH_3-N>TN>TP>pH>COD_{Mn}>Zn>R>NO_3-N>DO>Cd>Cr>WT。通过典型对应分析中的蒙特卡罗检验，对其影响程度的显著性进行检验。由表4-2可得，TN、NH_3-N 和 TP 这 3 项环境因子对着生藻类属种分布的影响程度显著，是影响滇池流域入湖河流丰水期着生藻类群落特征的主要水环境因子。

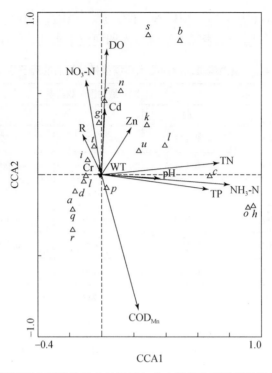

图 4-2　滇池流域入湖河流水环境状况主导因子与丰水期着生藻类属种的典型对应分析双轴图

注：a- 颤藻属（*Oscillatoria*）、b- 腔球藻属（*Coelosphaerium*）、c- 平裂藻属（*Merismopedia*）、d- 舟型藻属（*Navicula*）、e- 羽纹藻属（*Pinnularia*）、f- 卵型藻属（*Cocconeis*）、g- 异极藻属（*Gomphonema*）、h- 直链藻属（*Melosira*）、i- 小环藻属（*Cyclotella*）、j- 脆杆藻属（*Fragilaria*）、k- 针杆藻属（*Synedra*）、l- 桥弯藻属（*Cymbella*）、m- 根管藻属（*Rhizosolenia*）、n- 丝藻属（*Ulothrix*）、o- 小球藻属（*Chlorella*）、p- 栅藻属（*Scenedesmus*）、q- 弓形藻属（*Schroederia*）、r- 鼓藻属（*Cosmarium*）、s- 金囊藻属（*Chrysocapsa*）、t- 褐枝藻属（*Phaeothamnion*）、u- 裸藻属（*Euglena*）

表 4-2　滇池流域入湖河流水环境状况主导因子与丰水期着生藻类属种的相关系数表

指标	数值	指标	数值
WT	0.0136	TN	0.6988[**]
R	−0.1112	NO_3-N	−0.0913
pH	0.3459	Zn	0.1764
COD_{Mn}	0.2134	Cd	0.0201
NH_3-N	0.7574[**]	Cr	−0.0124
TP	0.6326[*]	DO	0.0312

* $P<0.05$；** $P<0.01$。

4.1.3　底栖动物群落与水环境因子的关系分析

由因子分析得到的表征滇池流域入湖河流丰水期整体水环境状况的 12 项水环境因子与大型底栖动物属种进行典型对应分析，以辨识影响滇池流域入湖河流丰水期大型底栖动物群落特征的主要水环境因子。

典型对应分析结果显示（图 4-3），滇池流域入湖河流环境因子对大型底栖动物属种分布的影响程度为 TN>DO>pH>NH₃-N>TP> COD_Mn>Zn>NO₃-N>Cr>R>WT>Cd。再通过典型对应分析中的蒙特卡罗检验对各环境因子的显著性进行检验（表 4-3），DO、TN、NH₃-N 和 TP 这 4 项环境因子对大型底栖动物属种分布的影响程度显著，是影响滇池流域入湖河流丰水期大型底栖动物群落特征的主要水环境因子。

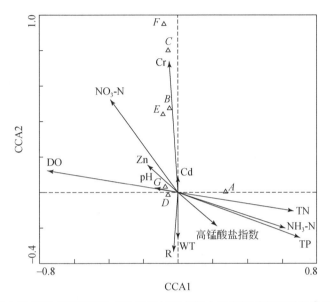

图 4-3　滇池流域入湖河流水环境状况主导因子与丰水期大型底栖动物属种的典型对应分析双轴图

A- 摇蚊属（*Chironomus*）、B- 石蛭属（*Erpobdella*）、C- 舌蛭属（*Glossiphonia*）、D- 尾鳃蚓属（*Branchiura*）、

E- 水丝蚓属（*Limnodrilus*）、F- 珠蚌属（*Unio*）、G- 圆田螺属（*Cipangopaludina*）

表 4-3　滇池流域入湖河流水环境状况主导因子与丰水期大型底栖动物属种的相关系数

项目	WT	R	pH	COD_Mn	NH₃-N	TP	TN	NO₃-N	Zn	Cd	Cr	DO
丰水期大型底栖动物属种	0.001	−0.024	−0.136	0.222	0.616*	0.648**	0.699**	−0.391	−0.172	0.000	−0.050	−0.748**

＊ $P<0.05$；＊＊ $P<0.01$

4.1.4　浮游细菌群落与水环境因子的关系分析

4.1.4.1　滇池湖体浮游细菌群落与水环境因子关系

通过 FORWARD SELECTION 选出关键的环境因子，丰水期为 NH₃-N、TN、NO₃-N、TP、DO，枯水期为 NH₃-N、TN、SD、WT、COD_Mn，说明在丰水期或枯水期，滇池湖体内的浮游细菌群落结构受不同的环境因子影响。

利用 CCA 探讨滇池中影响浮游细菌群落组成的关键环境因子（图 4-4），结果显示，在丰水期的滇池水生态系统中，水环境因子对浮游细菌群落结构的影响程度依次为：NH_3-N>TN>TP>NO_3-N>DO，而枯水期水环境因子对浮游细菌群落结构影响的程度依次为 NH_3-N>TN>SD>WT>COD_{Mn}。通过蒙特卡罗法检验环境因子对浮游细菌分布影响程度的显著性，综合丰水期与枯水期滇池湖体内各样点中浮游细菌群落结构与环境因子的典型对应分析结果，NH_3-N 和 TN 是影响滇池湖体内浮游细菌群落结构的关键环境因子。

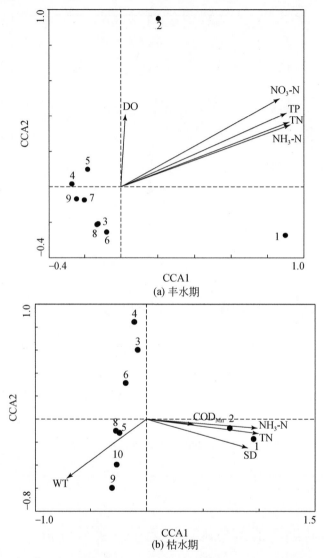

图4-4　滇池湖体环境因子与浮游细菌物种的 CCA 双排序图

1-断桥、2-草海中心、3-晖湾中、4-罗家营、5-观音山东、6-观音山中、7-观音山西、

8-白鱼口、9-海口西、10-滇池南

4.1.4.2　滇池流域入湖河流浮游细菌群落与水环境因子关系

基于 TN、NH_3-N、BOD_5、DO、TSS、TOC、COD_{Mn}、T、TP、NO_3-N、pH 共 11 项水

环境因子与入湖河流中浮游细菌群落结构进行典型对应分析（CCA），以辨识影响滇池流域入湖河流浮游细菌群落特征的主要环境因子。通过蒙特卡罗法检验水环境因子对其影响程度的显著性，可得 TN、NH$_3$-N、BOD$_5$、DO 是影响丰水期滇池流域入湖河流浮游细菌群落特征的关键水环境因子，且按影响大小排序为 TN>NH$_3$-N>BOD$_5$>DO。同样，对于枯水期的入湖河流，水环境因子的影响顺序为 TP>TSS>NH$_3$-N>TN>pH>WT>F>NO$_3$-N>COD$_{Mn}$，通过蒙特卡罗法检验其显著性，可得 TP>TSS>NH$_3$-N>TN，这 4 个环境因子是影响枯水期滇池流域入湖河流浮游细菌群落特征的主要水环境因子（图 4-5）。

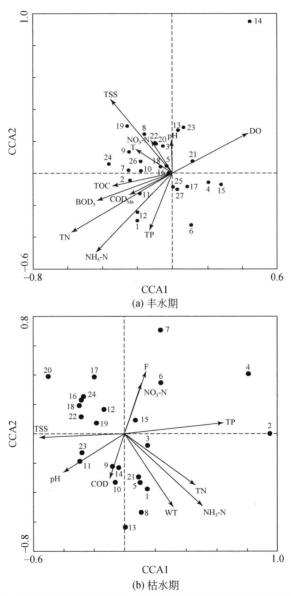

图 4-5　滇池流域入湖河流水环境因子与浮游细菌样点的典型对应分析双轴图

1-王家堆渠、2-新运粮河、3-老运粮河、4-乌龙河、5-大观河、6-船房河、7-金家河、8-盘龙江、9-大清河、10-海河、11-六甲宝象河、12-小清河、13-五甲宝象河、14-虾坝河、15-老宝象河、16-新宝象河、17-马料河、18-洛龙河、19-捞鱼河、20-南冲河、21-淤泥河、22-白鱼河、23-柴河、24-茨巷河、25-东大河、26-中河、27-古城河综上，与滇池湖体情况相似，影响滇池流域入湖河流内浮游细菌群落结构的关键环境因子也是 NH_3-N 和 TN。

4.2　河流水文形貌对底栖动物群落结构的影响

水文形貌特征是水生物群落生境特征的重要组成部分，是水生态系统物理完整性的集中体现。在河流底栖动物与环境因子关系的研究中发现，河流的水文形貌条件所形成的物理生境对于大型底栖动物的群落结构具有直接影响（Karr，1991），而河流的水质条件对其具有间接影响（李艳利等，2015）。欧洲水框架指令认为，水文形貌特征是决定流域状态的重要因素之一，水生生物对其存在直接的生态响应（Friberg et al.，2010）。构成水文形貌特征的底质（Buss et al.，2004）、水流条件（Statzner and Holm，1982；Statzner et al.，1988；Barmuta，1990）、水深（陆强等，2013）、水温（陆强等，2013）和河岸带地貌类型（Allan and Johnson，1997；Pedersen et al.，2007），对底栖动物群落结构、组成或分布特征的形成发挥着关键作用。

河流的河岸带和河道的自然生态作用形成了河流的水文形貌条件，构成了河流内水生生物群落的栖息地（Muneepeerakul et al.，2008），其特征是影响大型无脊椎动物分布的主要因素（Statzner and Higler，1986；Cobb et al.，1992）。量化河道和河岸带水文形貌条件的相对重要性对于以恢复生物完整性为目的的流域栖息地分类管理具有重要意义。底栖动物作为水生态系统的表征群落，分析和识别影响其群落结构的关键水文形貌因子，探究河道和河岸带水文形貌特征的相对重要性，深入分析底栖动物群落与环境因子的关系，可为水生态功能分区和管理目标制定提供依据。

4.2.1　入湖河流水文形貌特征

水文形貌特征的调查主要是针对河道和河岸带。河道水文形貌特征指标主要有底质组成、河道人工化情况、河宽、蜿蜒度、河道坡降、河岸坡度和水温等。蜿蜒度、河道坡降和河岸坡度的获取基于流域 1∶50 000 DEM 数据。河岸带水文形貌特征调查河岸带缓冲区土地利用结构。土地利用结构的获取与河岸带缓冲区的宽度具有紧密联系。根据澳大利亚维多利亚州环境保护部门的建议（Barling and Moore，1994），将河岸带缓冲区宽度设置为 30 m。其中，缓冲区定义为采样点所对应的上游河段两侧各 30 m 的范围，采样点空间分布如图 4-6 所示，各物理生境指标如表 4-4 所示。

4.2.2　水文形貌特征和群落结构的关系

采用典范对应分析（CCA）探究底栖动物群落生物密度和水文形貌特征的关系，辨识滇池流域入湖河流中对底栖动物产生显著影响的环境因子。Monte Carlo 分析表明，底质组成、林地百分比、其他用地百分比、水温、河道坡降和河道人工化情况对于底栖动物群落的影响显著（$F=4.316$，$P=0.002$），对于底栖动物群落变化的贡献率为 36.2%，如图 4-7 所示。

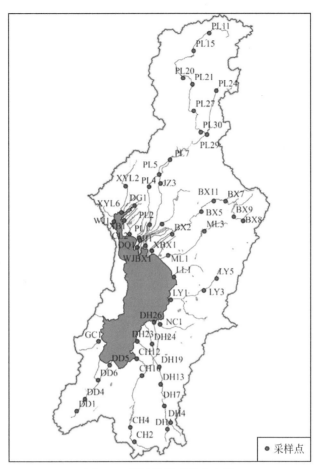

图 4-6　滇池流域采样点布设

表 4-4　滇池流域水文形貌特征指标

变量	代码	定义/方法/单位	平均值（最小值，最大值）
河道物理生境因子			
底质特征	substrate	根据粒径和重要性对底质组成进行专家赋值打分，巨砾和鹅卵石居多的河床比砾石和细沙居多的河床具有更高的生物多样性	1.5（0，6）
河道人工化情况	channelization	根据河道硬化的程度进行专家赋值打分	1.5（0，3）
河宽	width	垂直于河流中心线河流两岸的距离，现场实测数据得到	9.3（0.4，38.6）
蜿蜒度	sinuosity	由河流中心线与河流流域中心线的比值决定，由 ArcGIS 10.1 计算得到	1.2（1.0，1.6）

续表

变量	代码	定义/方法/单位	平均值（最小值，最大值）
河道坡降	slope	河道纵向坡度的变化，为河段上断面到下断面的距离和高程差的比值，由 ArcGIS 10.1 计算得到	0.01（0.001，0.06）
河岸坡度	gradient	河道横向坡度的变化，为河岸带宽度和高程差的比值，由 ArcGIS 10.1 计算得到	4.05（0.09，23.29）
水温	temperature	水体的温度（℃），由现场实测数据得到	22.3（13.4，29）
河岸带物理生境因子			
林地百分比	forest	林地和草地在河岸带缓冲带面积中的百分比（%）	21（0，68）
城镇百分比	urban	城镇用地在河岸带缓冲带面积中的百分比（%）	16（0，96）
农田百分比	farmland	农田用地在河岸带缓冲带面积中的百分比（%）	50（0，100）
其他用地百分比	others	其他种类用地在河岸带缓冲带面积中的百分比（%）	12（0，53）

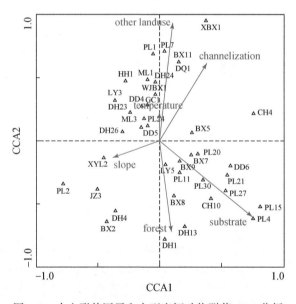

图 4-7　水文形貌因子和大型底栖动物群落 CCA 分析

河岸带水文形貌和河道水文形貌对大型底栖动物群落的影响有所不同。为了分析两者的相对重要性，采用偏 CCA 分析进行方差分解。结果表明，河道水文形貌因子对于大型底栖动物群落的贡献率是 21.6%，河岸带水文形貌因子对于大型底栖动物群落的贡献率仅为 9.2%，两者的交互作用贡献率为 5.4%，河道水文形貌因子对于大型底栖动物群落的影响更为显著。在滇池流域，由于人为工程的干扰，河道的硬化程度高，直接阻断了河岸带流向河道的物质循环和能量流动，导致河岸带的净化过滤作用无法得到发挥，从而导致滇池流域的河岸带水文形貌条件对于大型底栖动物群落结构的影响甚微。

　　河道作为大型底栖动物的生存和活动场所，其水文形貌条件构成了大型底栖动物群落的栖息地物理环境。构成河道物理生境的不同组成成分，都与底栖动物群落具有一定的相关性（图4-7）。其中，河道渠道化特征通过影响河道生境和陆地生境之间的物质循环和能量流动，改变了河道基本生境因子和食物的可获性，导致底栖动物群落结构的变化（Klein，1979）。河道坡降对于流速大小影响较大，而流速通过影响底泥的沉积量和稳定性影响底栖动物的组成和多样性（Wallace and Webster，1996）。

　　底质是底栖动物的直接接触面，部分底栖动物甚至直接以底泥为食物，使得底质成为河流生态系统中影响大型底栖动物群落结构最重要的环境因素之一（Arunachalam et al.，1991；Beisel et al.，1998；Reice，1985；刘宝兴，2007），底质的粒径大小、异质性、密实性和稳定性等对底栖动物群落结构造成显著影响（Buss et al.，2004；Beauger et al.，2006）。与组成均匀的河床底质相比，底质粒径组成范围广的河床可以形成多样性的生物栖息地，而生物栖息地的多样性越高，底栖动物的生物多样性就越高。粒径范围较广的卵石河床不仅为附生动物提供了很大的附着面积，其缝隙也为底栖动物提供了大量的生存空间和避难场所，有利于底栖动物生存（段学花等，2007）。底质的密实性对于溶解氧和有机质碎屑含量影响显著，通常松散底质溶解氧含量高、有机质含量丰富，形成多样性更高的底栖生物群落（Cobb et al.，1992；Flecker and Allan，1984）。底质任何形式的不稳定都会导致底栖动物密度、生物量和丰富度的降低（Beisel et al.，1998）。在影响底质的各种因素中，河道人工化是对河道底质最彻底的颠覆。滇池流域入湖河流的底质量化结果所展示的河段总体底质状况较差，其底栖生物多样性普遍较低（表4-5），证明了河流底质质量是保障河流底栖动物生物多样性的关键因子。

表 4-5　滇池流域大型底栖动物群落多样性指数

样点	底栖生物多样性指数	底质量化状况	样点	底栖生物多样性指数	底质量化状况
BX11	0.39	1	DH1	0.29	3
BX2	0.73	2	DH13	0	3
BX5	1.19	2	DH19	0	2
BX7	0.69	3.5	DH23	1.04	1
BX8	0	3	DH24	0	1
CH1	0.23	4	DH26	0	1
CH10	0	4	DH4	1.04	3
CH12	0	1.5	DH7	0	5
CH2	0	4	DQ1	0.36	1
CH4	0	5	GC1	0	1
CL2	0	1	HH1	0.05	0.5
DD1	0	4	JJ1	0	0.5
DD4	0.64	0	JZ3	0.42	0.5
DD5	0.75	1	LL1	0	3
DD6	0	4	LY1	0	2
DG1	0	3	LY3	0	1

样点	底栖生物多样性指数	底质量化状况	样点	底栖生物多样性指数	底质量化状况
LY5	0	3	PL29	0	3
ML1	0	1	PL30	0.59	3.5
ML3	0.59	1	PL4	0.23	6
NC1	0	2.5	PL5	0	3
PL1	0	0	PL7	1.04	1
PL11	0.64	3.5	WJ1	0	1
PL15	0.45	5	WJBX1	0	0
PL2	0	0	XB1	0	0
PL20	0.95	3.5	XBX1	0.27	0
PL21	1.08	4	XYL2	0.56	1
PL24	0.87	2	XYL6	0	0
PL27	1.17	4			

近年来，为恢复流域生态健康，滇池流域实施了大量河道渠道化的生态修复工程（张慧，2014）。虽然硬化河道在一定程度上促进了水质状态的好转，但对底质的剧烈扰动，导致底栖动物栖息地环境受到严重破坏，生物多样性下降，因此，为了恢复滇池流域大型底栖动物群落的多样性和完整性，建议主要开展以河道为主要对象的生态修复。在对河道的利用过程中，对自然河道的改变控制在最小限度内，尽可能利用现有有利地形，最大限度地保留河道自然形态（陈婉，2008）。对于河岸侵蚀严重的河段，采用生态化的护岸措施，减少对河道的干扰和破坏（陈明曦等，2007）。对于已经被人工破坏了的河道，要遵循自然原则，修复硬化的河道，尽量将河道恢复到未受人类干扰的自然状态，保持河道横向上的连通性和完整性，从而保证河道和河岸带之间正常的物质循环和能量流动，提高河道生境的自我恢复和自我净化能力。针对河流底质，减少对底泥的异位修复，避免扰动底栖物群落的生境。污染严重的底泥则可采用投放微生物分解污染物等原位修复方法进行修复（李轶等，2008；黄廷林等，2012）。在此基础上，加强对河岸带植被的保护管理，退耕还林还草，避免人为用地比例的增加，保证河岸带净化过滤作用的正常发挥，促进生态系统健康的恢复。

4.3 人类活动对水质变化的影响

4.3.1 滇池流域土地利用类型对入湖河流水质的影响

流域土地利用方式与水质具有强烈的响应关系。研究表明，城镇用地和耕地与水体污染物浓度存在显著正相关关系，林地、草地、绿化用地与污染物浓度存在负相关关系，耕地与水体污染物浓度呈比较弱的负相关关系；河岸带的土地利用方式对水体的水质和水生态影响尤为显著。澳大利亚对流域河岸带与水体营养盐的关系研究显示，200 m 缓冲区以内耕地与氨氮为负相关，而大于 200 m 缓冲区的耕地与氨氮为正相关。这些研究结论的差异性说明，在不同研究区内，土地利用结构组成和空间分布特征不同，土地利用与水质的关系也不同，即使在同一研究区内，若土地利用结构和分布差异性较大，也会造成不同汇水单元内的土地利用类型对水质的影响效果产生差异。因此，本节通过研究滇池流域不同土地利用格局下土地利用类型对水质的影响，为水生态功能区划的指标体系构建提供基础。

4.3.1.1　土地利用数据的提取

利用滇池流域 2008 年 7 月 TM 遥感影像（分辨率为 30 m）提取土地利用类型数据。通过野外调查并结合影像的可分辨特征，基于监督分类方法借助于 ERDAS Imagine 软件进行图像的解译和分类。参照 1984 年的《土地利用现状调查技术规程》的土地分类体系，滇池流域土地包括 7 个一级类：耕地、林地、草地、居民点及工矿用地、交通用地、水域、未利用土地。考虑到城、乡对水质的影响差异较大，将居民点及工矿用地分为城镇及工矿用地、农村居民地（由于 TM 数据分辨率所限，工矿用地未单独区分出）。

4.3.1.2　子流域的划分及水质监测

基于流域生态学中的水文完整性理论，利用流域 1 : 10 万 DEM 和水系分布矢量数据，在 ArcGIS 的 Hydrology 中提取集水区。在合并集水区过程中，考虑水库对水文过程的截断影响，将水库上游和下游分开，最后将滇池流域划分成 22 个子流域单元，如图 4-8 所示。其中，编号为 22 的子流域是出湖河流（海口河）所在流域，其中无入湖河，所以不列入本书研究对象。

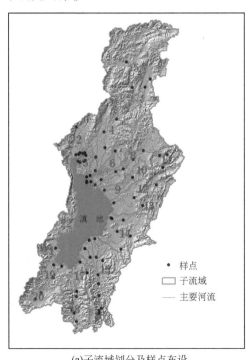

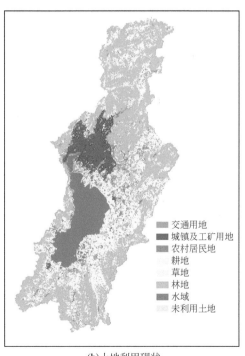

(a)子流域划分及样点布设　　　　　　　　(b)土地利用现状

图 4-8　滇池子流域划分和样点布设及土地利用现状

为了监测子流域内河流水质状况，在河流干流和一级支流上以 3～4 km 为间隔均匀布设样点（图 4-8），水质数据选用 2009 年丰水期（7～8 月）和平水期（11～12 月）的采样数据，取多个样点的丰水期、平水期平均值代表子流域的水质状况，根据近年来水质监测显示的污染物情况，取 COD_{Mn}、TP、TN、NH_3-N 作为水质污染状况的指示指标。

4.3.1.3 土地利用类型与水质的相关性分析

利用 ArcGIS 的 Intersect、Summary statistics 模块计算 21 个子流域的各种土地利用类型百分比。以土地利用结构组成（百分比）为变量，利用 SPSS 进行聚类，再逐个分析每类中各子流域的土地利用空间分布格局，对聚类结果进行调整，使同一类中的子流域土地利用结构和空间格局相似。最后，分别以所有子流域集合和分类后的同类子流域集合为样本，利用 SPSS 计算土地利用比例与水质的相关系数，从整体和局部两个层次分析土地利用类型对水质的影响。

4.3.1.4 土地利用结构及空间格局分析

如图 4-8 所示，滇池流域山地、丘陵、湖积平原并存，且昆明市区坐落其中，土地利用结构复杂多样。各种类型所占比例为林地 41%、耕地 28.7%、水域 11.5%、城镇及工矿用地 6.1%、农村居民地 5.7%、交通用地 1%；草地 5.4%、未利用土地 0.8%。林地、耕地、农村居民地、城镇及工矿用地为主导土地利用类型。

以主导土地利用类型的面积百分比为变量，运用 SPSS 统计软件中的系统聚类方法分析子流域土地利用结构组成的相似度，21 个子流域被分为 A、B、C 三类（图 4-9）。

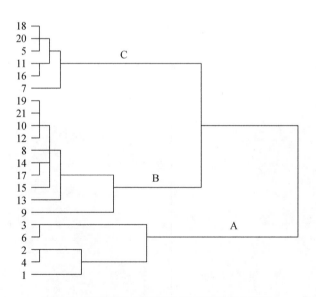

图 4-9 基于土地利用结构的子流域聚类分析

A 类：包括 5 个子流域单元，编号分别为 1、2、3、4、6。这些子流域单元经过昆明市城区，城镇及工矿用地占 20%～57%，林地占 6%～22%，耕地占 2%～6%。5 个子流域单元的土地利用类型的空间分布特征具有一致性，即上游为林地，中游为城镇及工矿用地，下游分布着耕地和少量的农村居民地。

B 类：包括 10 个子流域单元，编号分别为 8、9、10、12、13、14、15、17、19、21。这些子流域单元位于滇池东部和南部的农业区，土地利用类型都是以耕地为主，面积比例为 37% ~ 59%，城镇及工矿用地比例<5%，农村居民地和林地比例为 6% ~ 20%，林地为 10% ~ 15%。除子流域 13 的其他 9 个子流域的土地利用空间分布特征均是上游为林地，中下游主要为耕地，农村居民地散落其中。而子流域 13 的空间分布特征为森林均匀分布、中间分散一些耕地和少量农村居民地。

C 类：包括 6 个子流域单元，编号分别为 5、7、11、16、18、20。这些子流域都位于水库的上游，土地利用类型以林地为主，林地面积平均在 55% 以上，耕地占 5% ~ 23%，农村居民地不足 5%，无城镇及工矿用地分布。此类子流域内的土地利用空间分布特征一致，即森林均匀分布在整个区域，少量耕地和农村居民地散落其中。

综上我们可以发现，B 类中的子流域 13 的土地利用空间布局与 C 类相同，并且其林地占 39%，比例也比较高，在土地利用类型的组成结构上也与 C 类相类似，考虑到土地空间布局对水质的影响很大，因此，将其调整到 C 类。各类别的土地利用结构组成如图 4-10 所示。

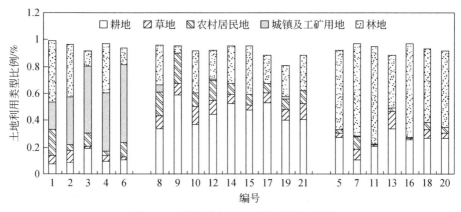

图 4-10　子流域主要土地类型所占比例

4.3.1.5　水质特征分析

根据河流均匀布设样点的监测结果，计算每个子流域内水质指标 COD_{Mn}、TP、TN、NH_3-N 的平均值，并依据《地表水环境质量标准》（GB 3838—2002）评价 21 个子流域的水质状况。

由表 4-6 可得，A 类子流域水污染程度非常严重。子流域 1 和 6 COD_{Mn} 为劣 V 类水标准，其他子流域为 V 类；所有子流域 TP、TN、NH_3-N 均为劣 V 类，TP 超 V 类水标准 2 ~ 4 倍，TN、NH_3-N 超 V 类水标准达 6 ~ 20 倍，同样是子流域 1 和 6 超标最多。

表 4-6　子流域 COD_{Mn}、TP、TN、NH_3-N 的平均值

类别	子流域编号	COD_{Mn}/(mg/L)	TP/(mg/L)	TN/(mg/L)	NH_3-N/(mg/L)
A	1	17.49	2.23	24.35	17.15
	2	12.12	1.36	18.84	13.19
	3	12.95	0.91	18.27	10.96
	4	10.89	0.80	12.80	7.42
	6	22.04	1.99	26.45	21.24
B	8	11.10	0.78	7.83	4.81
	9	12.61	0.71	12.66	7.85
	10	4.75	0.05	1.40	0.20
	12	2.41	1.16	1.57	0.28
	14	4.13	0.28	4.46	0.40
	15	4.79	2.02	2.11	0.91
	17	3.38	0.22	8.54	3.45
	19	4.49	0.18	5.68	2.31
	21	3.71	0.39	3.29	0.59
C	5	2.40	0.73	0.05	0.19
	7	10.80	0.20	3.54	1.51
	11	1.25	0.03	3.13	0.13
	13	1.75	0.03	0.72	0.20
	16	2.40	0.16	0.40	0.32
	18	8.34	0.12	0.80	0.42
	20	3.40	0.03	0.67	0.20

B 类子流域水污染程度总体较 A 类好很多。子流域 8、9 COD_{Mn} 为 V 类水标准，其他子流域 COD_{Mn} 优于Ⅲ类水标准；TP 除子流域 10、14、17、19 以外，其余子流域均为劣 V 类，子流域 15 超 V 类水标准 4 倍，所有子流域 TN 均为劣 V 类，超过 V 类水标准的 2～6 倍。子流域 8、9、17、19 NH_3-N 为劣 V 类，超过 V 类标准 1～3 倍，其余子流域 NH_3-N 为Ⅱ类或Ⅲ类水标准。

C 类子流域水质情况比较好。子流域 7、18 COD_{Mn} 平均含量为 V 类和Ⅳ类水标准，其余子流域均为Ⅱ类水标准；除子流域 5 TP 为劣 V 类水标准以外，其余子流域 TP 均为Ⅱ类或Ⅲ类水标准。除子流域 7、11 以外，其他子流域 TN 为Ⅲ类水标准；所有子流域 NH_3-N 为Ⅱ类水标准。

4.3.1.6　土地利用类型和水质的相关性分析

基于所有子流域的综合分析结果见表 4-7，滇池流域内城镇及工矿用地、农村居民地与 COD_{Mn}、TP、TN、NH_3-N 均显著正相关，这说明城镇及工矿用地、农村居民地是滇池流域入湖河流水质污染的主要贡献者，并且城镇及工矿用地的贡献大于农村居民地。二者与 TP 的相关性稍弱，说明建设用地对河流水质的影响主要是居民排污和工矿企业排污导致的有机污染。

表 4-7　基于所有子流域的土地利用类型和水质污染指标的相关系数

土地利用类型	COD_{Mn}	TP	TN	NH_3-N
城镇及工矿用地	0.693 **	0.678 **	0.707 **	0.701 **
农村居民地	0.637 **	0.494 *	0.512 **	0.556 **
耕地	-0.354	-0.176	-0.278	-0.287
草地	-0.008	-0.086	-0.023	0.014
林地	-0.400	-0.381	-0.525 **	-0.508 **

*$P<0.05$，**$P<0.01$。

林地与 COD_{Mn}、TP、TN、NH_3-N 呈负相关，说明随着林地面积增加，污染物浓度随之降低，这是由于林地一方面通过截流降解作用降低了水质污染程度；另一方面，林地面积增加引起城镇及工矿用地和农村居民地减少，从而污染物输出也相应减少。草地与各水质指标相关系数较小，说明草地对流域水质的影响较小。

耕地与 COD_{Mn}、TP、TN、NH_3-N 呈弱负相关。究其原因为，城镇及工矿用地污染贡献较高（超 V 类水标准 10～50 倍），掩盖了耕地本身对河流的污染贡献，使耕地比例与水质污染程度呈负相关。

基于同类子流域的分类分析针对聚类分析的结果，将三类子流域的土地利用面积百分比与子流域的水质数据进行 Spearman 相关性分析，结果见表 4-8。

表 4-8　基于同类子流域的土地利用类型与水质相关系数

类别	土地利用类型	COD_{Mn}	TP	TN	NH_3-N
A	城镇及工矿用地	0.429	0.257	0.486	0.486
	农村居民地	0.543 *	0.371	0.257	0.257
	耕地	-0.200	-0.414	-0.543	-0.543
	草地	-0.429	-0.257	-0.371	-0.371
	林地	-0.143	0.371	0.143	0.143
B	城镇及工矿用地	-0.312	-0.078	-0.062	-0.062
	农村居民地	0.486	0.405	0.486	0.438
	耕地	0.095	0.452	0.690 *	0.643 *
	草地	-0.143	-0.333	-0.381	-0.429
	林地	0.238	-0.024	-0.690 *	-0.595
C	城镇及工矿用地	—	—	—	—
	农村居民地	0.883 **	0.144	0.593 *	0.750 *
	耕地	-0.306	0.306	-0.643	-0.321
	草地	-0.360	-0.288	-0.429	-0.464
	林地	-0.140	-0.093	-0.524	-0.298

*$P<0.05$，**$P<0.01$，"—"表示无相关系数。

A 类：城镇及工矿用地、农村居民地均与 4 种水污染指标呈正相关，这同样证明了城镇及工矿用地、农村居民地是水质污染的主要来源。耕地与水中污染物浓度均呈负相关，说明随着河流两岸耕地面积所占比例的增加，水体污染物浓度降低，原因同上。草地与水中污染物浓度呈负相关，说明草地对河流水质起到正面作用。林地与水质污染指标相关性很小，这是由于此类子流域中林地比例非常小，对污染物的截留吸附作用不明显。

B类：农村居民地与 COD_{Mn}、TP、TN、NH_3-N 均呈正相关，且与 A 类相比相关性增强，而城镇及工矿用地与 4 个水质污染指标相关性均较小，这是由于该类中农村居民地比例有所升高，成为水质污染的重要来源，而只有两个子流域有少量城镇，样本太少。耕地与 4 个水质污染指标呈正相关，这可能是由滇池流域蔬菜花卉大量种植施用化肥农药引起的。草地、林地与水污染指标均负相关，其中与 TN、NH_3-N 的相关性比 A 类有所增强，这是由于随着二者面积的增加，耕地、农村居民地和城镇及工矿用地的面积百分比相应减少，所输出的污染物减少，从而使水质污染物浓度降低。

C类：农村居民地面积不到 2%，仍与 COD_{Mn}、NH_3-N、TN 呈显著正相关，这说明在以林地为主的区域，农村居民地是水污染的一个主要来源。耕地与 TP 呈正相关，说明耕地是水体中 TP 的主要贡献者，而与 COD_{Mn}、TN、NH_3-N 负相关，其原因与 A 类相同。草地、林地与 4 个水质污染指标呈负相关，说明草地和林地对农村居民地、耕地产生的污染物具有过滤截流的作用。该类子流域无城镇及工矿用地分布，因此无相关系数。

总之，滇池流域 21 个子流域的土地利用结构和空间分布格局，可以分为三类：上游为林地、中游为城镇及工矿用地、下游为耕地掺杂农村居民地，城镇及工矿用地为优势类型；上游为林地、中下游耕地掺杂农村居民地，耕地为优势类型；林地均匀分布，耕地和农村居民地散落其中，林地为优势类型。滇池流域农村居民地和城镇及工矿用地始终与 COD_{Mn}、TP、TN、NH_3-N 均呈正相关；林地始终与以上 4 种水质污染指标呈负相关；而耕地因子在流域内的土地利用的结构和格局差异，与水质污染指标表现出不同的相关性：在农村居民地和城镇及工矿用地比例较少、以耕地林地混合结构为主的子流域，耕地与水质呈正相关；在农村居民地和城镇及工矿用地为主的子流域，耕地与水质污染指标呈负相关。

4.3.2 滇池流域土地利用景观空间格局对水质的影响

从景观格局角度研究土地利用对水质影响的研究，主要是以景观格局指数为指标，分析其与水质污染指标的关系。在流域尺度上，利用景观生态学研究景观格局变化对水质的影响，可以为流域水质控制提供理论基础。因此，本节拟在评价滇池流域内子流域水质污染综合状况的基础上，通过分析斑块类型水平上景观格局指数与水质污染状况的相关关系，探讨流域内优势斑块的空间格局对水质的影响，为水生态功能区划和合理利用土地，控制流域污染提供科学依据。

4.3.2.1 数据处理方法

根据 4.3.1 小节的数据，水质评价选用水质指数评价法，指数表达式为 $X_1 \cdot X_2 (X_3)$，其中，X_1 为水质污染类别，X_2 为水质在该类别中所处的位置，X_3 为首要污染因子指标名称。X_1 值的确定是根据《地表水环境质量标准》（GB 3838—2002）的评价标准来判定水质类别，水质类别为 I 类时，X_1 为 1；水质类别为劣 V 类时，X_1 为 6。X_2 为单项指标浓度值在该类别中所处的位置，污染物的浓度值越接近该类水体的下限值，其值越小；越接近该类水体的上限值，其值越大。一般 X_2 计算公式如式（4-1）：

$$X_2 = （C_i - C_{下限值}）/（C_{上限值} - C_{下限值}）\tag{4-1}$$

根据实测的水质数据，近年来水质监测显示的污染物状况，以及参考影响滇池流域水生态系统健康的主要水环境因子的研究，选取 TN、TP、$NH_3\text{-}N$、COD_{Mn} 和 DO 作为水质评价的主要污染因子。

景观格局指数在 Fragstats 3.3 软件中通过计算 2008 年的土地利用栅格数据得出。景观指标高度浓缩景观格局信息是反映景观要素组成、空间配置特征的简单量化指标，不同的景观类型和景观空间格局将对水质产生不同的影响。本书在斑块类型水平上选取斑块数量（NP）、斑块密度（PD）、最大斑块指数（LPI）、最大形状指数（LSI）作为表征景观空间格局的参数。

4.3.2.2　水质状况分析

利用 2009 年的水质调查数据，参照《地表水环境质量标准》（GB 3838—2002），通过水质指数评价方法计算得出每个子流域的污染水平（表4-9）。

表 4-9　子流域污染水平评价结果

编号	子流域名	$X_1 \cdot X_2$（X_3）	编号	子流域名	$X_1 \cdot X_2$（X_3）
1	王家堆渠流域	50.7（TN）	12	洛龙河流域	13.6（TP）
2	运粮河流域	39.6（TN）	13	捞鱼河上游	3.4（TN）
3	船房河流域	38.5（TN）	14	捞鱼河流域	10.9（TN）
4	盘龙江流域中下游	27.6（TN）	15	白鱼河—大河流域	22.2（TP）
5	盘龙江流域上游	4.1（TP）	16	大河水库流域	3.6（TP）
6	海河流域下游	54.9（TN）	17	柴河中下游	19.0（TN）
7	海河流域上游	9.0（TN）	18	柴河水库流域	4.5（COD_{Mn}）
8	宝象河流域	17.6（TN）	19	东大河中下游	13.3（TN）
9	马料河中下游	27.3（TN）	20	双龙水库流域	3.3（TN）
10	马料河上游	4.8（TN）	21	古城河流域	8.5（TN）
11	宝象河水库流域	4.4（TN）			

通过分析发现，滇池流入湖河流捞鱼河上游（3.4）、大河水库流域（3.6）和双龙水库流域（3.3）的水质达到 III 类水标准，盘龙江流域上游（4.1）、马料河上游（4.8）和宝象河水库流域（4.4）的水质达到 IV 类水标准，而其他流域的水质均达到劣 V 类水标准，其中，王家堆渠流域水质已经远远超出劣 V 类水标准，水质指数为 50.7，为劣 V 类水标准的 7 倍之多，污染最为严重。另外，有 16 个子流域主要污染物为 TN，4 个子流域主要污染物为 TP，仅有 1 个子流域主要污染物为 COD_{Mn}，TN 为整个滇池流域的主要污染因子。其水质污染评价结果空间分布如图 4-11 所示。

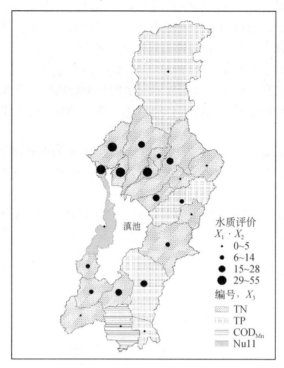

图 4-11　水质评价结果空间分布

4.3.2.3　景观格局分析

流域优势斑块对水质有主导作用,本书选定 2008 年土地利用数据(考虑到短期内土地利用变化较小,与水质数据不同时相),按照土地利用类型百分比,将滇池流域的 21 个子流域,经聚类分析得出以农村居民地和城镇及工矿用地为主、以耕地为主和以林地为主的三类子流域(图 4-9)。

各类中三种主要的土地利用类型百分比如图 4-12 所示。

A 类中,农村居民地和城镇及工矿用地为主要土地利用类型,百分比均在 39% 以上,海河流域下游达到了 68%,为全流域最高,其次则为林地,最低的为耕地,多在 20% 以下,该类子流域主要位于昆明城区所在区域。

B 类中,耕地为主要土地利用类型,百分比均在 34% 以上,马料河中下游达到了 59%,林地占其次,最少的为农村居民地和城镇及工矿用地,该类子流域主要位于农业区所在的沿滇池东部和南部。

C 类中,林地为主要土地利用类型,百分比均在 55% 以上,其中,宝象河水库流域和大河水库流域分别达到了 72% 和 70%,其次为耕地,农村居民地和城镇及工矿用地所占比例非常低,仅海河流域上游占 10%,其他均在 5% 以下,该类子流域主要位于滇池流域最南部和北部的山区。

由于 8 号宝象河流域的水质采样点基本位于中下游,而中下游土地利用类型主要为农村居民地和城镇及工矿用地,其景观格局对水质的影响较大,所以将 8 号子流域调整到以农村居民地和城镇及工矿用地为主的 A 类中。

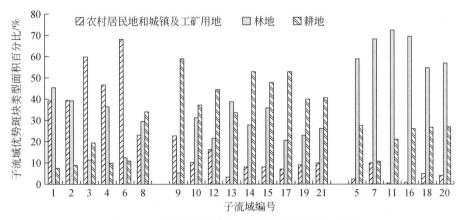

图 4-12　子流域优势斑块类型面积百分比分类图

在聚类分析结果的基础上，选取景观指数 NP、PD、LPI、LSI 分析每类子流域优势斑块的景观格局，在 A 类中计算农村居民地和城镇及工矿用地的景观格局指数，在 B 类中计算耕地的景观格局指数，在 C 类中计算林地的景观格局指数，结果见表 4-10。

表 4-10　各类子流域优势斑块景观指数

土地利用类型	LID	NP	PD	LPI	LSI
农村居民地和城镇及工矿用地	con1	2	0.36	97.28	3.28
	con2	27	0.62	93.11	7.60
	con3	26	20.56	6.90	5.09
	con4	54	0.56	96.40	10.58
	con6	11	0.58	96.98	6.16
	con8	135	2.64	54.15	17.12
林地	fore5	83	0.24	93.04	18.72
	fore7	4	0.20	91.73	4.57
	fore11	3	0.05	99.84	6.25
	fore16	14	0.40	59.24	6.42
	fore18	27	0.40	93.41	10.54
	fore20	24	0.43	56.46	9.36
耕地	farm9	12	0.45	90.34	6.92
	farm10	19	1.30	56.29	7.81
	farm12	57	0.83	52.04	13.59
	farm13	17	0.91	69.79	8.17
	farm14	55	0.54	89.53	12.15
	farm15	68	0.63	89.72	13.32
	farm17	23	0.55	87.64	9.29
	farm19	27	0.81	81.84	9.15
	farm21	12	0.63	79.49	8.02

4.3.2.4 景观格局对水质的影响

根据以上计算得出的水质评价结果和景观格局指数，在 SPSS 中对二者进行 Spearman 相关性分析，结果见表 4-11。

表 4-11 水质评价结果与景观格局指数相关系数

优势斑块	污染指数	NP	PD	LPI	LSI
农村居民地和城镇及工矿用地（1、2、3、4、6、8）	$X_1 \cdot X_2$ (X_3)	−0.886*	−0.429	0.657	−0.714
林地（9、10、12、13、14、15、17、19、21）	$X_1 \cdot X_2$ (X_3)	0.285	−0.700*	0.667*	0.233
耕地（5、7、11、16、18、20）	$X_1 \cdot X_2$ (X_3)	−0.257	−0.543	0.600	−0.371

*表示在 0.05 水平上显著相关。

通过分析可以看出，土地用地类型主要为农村居民地和城镇及工矿用地的子流域污染程度与景观指数 NP、PD 和 LSI 呈负相关，与 LPI 呈正相关，其中，与 NP 呈显著负相关，说明斑块数量越大，斑块越破碎，农村居民地和城镇及工矿用地产生的污染物集中排放的可能性就越低，受其他用地，如耕地、林地的截留作用，污染程度就有所降低。从反面来讲，这与最大斑块指数越大、污染程度越高是相一致的。另外，景观形状指数越大，说明斑块越不规则，污染物进入河流的过程中就有更大的可能受耕地或林地的截留作用从而降低污染物浓度。

土地利用类型主要为耕地的子流域污染程度与景观指数 PD 呈显著负相关，与 LPI 呈显著正相关，与 NP、LSI 相关性不明显。说明耕地斑块密度越大，耕地本身产生的面源污染和流经耕地的径流携带的污染物就会受耕地的过滤作用而降低污染物的浓度；而斑块越大，则说明耕地本身产生的面源污染就越集中，污染程度就越高。

土地利用类型主要为林地的子流域污染程度与景观指数 PD 呈负相关，与 LPI 呈正相关，与 NP、LSI 相关性不明显，说明林地斑块密度越大，污染程度就越低，林地对污染物的截留纳污作用就越大；而斑块越大，只能起到局部截留纳污的作用，很多污染物可能未通过林地而直接排放到河流中。

通过水质评价和相关性分析得出，滇池流域水质最差的是以农村居民地和城镇及工矿用地为主的子流域，水质等级远超过劣Ⅴ类，同时，农村居民地和城镇及工矿用地斑块数量越多、形状越不规则，越有利于改善水质状况；流域水质次差的是以耕地为主的子流域，水质等级除马料河流域为Ⅳ类水以外，其余远超劣Ⅴ类，同时，耕地斑块越大、越集中，本身产生的面源污染浓度就越大，而流经耕地的径流中的污染物浓度则会因大斑块的吸附过滤作用而降低；流域水质最好的为以林地为主的子流域，水质等级多为Ⅲ类或Ⅳ类，同时林地斑块密度越大，对污染物的截留纳污作用就越大，而斑块越大越可能产生局限性，导致未流经林地的污染物直接进入河流而影响水质。

4.3.3 滇池水质时空特征及其与流域人类活动的关系

滇池流域的人类活动引起了滇池湖体水质恶化、生物多样性丢失、水华持续暴发等生态环境问题。本节采取空间和时间相结合的方法，在分析近十年滇池水质随时间变化和空间变化的基础上，量化人类活动影响因子指标，根据水质发生空间变化的湖体方位，通过合并入湖河流汇水区来划分陆地区域，分析人类活动对滇池水质时空变化的影响，为滇池水生态系统功能区划的指标体系构建和分区方案划定提供技术支持和历史参考。

4.3.3.1　研究方法和数据处理方法

基于 1999~2009 年的近十年水质数据，分析滇池水质随时间和空间变化的规律和特征，定位水质存在明显差异的时间节点和空间方位，划分水质存在差异的不同水域所对应的陆地汇水区，选择适宜进行时间变化分析的年份。以受人类干扰的土地（城镇、农村建设用地、耕地）比例、城镇与湖岸的距离、人口密度、单位土地 GDP 作为反映人类活动的量化指标，对水质存在明显差异的不同水域，分析同一年份他们对应的汇水区的人类活动因子差异，对水质随时间变化明显的同一水域，分析在不同年份其对应的汇水区人类活动因子的变化及与对水质的影响。

在滇池湖面均匀布设监测点 10 个（图 4-13），每月监测一次水质。根据近年来水质监测显示的污染物情况，确定选用 COD_{Mn}、NH_3-N、TP、TN 作为本书水质分析的指标。所有水质数据均来源于昆明市环境监测中心。乡镇人口和 GDP 数据部分来源于云南省政府工程的"数字乡村"项目，部分来源于国家统计局农村司，土地利用数据同上。

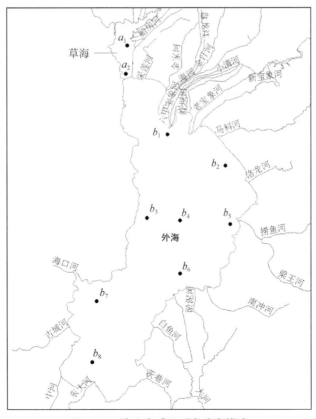

图 4-13　滇池水质监测点分布模式

4.3.3.2 滇池水质时空特征

（1）空间变化特征

1999～2009 年滇池 COD_{Mn}、NH_3-N、TN、TP 空间分布如图 4-14 所示。a_1、a_2 位于草海，b_1～b_8 位于外海，其排列顺序为自北至南。

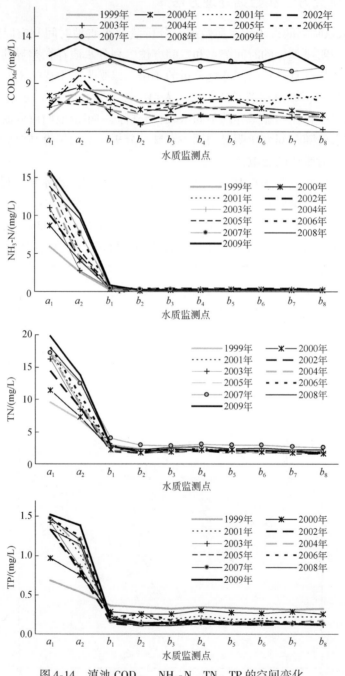

图 4-14　滇池 COD_{Mn}、NH_3-N、TN、TP 的空间变化

由图 4-14 可以看出，滇池水质的空间差异主要表现在草海和外海 NH_3-N、TP、TN 浓度的差异，草海比外海高出 5～50 倍，草海与外海的 COD_{Mn} 差异不大。对于草海而言，北部 NH_3-N、TP、TN 浓度高于南部，而外海的南北差异极小，从 8 个监测样点看，只有位于最北部的 b_1 略高，$b_2 \sim b_8$ 几乎没有差别。这是因为草海水体流速非常小，污染物扩散慢，河流来水从北部入湖，入湖河流的污染物浓度比草海自身的浓度高，因此，出现北高南低的现象；而外海水体流速大，污染物扩散快，使得不同方向河流来水很快融在一起，因此未表现出空间差异。

（2）年际变化特征

由于草海内部和外海各自的污染物浓度空间差异很小，这里用草海样点（a_1、a_2）和外海样点（$b_1 \sim b_8$）的平均值曲线反映他们的年际变化特征（图 4-15）。对于草海、水质总体呈明显的下降趋势，1999～2006 年 COD_{Mn} 在 6.0～8.5mg/L 波动，2007～2009 年上升到 11.0～13.0mg/L 的地表水环境质量标准的 V 类水平；NH_3-N、TN、TP 浓度逐年上升且上升幅度较大，NH_3-N 从 1999 年的 4.2mg/L 上升到 2009 年的 13.0mg/L（超出 V 类水标准 5 倍），TN 从 1999 年的 8.2mg/L 上升到 2009 年的 16.8mg/L（超出 V 类水标准 7 倍），TP 从 1999 年的 0.6mg/L 上升到 2009 年的 1.4mg/L（超出 V 类水标准 6 倍）。对于外海，COD_{Mn} 的变化趋势与草海相同，浓度略低于草海；NH_3-N、TN、TP 浓度远低于草海，且在 10 年间变化幅度很小，NH_3-N 为 0.18～0.31mg/L（Ⅱ～Ⅲ类）；TN 浓度为 1.9～3.0mg/L（处在 V 类左右），在 2007 年浓度最高，TP 呈现下降趋势，1999 年为 0.33mg/L（劣 V 类），2003～2009 年保持在 0.13～0.18mg/L（V 类）。

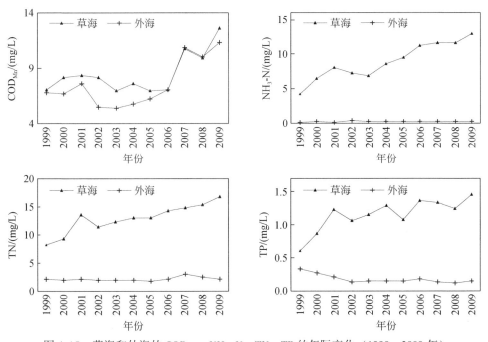

图 4-15　草海和外海的 COD_{Mn}、NH_3-N、TN、TP 的年际变化（1999～2009 年）

（3）季节变化特征

滇池流域降水的季节性分明，2~5月为枯水期、6~9月为丰水期、10月至次年1月为平水期。1999~2009年滇池草海COD_{Mn}、NH_3-N、TP、TN浓度随季节变化的规律为枯水期 > 平水期 > 丰水期。可见滇池污染物浓度与自然降水量有关，自然来水量越大，水体污染物浓度越低，外海的季节变化不明显。图4-16以2007年为例说明滇池水污染指标随季节变化的规律。

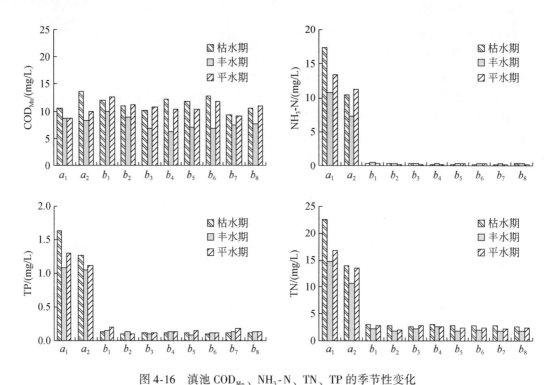

图4-16　滇池COD_{Mn}、NH_3-N、TN、TP的季节性变化

4.3.3.3　影响水质时空特征的人类活动因子分析

出入滇池的主要河流为29条，其中7条入草海、22条入外海。基于流域生态学的水文完整性理论，以水系分布矢量数据和1：10万DEM栅格数据为基础，利用ArcGIS的Hydrology模块将陆地划分为12个集水区，分别合并入草海、外海河流的集水区，流域陆地被分为3个部分（R_1、R_2、R_3）：R_1为入草海河流的汇水区（占流域陆地总面积的5%），R_2为入外海河流的汇水区（占91%），R_3为出湖河流的陆地区域（占4%）（图4-17）。

针对草海和外海水质的空间差异，通过对比同一年份入草海河流和入外海河流所在汇水区R_1和R_2的人类活动因子差异，以及汇水区R_1和R_2在水质较好的2000年和水质较差的2007年的人类活动因子差异，分析滇池水质时空差异与人类活动因子的关系。

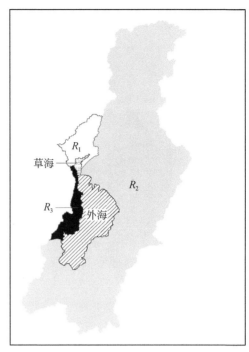

图 4-17　子流域划分和草海、外海汇水区

（1）人类活动因子的指标值计算

土地是人类活动和水体产生关联的媒介，本书将受人类活动干扰的土地类型比例、人口密度、单位土地 GDP 作为体现人类活动方式和强度对湖泊水质影响的量化指标。

从图 4-18 滇池流域 2000 年、2007 年的土地利用类型分布图可以看出，林地、耕地、城镇用地、农村建设用地、草地为主导土地类型。其空间分布特征为，耕地环绕于滇池外海的东部、南部和北部，林地分布在流域四周，城镇用地位于滇池北部，农村建设用地散落于耕地之间。土地利用随时间变化的特征为，城镇用地和耕地面积增加，草地面积减少，以及外海北部城镇用地与湖岸的距离缩小。滇池流域人口和 GDP 的空间分布特征为，绝大多数人口和 GDP 分布在滇池北部，占整个区域的 80% 以上，2007 年乡镇人口和 GDP 空间分布如图 4-19 所示。

将乡镇区划 GIS 矢量图和流域汇水区 GIS 区划图叠加，得到汇水区 R_1 和 R_2 内所包含的乡镇，从而计算汇水区内的人口总数和 GDP（对于同时跨两个汇水区的乡镇，根据被分割的乡镇面积比例来估算落入 R_1 和 R_2 的人口和 GDP）。同样，将土地利用矢量图和汇水区区划图叠加，则可以计算落入 R_1 和 R_2 内的各种土地利用类型的面积和。以上矢量数据的叠加运算通过 ArcGIS 的空间分析模块来实现。汇水区 R_1 和 R_2 的城镇用地比例、耕地比例、农村建设用地比例、城镇用地与湖岸距离、人口密度、单位土地 GDP 计算结果见表 4-12。

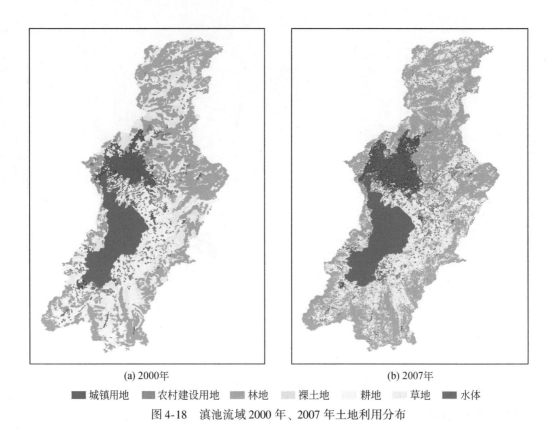

(a) 2000年   (b) 2007年

■ 城镇用地   ■ 农村建设用地   ■ 林地   ■ 裸土地   ■ 耕地   ■ 草地   ■ 水体

图4-18 滇池流域2000年、2007年土地利用分布

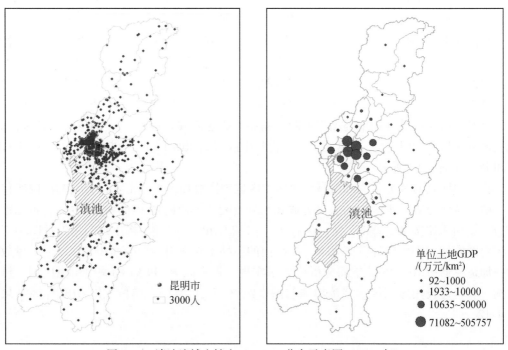

图4-19 滇池流域乡镇人口、GDP分布示意图（2007年）

表 4-12　2000 年、2007 年汇水区 R_1 和 R_2 人类活动因子指标值

汇水区	年份	城镇用地比例	耕地比例	农村建设用地比例	城镇用地与湖岸距离/km	人口密度/(人/km²)	单位土地 GDP/(万元/km²)
R_1	2000	0.35	0.15	0.04	0~1	3903	3031
R_2	2000	0.04	0.30	0.05	5~9	708	986
R_1	2007	0.38	0.08	0.05	0~1	5774	22158
R_2	2007	0.05	0.35	0.06	3~6	903	3859

（2）基于空间差异的人类活动因子分析

由表 4-12 可见，2007 年草海汇水区（R_1）的城镇用地为外海汇水区（R_2）的 7 倍，耕地 R_1 为 R_2 的 1/4，农村建设用地比例相当，R_1 的人口密度、单位土地 GDP 均为 R_2 的 6 倍左右，城镇用地与湖岸距离 R_1 比 R_2 近。2000 年和 2007 年非常相似，草海汇水区（R_1）与外海汇水区（R_2）相比，受人类活动干扰的耕地比例、人口密度、单位土地 GDP 的差别很大。由水质空间变化分析可知，草海 $NH_3\text{-}N$、TN、TP 的浓度远高于外海，这说明城镇用地比例、人口密度、单位土地 GDP，是 $NH_3\text{-}N$、TN、TP 差异的影响因素，城镇工业生产、居民生活的氮磷贡献要远大于农业农村面源；而草海 COD_{Mn} 水平在 1999~2006 年略高于外海，2006~2009 年二者水平相当，农业农村面源污染对滇池 COD_{Mn} 的影响也较大，且呈现明显的污染增长趋势。

（3）基于时间差异的人类活动因子分析

由表 4-12 可见，草海汇水区（R_1）2007 年比 2000 年城镇用地比例增加 3%，农村建设用地比例增加 1%，耕地比例减少 7%，城镇用地与湖岸距离没有变化，人口密度增加了 48%，单位土地 GDP 产值则增加了 600%。由水质时间变化分析得出，COD_{Mn}、$NH_3\text{-}N$、TN、TP 浓度均呈明显的上升态势，这说明随着城镇扩张，人口和 GDP 快速增长，带来更多的生活污水和工业废水，使治理的速度赶不上污染的速度，导致草海污染物浓度大幅增大，因此，人口和经济的急剧增长是草海水质下降的根本驱动力。

外海汇水区（R_2）2007 年比 2000 年城镇用地比例增加 1%，城镇用地与湖岸距离缩小 2km，农村建设用地比例增加 1%，耕地比例增加 6%，人口密度增加了约 28%，单位土地 GDP 产值则增加了约 270%。城镇用地比例、人口、GDP 的增长，会对外海污染物浓度的升高起到一定的贡献作用，由于涨幅较草海汇水区（R_1）小，影响程度自然远小于草海。水质随时间变化分析显示，外海 TN 浓度略有升高，$NH_3\text{-}N$ 几乎没有变化，一方面是因为该区部分河流污染治理工程（如盘龙江北岸截污工程）的作用；另一方面，农业农村面源污染治理降低了污染物排放基数，外海汇水区（R_2）的耕地比例大，因此效果明显，使外海 TN 升高幅度较小，TP 浓度甚至出现了下降。COD_{Mn} 升高非常明显，这说明一些农村企业用地和居民地是 COD_{Mn} 的贡献者，且治理和控制力度还不够。

总之，滇池流域人类活动对水质变化的影响主要表现在以下几个方面。

1）农村居民地和城镇及工矿用地是水质污染负荷的主要贡献者，而耕地因流域内土地利用的结构和格局差异，与水质污染指标表现出不同的相关性：在以农村居民地和城镇及工矿用地比例较少、以耕地林地混合结构为主的子流域，耕地与水质呈正相关；在以农村居民地和城镇及工矿用地为主的子流域，耕地与水质污染指标呈负相关。

2）土地利用景观空间格局对水质有显著影响。农村居民地和城镇及工矿用地斑块数量越多、形状越不规则，越有利于改善水质状况。同时，耕地斑块越大，越集中，本身产生的面源污染浓度就越高。林地斑块密度越大，对污染物的截留纳污作用就越大，而斑块越大，可能产生局限性，导致未流经林地的污染物直接进入河流而影响水质。

3）城镇用地、人口密度、单位土地 GDP 是影响草海和外海 NH_3-N、TN、TP 空间差异的主导因子。草海汇水区内城镇扩张，人口和 GDP 快速增长，导致草海污染物浓度大幅增加，通常 GDP 产值越高的区域，社会经济越发达，对水质的压力和干扰越强。而外海的 NH_3-N、TN、TP 上升不明显，甚至有下降趋势，其原因为外海汇水区人口和经济增长相对缓慢，城镇及工矿用地比例相对较少。同时，农业面源污染的有效控制削弱了外海汇水区营养盐的输出。

第5章 滇池流域水生态功能分区

流域管理是以流域为单元，在区域内综合考虑与水有关的自然、人文、生态的水资源管理和决策方法，对水资源实行综合管理。流域管理的实质是以水生态系统健康作为管理目标，以陆地为管理对象，通过协调陆域土地用地，统筹人类生产和生活过程，以水供给确定水需求，以水资源供应确定社会经济发展，使流域的社会经济发展与水资源环境的承载能力相适应，达到自然社会的可持续发展。流域内不同管理单元的划分和管理目标的确定，是制定流域管理策略，对流域实行精细化管理，达到流域管理总目标的基础。滇池流域的水生态系统功能多年来已经出现了明显的退化，水资源量不足、水质富营养化和生物多样性降低成为困扰流域管理者的主要问题。在充分了解滇池社会和自然发展过程的基础上，基于现状调查和分析，本章将在滇池流域进行水生态功能分区实践，为滇池流域综合管理提供技术支撑。

5.1 滇池流域水生态功能分区的定位与目标

由滇池流域的形成、发展和现状的分析（第2章）可以看出，流域水生态功能多年来已经出现了明显的退化，水资源量不足、水质富营养化和生物多样性降低等问题，成了困扰滇池流域管理的主要问题。随着国家对于西南地区经济扶持力度的增加，昆明的经济将加速发展，滇池水生态系统将面临越来越大的压力，协调经济发展和水生态系统之间的矛盾，实现经济和环境的协调发展成为目前面临的紧迫任务。

流域自然过程和人类活动通过流域水生态过程对流域水生态健康产生驱动力和压力，流域水生态健康状况反映了受其驱动力和压力影响的流域水生态功能。与传统的水体分区相比，流域水生态功能分区将包括多个等级，不同等级的水生态功能分区与不同的空间尺度相联系。在不同空间尺度下，不同等级的水生态功能分区有着不同的定位和目标。

因此，在滇池流域水生态功能分区中，以水生态系统功能特点为观察对象，研究陆域对水体的压力；在不同尺度上分析流域对水生态系统功能产生影响的重要驱动因子（图5-1），在保证子流域水文完整的基础上，以水文完整性确定陆域范围，划分水生态功能区空间单元。并以此为基础，划分四级分区，并针对不同级别的功能定位，提出流域管理目标，为滇池流域的分区—分类—分级—分期管理提供基础。

滇池流域水生态功能具体分区体系见表5-1。

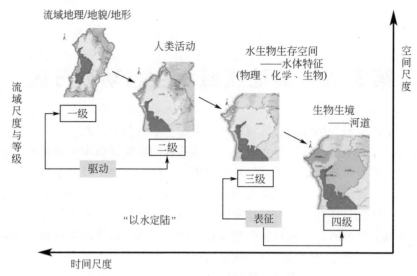

图 5-1　流域尺度与等级关系图

表 5-1　滇池流域水生态功能各分区定位

分级	分区定位	分区目标	功能定位
一级	生态区	自然地理差异	流域自然地理对水资源的维持功能
二级	生态亚区	人类干扰差异	流域自然和人类活动对水质的调节功能
三级	生态子区	水生物生存空间差异	流域地理地质地貌对水生物生存空间的水文形貌结构和功能的维持和调节功能
四级	生态管理区	水生物生境差异	河流和湖体生境对水生物多样性的维持

5.2　滇池流域水生态功能分区目的和原则

　　滇池流域的水生态功能分区主要以流域水生态系统的功能和服务现状为依据，结合滇池流域的高原湖泊特征，以及水环境和生态系统的主要问题，对其水生态功能的异质性进行区分。滇池流域具有水资源量整体不足且时空分区不均，水质整体较差且空间差异较大，水生态系统的水文形貌特征极大地受到人类活动的影响等特征，导致水生生物生境退化，珍稀水生生物消失，生物多样性降低等环境问题（第 2 章）。因此，滇池流域水生态功能一级区划的目的是在流域尺度区划不同区域的水资源支持调节功能，二级区划的目的是在景观尺度区划不同区域的水质调节功能，三级区划的目的是区划水生态系统尺度下水生物不同生存空间的差异，四级区划则考虑水生物对流域驱动力和压力的响应，区划水生物生境。一级到四级的分区定位从生态区到生态亚区，再到生态子区，最后到生态管理区，区域范围逐渐缩小，水生态系统功能逐渐明晰具体。

　　水生态功能一级分区属于大尺度分区，将其定位为生态区。水是流的灵魂，是流域内能量流动、物质循环和信息交换的通道，也是湖泊流域提供给人类最主要、最大的服务。因此，滇池流域的一级分区主要体现流域内水生态系统的水资源供给服务，选择导致该功能差异的驱动因子作为区划指标，区分不同水生态功能区的水源涵养、水资源维持等功能。

水生态功能二级分区属于大中尺度分区，将其定位为生态亚区。流域水生态系统结构不仅受大尺度自然因素的影响，也受到流域人类活动的干扰。尤其是滇池流域，虽然发生于青藏高原隆起的自然过程，但其发展却与昆明市的人类活动息息相关，如其水系中，部分河流直接来源于昆明发展工程中的污水排放渠道。这些人类工程形成的压力作用于流域水生态功能，形成了流域内局部区域的巨大水生态系统功能的差异。因此，二级分区在体现自然要素的空间格局特征的背景下，主要关注人类活动对于水生态过程的影响，最终反映出人类活动干扰程度的空间分布格局。

水生态功能三级分区属于中小尺度分区，将其定位为生态子区。在大空间尺度下，在相似的自然因素和人为因素影响下，因为水文形貌（hydromorphology）的差异，如不同水系级别形成的水网密度，不同陆域坡度形成的河流坡降和蜿蜒度等形成了水生物不同的水生态系统生存空间。因此，三级分区的目标是反映水生生物生存空间差异性。

流域生境复杂多样的重要原因是水生态系统类型种类较多。水生态功能四级分区属于小尺度分区，将其定位为生态管理区。同一水生态系统，由于生活在其中的生物群落具有差异性，导致整个微生态系统的物质循环与能量流动存在差异。每种生物在生态系统中占据不同的生态位，在整个系统中发挥着自身的作用。生境是生物生存的环境要素的综合，其对于生物的生存、生长和种群分布起着决定性的作用。而生物群落结构特征和在不同生境中的分布规律，又是生物群落对生境和生态系统功能的响应。因此，滇池流域水生态功能的四级分区，以反映滇池流域水生生物的生境差异性为目的。通过结合河流生境类型与水生生物保护种的空间分布异质性，体现流域四级分区水生物种空间分布差异性，考虑对特殊生物类群的保护和保育，显示水生态系统提供的生境空间差异性。

鉴于滇池流域水生态功能区划以水量支持、水质改善、生境提供和生物保护为目标导向，分区原则以流域自然属性为基础，体现流域自然环境要素的空间异质性和流域水生态过程的空间异质性，强调协调性和重点分明的思路。因此，滇池流域水生态功能分区的原则如下。

1）源-汇分开的原则：分水线的封闭性决定了湖泊是全流域水系的汇，其不仅汇集了全流域内各级河流水生态系统的影响，还与各级河流的动态水体的水文过程不同，具有静水生态系统的自然属性。因此，滇池流域作为湖泊流域，在水生态功能区划中，需要首先将陆地集水区（源）和湖体（汇）分开。区划中将湖体作为静水生态系统，陆域河流作为流水生态系统，分别研究其水生态系统结构和功能特征，以及驱动和胁迫因子，针对各自的特点选择不同分区指标体系，划定水生态功能区。

2）水陆耦合原则：流域的组成要素与水生态功能存在因果关系，构成流域陆域和水体的所有自然环境要素，都直接或间接对流域的水生态系统功能产生影响，它们共同维持着全流域的水生态系统功能和服务。在滇池流域水生态功能区划中，考虑陆域自然要素对水生态系统结构和功能的驱动作用，通过水陆耦合关系分析，确定水生态功能的空间分布规律。

3）水文完整性原则：水生态功能分区不单是以自然要素或自然系统的"地带性分异"为基础，更是以水生态系统的等级结构和尺度原则为基础，用水生态系统的完整性评价水生态功能。作为水生态系统的基础，水文过程的完整是水生态系统结构和功能完整的必要条件。因此，滇池流域水生态功能区划的小流域单元确定，必须以不同级别的子流域完整性为基础，同时兼顾工程截断对流域完整性的影响。在划分指标确定和不同级别的水生态功能和服务的评价中，充分考虑生态系统物理结构、化学结构和生物结构的完整性。

4）一致性原则：一致性是指相同的水生态子系统之间具有功能一致性。因此，在滇池流域水生态功能区划中，将具有相似生态结构的子流域单元合并为一个区。在河段分类中，具有相同结构和功能的河段向上合并。以保持分区单元内的功能一致性和分区单元间的功能异质性。

5）继承性原则：不同级别的分区具有可继承性，上一级单元分区的结果一般对下一级分区单元的主导功能定位，以及生态保护和建设方向具有宏观的指导作用和约束力。因此，在滇池流域水生态功能区中，下一级分区必须在上一级的分区单元内进行，不打破上一级分区的边界。

6）第四级分区特殊原则：滇池流域水生态功能四级分区将以水生生物与生境保护为重点，体现流域水生生物多样性与栖息地生境的空间差异性，期望四级分区单元及其管理目标，最终服务于流域管理。因此，滇池流域的四级水生态功能分区原则在上述原则的基础上，将补充以下几点。

1）以入湖河流的河段类型划分为基础；

2）四级分区将结合定量与定性两个层面按类划分；

3）同一类型的四级分区在空间上允许不连续。

5.3　滇池流域水生态功能划分方法

5.3.1　分区技术路线

在明确流域水生态功能区划定位、目的和原则的基础上，具体划分工作将按"流域基本特征分析—基本单元划分和分区指标确定—分区划定—分区结果检验"的路线来进行（图5-2）。

1）定位流域水生态功能的需求，明确各级分区目的和原则，见5.1节。

2）划分小流域单元和确定备选指标，即在划分小流域单元的基础上，获取和计算备选指标的数据，通过指标空间异质性分析，以及备选指标与分区目标的相关性分析进行指标的筛选。小流域单元是流域水生态功能区划的基础，所有指标计算都将以该单元为基础，因此，小流域单元的正确划定是流域水生态功能分区准确性和科学性的基础。而分区指标确定主要通过分析流域的自然地理特征、水文循环过程、水生态特征，辨析影响水生态系统的主要因素及其相关显著性，根据各级分区目标筛选出可能用于分区的备选指标。

3）分区边界确定：计算分区指标因子的综合值并分级，将指标综合值级别相同的小

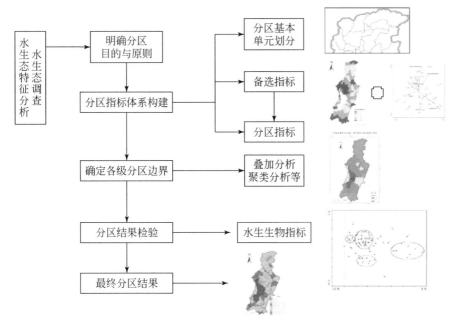

图 5-2　滇池流域水生态功能分区技术路线图

区域单元进行聚合，得到初步分区边界。

　　4）分区结果校验：按照中心理论，陆域因子将影响流域内水生生物的空间分布。因此，滇池流域水生态功能分区指标主要采取流域水生态系统的驱动因子，并在滇池流域水生态功能区划过程中，将以水生生物群落态的相似性和异质性来校验分区结果。并考虑专家知识与地方管理部门意见，对分区结果进行调整。

　　5）四级分区入湖河流需先对河段类型进行划分，再基于分区子流域单元，确定四级入湖河流分区边界。

5.3.2　分区基本单元确定

　　湖泊流域主要由陆域水系与湖泊水体两大系统构成，不同的生态系统具有各自的特点。滇池陆域水系干支流交错，构成河网体系，将陆地生态系统中的物质通过水文过程输入到湖体；而湖泊水体在集水区下游，承接陆源物质。基于陆域集水区与湖泊水体完整性的理论基础，以细化到支流的子流域为数据基础，划分分区单元。

　　河流子流域的提取利用水文分析软件进行，其原理是基于地形起伏提取汇水区。然而，滇池流域的水系受水利工程影响，在上游有若干水库分布，水库截断了自然的水文过程，将河流上游集水区变为一个个几乎封闭的区域。因此，依据水生态功能分区的水文过程完整性原则，在确定小流域单元时，将水库汇流区域与下游分开。在此，基于 1∶50 000 的 DEM 数据，结合流域水系矢量数据，利用 ArcGIS 的 Hydrology 模块进行水文分析，将滇池流域水系划分为 144 个汇水区（图 5-3）。一级和二级水生态功能分区属于大中尺度的分区，子流域划分主要以干流为主，所以，一级和二级区划的基本单元分别合并为 22 个和

29 个子流域单元。三级和四级水生态功能分区属于中小尺度的分区，水生生物的生存空间与生境差异性需要细化到支流，所以三级和四级区划以 144 个子流域单元为基础。

图 5-3　滇池流域入湖河流水生态功能分区基本单元

5.4　一级分区过程与结果

5.4.1　备选指标

滇池流域水生态功能一级分区的目的是体现不同区域对水资源的支持涵养调节功能的差异。因此，一级分区从气象、水文、地形、土壤植被 4 个方面来考虑，选取多年年均降水量、多年年均干燥度指数、高程、坡度、土壤类型、植被覆盖指数（NDVI）、河网密度、湖库率作为一级分区的备选指标（表 5-2）。

表 5-2　滇池流域水生态功能一级分区备选指标

分区级别	影响因素	指标因子	对水生态系统的影响
一级分区	气象因素	多年年均降水量	是流域水资源的唯一来源，决定区域内水量的收入
		多年年均干燥度指数	体现区域内水资源的耗损和收入比例，影响区域内的水量
	地形因素	高程	通过影响降水量来间接影响水量，并且影响水文的径流过程
		坡度	同上

分区级别	影响因素	指标因子	对水生态系统的影响
一级分区	土壤植被	土壤类型	体现下垫面的透水能力，调节径流过程
		NDVI	体现下垫面对水资源的涵养能力，调节径流
	水文因素	河网密度	作为湖泊流域的源和汇的廊道，支持径流过程，蓄水
		湖库率	调节径流，蓄水

5.4.2　分区指标获取方法

（1）水资源量指标

子流域的水资源量用河流的平均流量的监测数据来估算。滇池流域的子流域单元分为两种类型，一种是上游水库流域，另一种是中下游的河流流域。上游水库型的小流域单元的水量来源于降水地表径流，而下游小流域单元内的水量只有约 33% 来源于降雨形成的地表径流和入渗补给，大部分来源于生活、工业、农业排放废水的回归水，因此，计算这些小流域单元的水资源量时需要将这部分减去。

（2）气象指标

气温、降水量和蒸发量的数据来源于云南省气象局的《云南省三十年地面气候资料》，干燥度（等于蒸发量/降水量）可通过计算得到。将监测站点的地理坐标形成 GIS 点文件，再进行空间插值，即可得流域连续分布的多年年均气温、降水量、蒸发量和干燥度等气象指标数据，最后，将所得的栅格数据和小流域单元矢量图层作 Zonal Statistics 分析，得到每个小流域单元的气温、降水、蒸发量、干燥度。

（3）高程指标

在 ArcGIS 中，采用流域绝对高程数据（DEM）和滇池流域的小流域单元矢量图层作 Zonal Statistics 分析，得到每个小流域单元的平均高程。地貌类型数据通过中国环境科学研究院信息中心购买得到。

（4）土壤植被指标

确定土壤植被指标的方法为：①利用 2007 年 30m 空间分辨率的 TM 影像，在 ERDAS 中提取 NDVI；②结合实地调查解译生成流域土地利用数据。

（5）水文指标

水文指标有：①河网密度。其是区域内单位面积内的河流的总长度，单位为 km/km^2。②湖库率。其是每个区域内水库、湖泊的面积所占区域面积的百分比。每个小流域单元的河网密度和湖库率是在 ArcGIS 中自动计算完成的，具体过程为：先将河流（或水库）图层与和流域（面）这两个矢量图层作 Intersect 叠加，再进行 Summary Statistics 分析，即可得到每个小流域单元的河网密度和湖库率。

5.4.3　分区指标的确定

对备选指标进行相关性分析和空间异质性分析，过滤掉与分区目标相关性不强的指标，以及在流域内空间异质性不明显的指标，即在小尺度流域内，差异性不显著、没有生态学意义的指标。

5.4.3.1 相关性分析

对一级分区备选指标和水资源指标进行相关性分析，从中找出和水资源量显著相关的指标作为一级分区指标，结果见表5-3。

表 5-3　一级分区备选指标与水资源模数的相关性

驱动指标	与水量指标相关性
降水	0.17
干燥度	0.37
高程	0.48 *
坡度	0.38
NDVI	0.59 *
河网密度	0.35
湖库率	0.50 *

* $P<0.05$。

由水资源模数和 7 个驱动指标因子的相关性分析的结果可以看出，高程、NDVI、湖库率和水资源模数相关性显著，降水、干燥度、河网密度和水资源模数的相关性不明显。

5.4.3.2 空间异质性分析

滇池流域海拔（高程）、22 个子流域单元的平均海拔如图 5-4 所示。滇池流域最低为1880m，最高为2840m，在全国属于高原区域。从地势起伏来看，流域中部（环滇池区域）地势平坦，其地貌类型为高海拔洪积湖积平原，流域四周海拔升高，并且地势起伏明显，主要为山地。子流域单元的平均海拔的空间差异性也非常明显，处于流域北部、南部河流上游的子流域单元的平均海拔大于 2100m，处于河流中下游的子流域单元平均海拔低于2000m，其中，北部城市区子流域单元的平均海拔最低仅为1897m。可见，海拔在滇池流域的小尺度流域内的空间差异性非常显著。

滇池流域各子流域单元 NDVI 均值的空间分布如图 5-5 所示。从整个流域分布看，流域北部、南部子流域的 NDVI 值较高，最大为 0.37，而流域中部环滇池湖体的平原区域的NDVI 平均都小于 0.23，最小的区域为滇池北部城市的非自然水源河子流域，最小为0.06。不同子流域的 NDVI 的差异性比较明显。

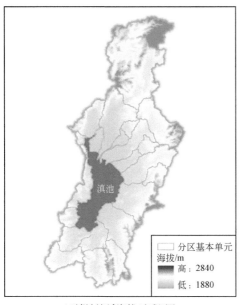
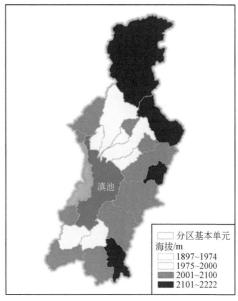

(a)滇池流域海拔(高程)图

(b)滇池流域子流域单元平均海拔图

图 5-4　滇池流域海拔及子流域单元平均海拔分布

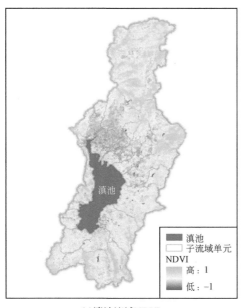
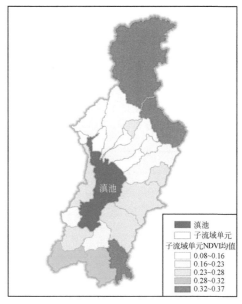

(a)滇池流域NDVI

(b)滇池流域子流域单元NDVI均值

图 5-5　滇池流域 NDVI 及子流域单元 NDVI 均值分布

滇池流域主要水库、池塘的分布及 22 个子流域单元的湖库率如图 5-6 所示。从空间分布格局看，水库都分布于河流的上游，因此，流域北部、南部的上游子流域单元的湖库率较高，都大于 1%。河流中下游的子流域单元，东部子流域的湖库率较北部子流域稍大。所有子流域单元湖库率最小为 0.1%，最大为 2.5%，其空间异质性明显。

(a)滇池流域主要水库池塘分布图 (b)滇池流域湖库率分布图

图 5-6　滇池流域水库池塘分布及子流域单元湖库率

通过对备选指标进行相关性与空间异质性分析，确定滇池流域水生态功能一级分区指标，即平均高程、湖库率、NDVI。将水资源模数、着生藻相对丰度作为一级分区的校验指标，用来调整和验证一级分区的结果。滇池流域一级分区指标体系见表 5-4。

表 5-4　一级分区指标体系

指标类型	指标名称	指标描述
分区指标	平均高程	通过降水和植被条件的差异影响水资源量
	湖库率	体现水文特征对水域资源量的调节功能
	NDVI	体现植被对水资源的涵养功能
校验指标	水资源模数	指示和衡量不同区域的水资源量差异
	着生藻相对丰度	用生物指标验证同一分区的同质性和不同分区的异质性

5.4.4　分区校验

对筛选出来的滇池流域水生态功能一级分区指标进行分级和归一化赋值，为 1～5（表 5-5）。其中，5 表示一级分区指标对流域水资源支持调节功能的贡献最大。对归一化赋值后的一级分区指标进行指标综合，计算综合指标值 X_i，计算方法为

$$X_i = A_i + B_i + C_i (i = 1, 2, 3, \cdots, 22)$$

式中，A_i 为第 i 个子流域的径流曲线系数的归一值；B_i 为第 i 个子流域的 NDVI 归一值；C_i 为第 i 个子流域的湖库率归一值。

表 5-5　滇池流域水生态功能一级分区指标归一化

分区指标		赋值
平均高程	≤ 1900	1
	$(1900, 2100]$	2
	$(2100, 2200]$	3
	$(2200, 2350]$	4
NDVI	≤ 60	4
	$(60, 79]$	3
	$(79, 84]$	2
	$(85, 90]$	1
湖库率	$\leq 0.23\%$	1
	$(0.23\%, 0.6\%]$	2
	$(0.6\%, 1.0\%]$	3
	$(1.0\%, 2.5\%]$	4

对指标综合值进行级别划分，即可得到一级分区的初步结果。

对指标综合值相同的子流域单元进行合并，个别不连续的子流域单元并入到相邻区域，最终滇池流域水生态功能分区共分为 5 个一级区，并基于水源模数与着生藻相对丰度进行校验。

水资源模数是反映不同区域水资源状况的指示指标，用多年年均水量模数（图 5-7）对一级分区的初步结果进行调整，看分区结果是否与水资源模数显示的水资源分布情况一致，对不一致的区域进行分析和调整，最后分析水生物指标（着生藻生物密度百分比）在不同区域的空间差异，对分区结果进行生物指标的校验。

滇池流域多年年均水量模数的空间分异规律为，流域北部和南部的上游子流域较大，而环滇池的中下游子流域较小（西部海口河为滇池出水口，流域内无入湖河流分布，因此，此子流域内无径流数据）。从指标综合值的分区结果来看，北部两个上游子流域单元、南部 3 个上游子流域单元的指标综合值（9～11）明显高于中下游子流域单元（3～6），综合指标值越高，则对水资源的支持涵养调节功能越强，水资源量越大。这与子流域单元的水资源量（由实测河流径流量计算得到）的分布格局（图 5-8）是一致的。

利用各分区内的水生生物的群落特征对分区结果进行校验。底栖动物与着生藻类物种生物密度的 DCA 分析结果如图 5-9 和图 5-10 所示。

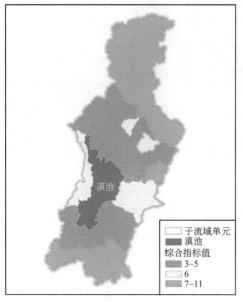

图 5-7 滇池流域水生态功能一级分区指标
综合结果图

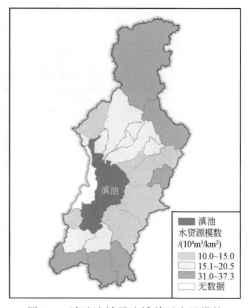

图 5-8 滇池流域子流域单元水量模数
空间分布图

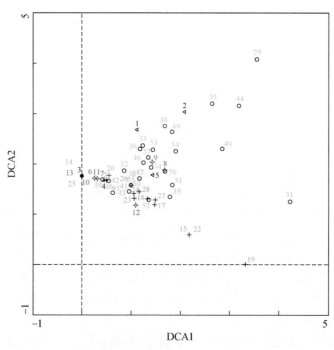

图 5-9 滇池流域底栖动物的生物密度 DCA 分析

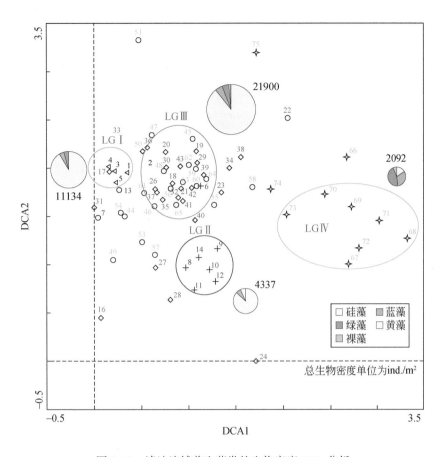

图 5-10　滇池流域着生藻类的生物密度 DCA 分析

◁是落在 LG Ⅰ 区的样点，+是位于 LG Ⅱ 区的样点，◇是位于 LG Ⅲ 区北部河流的样点，○是位于 LG Ⅲ 区东南部的样点，☆是位于 LG Ⅳ 区的样点。由 DCA 分析结果可以看出，底栖动物各分区内的物种生物群落结构规律性不明显，而着生藻物种的生物密度结构具有明显的规律性，同一分区内的样点聚合在一起，尤其是 LG Ⅳ 区滇池湖体内的样点最为突出，这说明同一分区内的着生藻类的群落特征具有明显的同质性，即在物种组成和优势种上都类似。

5.4.5　分区结果

滇池流域水生态功能分区共分为 5 个一级区，如图 5-11 所示。

滇池流域水生态功能一级分区命名原则为流域方位或区域名称+水系类型+水生态功能一级区。其中，水系类型可分为山区河流和平原河流（表 5-6）。

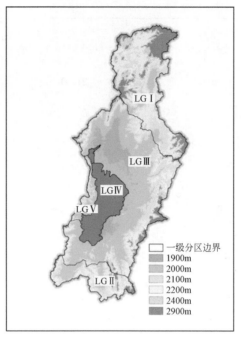

图 5-11　滇池流域水生态功能一级分区图

表 5-6　滇池流域水生态功能一级分区结果一览表

分区编码	分区名称	高程/m	NDVI	湖库率	水资源支持功能
LG Ⅰ	北部水源地—山区河流—水生态功能一级区	2105～2840	0.32	0.8%	强
LG Ⅱ	南部水源地—山区河流—水生态功能一级区	2099	0.37	1.1%	强
LG Ⅲ	环滇池—平原河流—水生态功能一级区	1900	0.20	0.45%	弱
LG Ⅳ	滇池—湖体—水生态功能一级区	1880	−1	100%	强
LG Ⅴ	西山—海口河—水生态功能一级区	2012	0.30	0	—

5.5　二级分区过程与结果

5.5.1　备选指标

　　滇池流域水生态功能二级分区体现景观尺度不同区域的水质调节功能的差异。根据滇池自然和社会状态分析，滇池流域区域内影响水资源量的主要因素是气象、地形、植被、水文等自然条件，影响水质的主要是人类社会的压力因素。因此，二级分区考虑土地利用方式和社会经济条件，反映人类活动的影响，选取农田百分比、农村/城市建设用地百分比、林地百分比、人口密度、单位土地 GDP 作为二级分区的备选指标（表 5-7）。

表 5-7　滇池流域水生态功能二级分区备选指标

分区级别	影响因素	指标因子	对水生态系统的影响
二级分区	土地利用方式	农田百分比	水土流失、农田沟渠灌溉水下渗会对水质造成影响
		农村/城市建设用地百分比	城镇化进程，影响地表径流和污染物迁移过程
		林地百分比	林地截污、分解功能，减轻水质污染
	社会经济	人口密度	人口增加，造成污染物排放增加，影响水质
		单位土地 GDP	农业为提高产量使用化肥农药增加面源污染；工业发展增加点源污染的排放，影响水质

人类对自然环境的利用和改造直接表现为人类对土地的利用，不同的利用程度与方式会对土地产生不同影响，进而对依附于土地的生态环境系统和水资源系统产生影响，其中对水质的影响最为明显。农田土壤流失或沟渠灌溉水下渗会造成河流或表层地下水水质的污染。城市建设用地区域内生活污水和工业生产排污会增加水质污染，森林可通过对污染物截留和吸收而改善水质。土地利用和植被覆盖的主要表征指标为土地利用类型的百分比。这里用农田百分比、农村/城市建设用地百分比、林地百分比来作为二级分区的备选指标。

人类活动所形成的社会环境对水生态系统产生压力，影响水生态系统的健康。通常人口密集、经济发达的区域，人类活动越强烈频繁，对水质的影响越大。这里选用人口密度、单位土地 GDP 作为二级分区的备选指标。

5.5.2　分区指标获取方法

土地利用百分比：利用 2007 年 30m 空间分辨率的 TM 影像，结合实地调查解译生成滇池流域土地利用类型分布数据，再在 ArcGIS 中将土地利用图层与二级分区子流域单元的矢量图层 Intersect 叠加，再利用 summarize 统计不同子流域单元内的农田、农村/城市建设用地和森林的百分比。

人口密度：调查收集滇池流域内的乡镇人口数据，基于乡镇人口分布数据和二级分区子流域单元数据叠加和统计分析，计算子流域单元内的人口总数和人口密度。人口密度的单位为人/km^2。

单位土地 GDP：调查收集滇池流域内各乡镇的 GDP，基于乡镇 GDP 分布数据和二级分区子流域单元图进行叠加和统计分析，计算子流域单元内的总 GDP 和单位土地 GDP，单位土地 GDP 的单位为万元/km^2。

水质综合指标：水质指标作为二级分区的校验指标。调查测定二级分区各子流域单元的 10 项水质因子，经过对滇池流域的主要污染因子进行识别分析，确定 TP、TN、NH$_3$-N 是滇池流域内的主要污染因子。依据《地表水环境质量标准》（GB 3838—2002），确定子流域内 TP、TN、NH$_3$-N 的污染级别（Ⅰ类~劣Ⅴ类），根据污染级别赋值 1~6 作为污染归一化指数，见表 5-8，再累加计算综合污染指数 Q_i，$Q_i = A_i + B_i + C_i$（$i = 1, 2, 3, \cdots$,

22），其中，A_i、B_i、C_i 分别为第 i 个子流域 TP、TN、NH_3-N 的污染指数（表5-8）。

表5-8 主要污染因子的污染指数计算

类别	Ⅰ类	Ⅱ类	Ⅲ类	Ⅳ类	Ⅴ类	劣Ⅴ类
氨氮（NH_3-N）≤	0.15	0.5	1.0	1.5	2.0	>2.0
总磷（以P计）≤	0.02（湖、库0.01）	0.1（湖、库0.025）	0.2（湖、库0.05）	0.3（湖、库0.1）	0.4（湖、库0.2）	>0.4（湖、库0.2）
总氮（湖、库，以N计）≤	0.2	0.5	1.0	1.5	2.0	>2.0
赋值	1	2	3	4	5	6

5.5.3 分区指标的确定

5.5.3.1 相关性分析

对二级分区备选指标与水质综合指标进行相关性分析，将显著相关指标作为二级分区指标（表5-9）。

表5-9 二级分区备选指标与水质综合指标的相关性

指标分类	指标	与水质指标与相关度
土地利用/植被覆盖	农田百分比	0.51 *
	农村/城市建设用地百分比	0.75 **
	林地百分比	−0.34
社会经济	人口密度	0.58 **
	单位土地 GDP	0.43 *

＊ $P<0.05$；＊＊ $P<0.01$。

水质综合污染指数和5个二级分区备选指标的相关性分析结果表明，农田百分比、农村/城市建设用地百分比、人口密度、单位土地 GDP 与水质综合污染指数的相关性显著，而林地百分比与水质综合污染指数相关性一般。

5.5.3.2 空间异质性分析

农田百分比：滇池流域农田分布和各子流域单元的百分比如图5-12 和图5-13 所示。从空间分布格局看，一级分区（Ⅱ区、Ⅲ区）的北部和南部河流上游子流域单元的农田百分比平均小于10%；一级分区（Ⅲ区）北部河流的农田百分比平均小于15%，而东部、南部河流的农田百分比较高，平均大于30%，尤其是河流下游的农田百分比又明显大于中上游，平均大于60%。

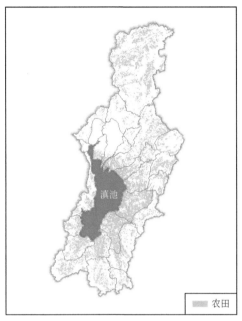

图 5-12　滇池流域农田空间分布

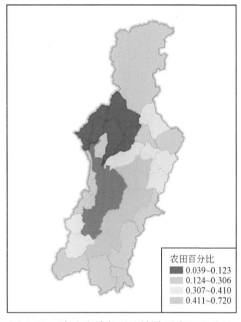

图 5-13　滇池流域各子流域单元农田百分比

农村/城市建设用地百分比：滇池流域和各子流域单元的农村/城市建设用地百分比如图 5-14 和图 5-15 所示。从空间分布格局看，一级分区（Ⅲ区）内，北部河流子流域单元的百

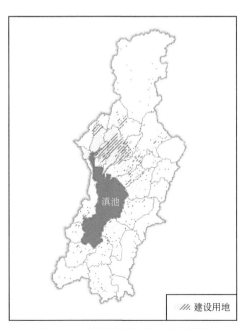

图 5-14　滇池流域农村/城市建设
用地空间分布

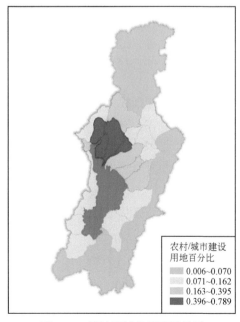

图 5-15　滇池流域各子流域单元
农村/城市建设用地百分比

分比最高，平均大于35%，南部河流子流域单元的建设用地是农村居民地，百分比平均小于8%；同样，一级分区（Ⅱ区、Ⅲ区）的子流域单元也是农村居民地，百分比平均小于6%。

人口密度：滇池流域人口分布和各子流域单元的人口密度如图5-16和图5-17所示。从空间分布格局看，一级分区（Ⅰ区、Ⅱ区）的子流域单元的人口密度最低，平均小于287人/km²；一级分区（Ⅲ区）内，东部、南部河流子流域单元的人口密度次之，平均为400人/km²，而北部河流子流域单元的人口密度最高，平均为2500人/km²，尤其是盘龙江、海河、运粮河所在子流域，人口密度平均大于8000人/km²。

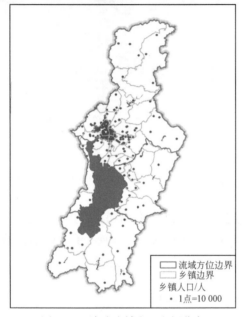

图5-16　滇池流域人口空间分布

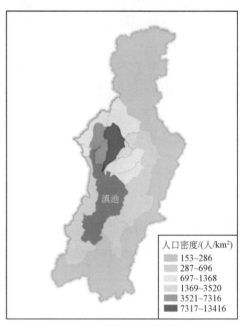

图5-17　滇池流域各子流域人口密度

通过对备选指标进行相关性与空间异质性分析，确定滇池流域水生态功能二级分区指标为农田百分比、农村/城市建设用地百分比和人口密度。将水质综合污染指标、底栖动物污染种生物密度作为二级分区的校验指标，用来调整和验证二级分区的结果。滇池流域二级分区的指标体系见表5-10。

表5-10　滇池流域水生态功能二级分区指标体系

指标类型	指标名称	指标描述
分区指标	农田百分比	反映水土流失、农田沟渠灌溉水下渗对水质的污染贡献
	农村/城市建设用地百分比	反映农村、城市生活面源污染地表径流对水质的污染贡献
	人口密度	体现社会经济对水质的影响
校验指标	水质综合污染指标	指示和衡量不同区域的水质差异
	底栖动物污染种生物密度	用生物指标验证同一分区的同质性，以及不同分区的异质性

5.5.4　分区校验

对筛选出来的滇池流域水生态功能二级分区指标进行分级和归一化赋值，为 1 ~ 5（表5-11）。其中，5 表示二级分区指标对流域水质的调节功能的贡献最大（即压力影响最小）。对归一化赋值后的一级分区指标进行指标综合，计算综合指标值 X_i，计算方法为

$$X_i = A_i + B_i + C_i (i = 1, 2, 3, \cdots, 22)$$

式中，A_i 为第 i 个子流域的农田百分比的归一值；B_i 为第 i 个子流域的农村城市建设用地百分比归一值；C_i 为第 i 个子流域的人口密度归一值。

对综合指标值进行级别划分，即可得到二级分区的初步结果。

表 5-11　滇池流域水生态功能二级分区指标归一化

分区指标		赋值
农田百分比	≤0.12	1
	(0.12, 0.31]	2
	(0.31, 0.41]	3
	(0.41, 0.72]	4
农村/城市建设用地百分比	≤0.07	1
	(0.07, 0.16]	2
	(0.16, 0.39]	3
	(0.39, 0.79]	4
人口密度	≤604	1
	(604, 1368]	2
	(1368, 3520]	3
	(3520, 13416]	4

对指标综合值相同的子流域单元进行合并，个别不连续的子流域单元并入到相邻的区域，最终滇池流域水生态功能分区共分为 10 个二级区，并基于水质综合污染指标与底栖动物污染种生物密度进行校验。

水质综合指标是反映不同区域水质状况的指示指标，通过计算得到水质指标（图5-18）对二级分区初步结果进行校验，看分区结果是否与水质现状一致，对于不一致的区域进行原因分析和调整，从而确定分区界限，再用水生物污染种（水丝蚓）的生物密度对分区结果进行校验。

滇池流域水质状况的空间分异规律为：一级分区（Ⅰ区、Ⅱ区）的子流域单元水质状况为良好，受污染程度较低；一级分区（Ⅲ区）水质状况较差，尤其是环滇池湖体周围，滇池北部城市区域水质状况在全流域最差。

从驱动/压力指标综合值的分区结果来看，环滇池湖体的下游子流域单元指标综合值明显高于流域外围的中上游子流域单元指标综合值，湖体北部的下游子流域单元指标综合

值最高,这与子流域单元的实测河流水质现状的分布格局(图5-19)是一致的。

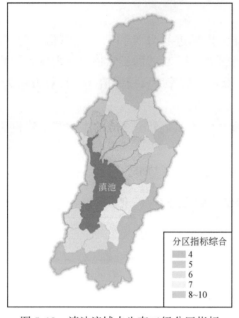
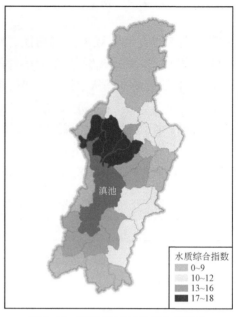

图5-18 滇池流域水生态二级分区指标
综合结果分布图

图5-19 滇池流域子单元水质综合
指数空间分布图

滇池流域水生态功能二级分区目标是体现不同区域的水质调节功能差异,因此,不同分区必然会表现出不同的水质特征,而水质又直接影响水生物的组成和数量。滇池流域的水质污染比较严重,选用着生藻和底栖动物的耐污属种作为校验指标,观察其生物密度在不同分区内的差异性,是否与水质调节功能的强弱一致。水丝蚓是滇池流域底栖动物的耐污属种,其生物密度如图5-20所示,从空间分布格局看,环湖体区域(LG III$_1$、LG III$_2$、LG III$_3$)水丝蚓生物密度都较大,其中,主城区(LG III$_1$)最大;滇池(LG IV$_1$、LG IV$_2$)次之,而上游水库区域(LG I$_1$、LG I$_2$、LG I$_3$、LG II$_1$)的水丝蚓生物密度较小,其中、LG I$_2$亚区较其他区域稍大。同一二级区的水丝蚓的生物密度具有相似性,与一级分区的格局是一致的。

各分区的水丝蚓的生物密度的平均值统计如图5-21所示。

5.5.5 分区结果

滇池流域水生态功能分区共分为10个二级区,如图5-22所示。

二级分区命名的原则为流域方位或区域名称+水系名称或区段+生态系统类型+水生态功能亚区。水系名称或区段分为**上游水库、河流上游、河流中下游、**湖体。生态系统类型分为森林、农田、城镇、水体。

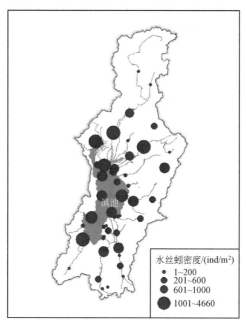

图 5-20　滇池流域水丝蚓的生物密度分布

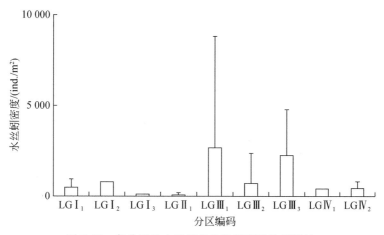

图 5-21　各分区的水丝蚓的生物密度平均值统计

表 5-12　滇池流域水生态功能二级分区结果一览表

分区编码	分区名称	农田百分比/%	农村/城市建设用地百分比/%	人口密度/（人/km²）	水质调节功能
LG Ⅰ₁	嵩明—松华坝水库—森林—水生态亚区	27.4	2.5	155	强
LG Ⅰ₂	官渡—宝象河上游—农田—水生态亚区	32.1	11.9	198	强
LG Ⅰ₃	官渡—宝象河水库—森林—水生态亚区	21.0	0.5	257	弱
LG Ⅲ₁	昆明城区—人工河流—城镇—水生态亚区	20.6	38.2	3616	强

分区编码	分区名称	农田百分比/%	农村/城市建设用地百分比/%	人口密度/（人/km²）	水质调节功能
LGⅢ₂	呈贡—中下游河流—农田—水生态亚区	56.9	13.4	445	—
LGⅢ₃	呈贡—上游河流—森林—水生态亚区	31.4	3.4	221	—
LGⅣ₁	滇池北—草海—湖体—水生态亚区	—	—	—	—
LGⅣ₂	滇池南—外海—湖体—水生态亚区	—	—	—	—
LGⅡ₁	晋宁—南部水库—森林—水生态亚区	26.5	3.9	169	—
LGⅤ₁	西山—海口河—森林—水生态特区	27.5	10.1	604	—

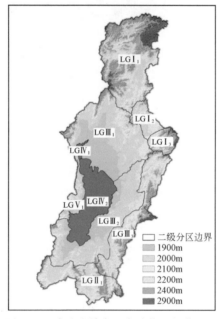

图 5-22　滇池流域水生态功能二级分区图

5.6　三级分区过程与结果

5.6.1　备选指标

水生态系统由河道、河床、堤岸、水体水文、水化学质量、水生物群落等构成，其结构的稳定与完整情况影响着水生态系统功能的稳定性与完整性。三级水生态功能分区以反映水生生物生存空间差异性为主要目的，生存空间的差异性主要基于水生态系统的结构差异性。在水生态系统中，河道、水文等物理结构特征，水质等化学特征和生物群落特征，从不同方面表征水生态系统结构，所以在指标选取上主要以体现水生态系统物理完整性、化学完整性和生物完整性的生态系统要素为分区备选指标，见表5-13。

表 5-13　水生态系统稳定相关的栖息地要素

分区级别	栖息地要素	要素指标	指标意义
三级	物理	坡降	影响水流速度、物质运输和生态响应过程
		蜿蜒度	自然河流的重要特征，使河流形成主流、干流、沼泽、浅滩等不同的生境，蜿蜒度降低坡降，减小流速和泥沙输送能力，影响生境，同时反映水生态系统的容纳特征和复杂度
		水文形貌特征	改变河流自然形态，生境异质性降低，生态系统结构和功能发生变化
		河网密度	作为湖泊流域的源和汇的廊道，支持径流过程，蓄水
		河流等级	反映河流的流量、宽度，以及水动力状况的不同
		湖体水动力分区	反映了湖体的物理结构功能
	水化学	营养盐（TN、TP、NH_3-N）	营养物循环流动，体现生境差异
	水生物	叶绿素 a	反映水体初级生产力
		藻毒素	通过藻类生物量反映水体富营养化程度
		藻类 SHDI	表征藻类生物分布状况
		底栖 SHDI	表征底栖生物分布状况

5.6.2　分区指标获取方法

坡降：基于流域 1∶50000 DEM 数据，在 ArcGIS 10.1 中，提取子流域河段上游入流域点与下游出流域点的高程值，两点高差与该河段水平距离的比值即为河道坡降。

蜿蜒度：在 ArcGIS 10.1 中，利用 Analysis Tools→ Overlay→Intersect 功能统计各子流域内的河段长度，其与该河段的直线距离比值即为蜿蜒度。

水文形貌特征：该数据获取采用专家打分方法，对流域内的河流水文形貌特征进行综合评定，打分，分成五级（0~0.2，0.2~0.4，0.4~0.6，0.6~0.8，0.8~1.0），上游河道维持自然状态，未经过渠道化处理，水质较好，可打分 0.8~1.0；下游城市河流三面光，无底泥，水质差，多数为排污河，可打分 0~0.2，其他等级根据实际情况进行评定。

水动力：该数据为历史资料，参考罗建宁等学者于 20 世纪 80 年代在滇池做的水动力调查。

河网密度：区域内单位面积内的河流的总长度，单位为 km/km^2。

河流等级：区域内河流的分级数。

水质：为实测采样数据，分析测试由昆明市环境监测中心实验室负责。

藻毒素：在野外将湖水经 500 目不锈钢筛过滤，除去水样中的大部分浮游生物和悬浮物，后经实验室处理分析得到。

底栖动物多样性：按照底栖动物野外调查方法获取底栖动物样品，后期实验室鉴定分类，计算得出香农多样性指数。

藻类多样性：分别为河流着生藻多样性指数和湖体浮游藻多样性指数，按照野外采样方法获取样品后，经实验室鉴定分析，计算得出。

5.6.3 分区指标的确定

5.6.3.1 空间异质性分析

（1）入湖河流

A. 坡降

滇池流域的坡降分布如图5-23所示。坡降表达的是一条河流上、下游断面高差和水平长度的比值，跟河流流域的地形有关。从图5-23中可以看出，整个滇池流域坡降的空间分布差异性较大。环滇池湖体区域大多为城镇和农田，是很多河流的入湖口地带，由于地面起伏不大，河流蜿蜒度较小，这一带的河流坡降很小。而坡降较大的地区主要分布在流域北部的甸尾河上游、南冲河上游和大河上游地带，这些地区地形起伏较大，多为山区，复杂的地形和地表特征使得河流的坡降相对于其他地区较大。

B. 蜿蜒度

滇池流域的蜿蜒度分布情况如图5-24所示。蜿蜒度描述了河流的曲折情况，从图中可以看出，整个滇池流域的蜿蜒度都较小，大多数河流从高海拔山区顺流而下，阻碍因子较

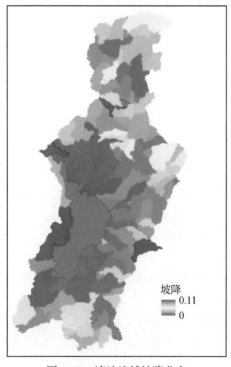

图 5-23　滇池流域坡降分布

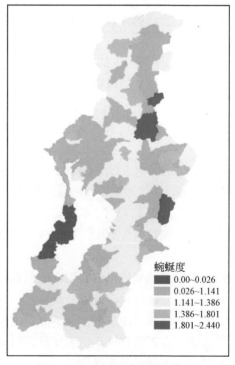

图 5-24　滇池流域蜿蜒度分布

少，从而直接注入滇池。蜿蜒度较大的地区主要分布在河流的上游段，河流的上游一般有海拔高、地形复杂、河流比降大等特点。而河流下游段多为平原，地形起伏小。流域东北部的松华坝水库及其南面地区蜿蜒度较大，达到了 2.44。这一带地形稍复杂，分布着昆明金殿国家森林公园。此外，在滇池流域东部的松茂水库、流域西南的宝峰一带，河流蜿蜒度也较大。

C. 水文形貌特征

河流水文形貌特征作为决定物理生境的重要因子，与大型底栖动物群落关系密切。《欧洲水框架指令》认为，水文形貌特征是决定流域状态的重要因素之一，水生生物对其存在直接的生态响应。构成水文形貌特征的底质、水流条件、水深、水温和河岸带地貌类型，对底栖动物群落结构、组成或分布发挥着关键作用。本书结合河流底质、渠道化状态和水质等多项因子，对滇池流域的水文形貌特征进行评分（评分标准参照 5.6.2 小节），综合评分越高，表示生境质量越好，越接近于自然状态，综合评价结果如图 5-25 所示。从图中看出，滇池流域水文形貌特征评分主要表现为"四周高，中间低"的特征，较低的地区主要集中在滇池北部的草海—昆明市区—官渡一带，这一带是整个滇池流域人口密度最大、城镇化面积最大，以及工农业发达的地区，受人类活动影响大，很多河流经过人工改造，成为"三面光"或者"两面光"河流。此外，还有部分人工修建的渠道用于城市排污。而流域北部和南部的河流渠道化程度则较小，这一部分地区地表起伏度大、城镇建筑面积小，从而受人类活动影响较小，大多数河流仍维持自然状态。

D. 河网密度

滇池流域的河网密度分布如图 5-26 所示。河网密度是指区域内单位面积内河流的总长

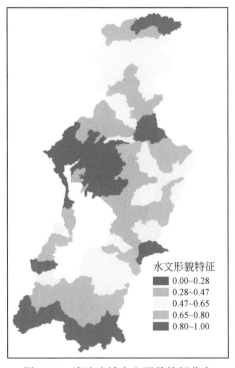

图 5-25 滇池流域水文形貌特征分布

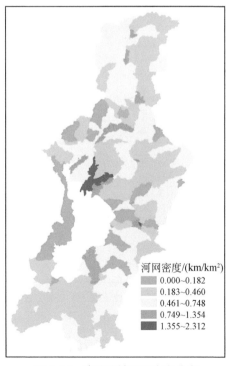

图 5-26 滇池流域河网密度分布

度，反映了不同区域的水生物生存空间的复杂性。从图 5-26 中可以看出，整个流域的河网密度基本在 0~2.3km/km²。河网密度最高值出现在昆明城区靠近外海区域，主要为宝象河水系下游入湖口处。流域大部分区域的河网密度介于 0.18~0.75km/km²，河网结构复杂，有明显的空间异质性。

E. TN

滇池流域的 TN 分布如图 5-27 所示。流域北部 TN 含量较低且空间差异性不大，流域南部 TN 含量也较低。但流域中部 TN 含量较高，高值区主要分布在昆明市区—官渡一带，这一带是昆明市的城镇所在地，大量的城市生活污水和工业废水导致这一带的 TN 含量很高，最高值达到了 14.86mg/L。同时，湖体东部分布有大量农田，施肥等农业活动产生的非点源污染进入河流导致该地区 TN 含量也较高。

F. TP

滇池流域的 TP 分布如图 5-28 所示。TP 的空间分布差异性比较明显，其分布情况和 TN 的分布情况类似，都呈现出"南北部低、中部高"的特征。流域北部 TP 含量低且分布均匀，最低约 0.02mg/L，表明这部分地区受到的污染相对较小。流域南部次之，整体上 TP 含量也较低。而流域中部 TP 含量则较高，昆明市区及其周围地区 TP 含量均值在 0.5mg/L 以上，TP 含量最高值主要集中在官渡一带。

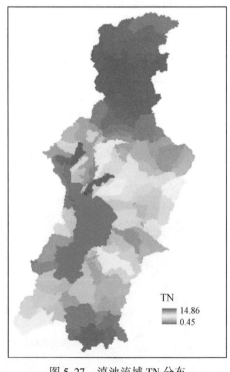

图 5-27　滇池流域 TN 分布

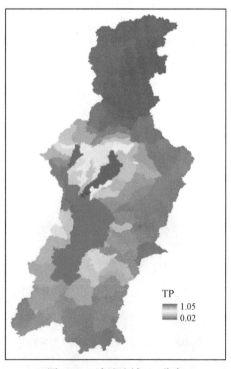

图 5-28　滇池流域 TP 分布

G. NH₃-N

滇池流域的 NH₃-N 分布如图 5-29 所示。从空间格局上看，其分布情况和 TP 的分布情况基本一致。在流域的北部，NH₃-N 的空间分布差异性非常小，平均值在 0.03mg/L 左右。流域南部的 NH_3-N 含量也较低，其空间差异性比北部稍大。流域中部的昆明市区及官渡一带，受到城市生活污水和工业废水等影响，NH_3-N 含量较高，其中，草海北部城市区域和宝象河入湖口一带特别严重。

H. 底栖动物香农多样性指数

滇池流域的底栖动物香农多样性指数如图 5-30 所示。从图中可以看出，滇池流域底栖动物香农多样性指数的空间分布异质性很大，大致上呈北低南高的分布特征，说明总体上流域北部的底栖动物更加多样化，而中部和南部的底栖动物则相对简单。在昆明市区北面的松华坝水库—青龙水库一带，是滇池流域底栖动物香农多样性指数最高集中分布区。这一带的河流生境自然程度高，受人类活动的影响相对较小，为生物的多样性发展提供了良好的条件。而滇池流域底栖动物香农多样性指数最低的分布区主要在流域东部的上游区域，多样性指数低至 0.03，该区域海拔高，河道坡降高，且经常性的缺水断流难以为底栖动物提供良好的栖息环境。

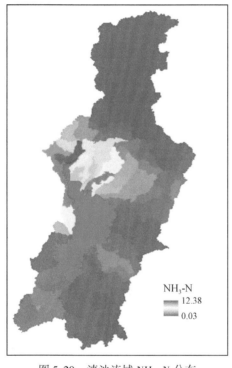

图 5-29　滇池流域 NH_3-N 分布

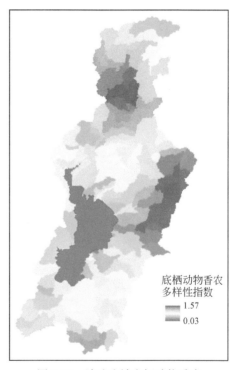

图 5-30　滇池流域底栖动物香农
多样性指数分布

I. 着生藻香农多样性指数

滇池流域的着生藻香农多样性指数分布如图 5-31 所示。从图中可以看出，其空间分布差异性很大，说明流域各个地区的藻类在种类和数量上显著不同。着生藻香农多样性指数主要有两个高值区域，一个是在昆明市区北部的盘龙江沿岸一带，另一个则是在昆明的呈贡新区一带。香农多样性指数的高值区都分布在了城镇和工业相对发达的地区。而自然状态良好和工农业分布较少的最北端和南端，着生藻香农多样性指数则较低，这部分地区水体透明度相对较大。

（2）湖体

A. 水动力分区

滇池湖体的水动力分区如图5-32所示。滇池是外流型浅水湖泊，根据湖流资料和湖水物理化学性质，可以将滇池分为河口射流区、湖缘区、湖心区、汇流区和湖湾区5个区。河口射流区是流域主要河流的入湖口地带，湖流流速大，氧化条件好，主要河口射流区分布在滇池北部的盘龙江和宝象河入湖口。湖缘区是河口区和湖心区的过渡带，湖水较浅，湖水表、底物理化学性质较均一，主要分布在滇池沿岸一带。湖心区主要位于湖水较深的中部地区，由于滇池湖底地形和入湖、出湖河流的特殊性，大致以海口—柴河口为界分为南、北两个湖心区。汇流区分布在海口—柴河口一带，主要为南北湖流相汇合的地区。湖湾区则分布在滇池北部的近草海一带。

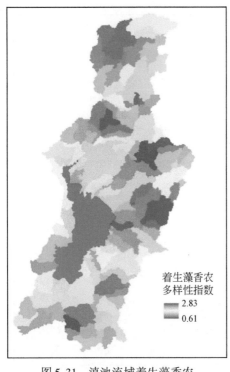

图5-31　滇池流域着生藻香农
多样性指数分布

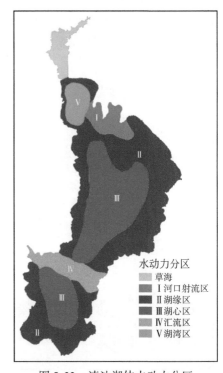

图5-32　滇池湖体水动力分区

B. TN

滇池湖体的总氮空间分布特征如图5-33所示。从整体来看，TN分布的空间差异性非常明显，呈现出滇池湖体北部的TN含量要明显高于南部TN含量的特征。滇池北部的草海，TN含量分布均匀且浓度很高。外海北部的TN含量较高，而且空间分布差异性很大。外海南部的TN含量都很小，空间分布很均匀。从各采样点的TN含量来看，外海的各采样点TN含量基本在1～2mg/L，只有晖湾中的TN含量稍高于2mg/L，草海的两个采样点

TN 含量均超过 2mg/L。

C. TP

滇池湖体的 TP 空间分布特征如图 5-34 所示。从含量上来看，大部分水域的 TP 浓度维持在 0.2 ~ 0.3mg/L。从空间分布上看，TP 在滇池北部的分布有一定的差异性，而在南部分布比较均匀。滇池北部的 TP 浓度与 TN 浓度分布特征较为相似，最高值在晖湾中附近，往北 TP 含量有所降低，到草海地区，TP 含量又很高。晖湾中地区主要受到工业的影响，草海主要接纳了大量的城市生活污水，导致这两个地区的 TN、TP 含量明显高于其他地区。滇池南部 TP 浓度整体比较低，而且空间分布差异性小。

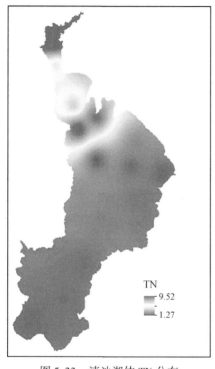

图 5-33　滇池湖体 TN 分布

图 5-34　滇池湖体 TP 分布

D. NH$_3$-N

滇池湖体的 NH$_3$-N 分布如图 5-35 所示。滇池湖体 NH$_3$-N 的分布整体较为均匀，只有草海地区 NH$_3$-N 的浓度较高，达到了 6.75mg/L，草海是流域城市生活污水的汇集地，大量的污染水排入其中，导致草海一带的 N、P、NH$_3$-N 等富集。外海由于排污河流较少，周围主要分布的是农田和山地等，NH$_3$-N 含量整体较小，而且空间差异性很小。

总体来看，滇池水体的营养盐含量空间分布差异性显著。外海南部营养盐空间分布比较均匀，而外海北部则存在一定的差异性，营养盐含量较南部高。而草海的营养盐含量则出现了分布不均匀、营养盐含量严重超标等特征。由此，滇池湖体的无机污染情况比较严重，尤其是草海水域。

E. 叶绿素 a 和藻毒素

滇池湖体的叶绿素 a 分布如图 5-36 所示。叶绿素 a 的含量高低通常与浮游植物生物量的多少有较为密切的关系，叶绿素 a 的空间分布情况在一定程度上可以表征浮游生物量的分布。滇池湖体叶绿素 a 的空间分布差异性比较大。滇池北部的叶绿素 a 分布特征与 TP 的分布特征较为相似，都表现为晖湾中较高，往北有所减小，到草海含量又变高的特征。滇池南部的叶绿素 a 含量总体比北部低，在滇池南和观音山东两个采样点附近含量较低，其他地区叶绿素 a 含量稍高，但分布较均匀。外海晖湾中附近含量最高，达到 0.18mg/L，其他地区叶绿素 a 的含量均在 0.10mg/L 以下，而整个草海的叶绿素 a 含量稍高，约为 0.13mg/L。

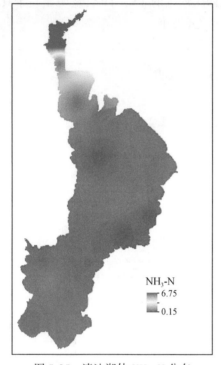

图 5-35   滇池湖体 NH$_3$-N 分布

图 5-36   滇池湖体叶绿素 a 分布

由于滇池富营养化较为严重，所以湖水中常常生长大量的藻类，以蓝藻为主。过多的藻类不仅会引起水华，而且个别种类，如微囊藻，还会释放藻毒素，对水质产生干扰。藻毒素的分布如图 5-37 所示。藻毒素的分布特征与 NH$_3$-N 的分布特征刚好相反。除了北部的草海地区藻毒素含量基本为零外，外海的藻毒素含量较高，尤其是外海北部的藻毒素含量要远高于其他水域。

F. 浮游藻香农多样性指数

滇池湖体浮游藻香农多样性指数分布如图 5-38 所示。从图中可以看出，首先，滇池浮游藻香农多样性指数的空间分布差异性较大，草海的香农多样性指数非常高，由于草海靠近昆明市区，大量生活污水的排入使得草海一带水体中 N、P 等含量非常高，从而为藻类的生长提供了很好的条件。其次，在滇池的南部，浮游藻香农多样性指数也相对较高。但在滇池湖体的中北部，因水华暴发，微囊藻成为优势属种，其他属种变少，从而导致该区域浮游藻类香农多样性指数较低。

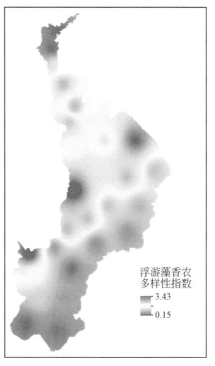

图 5-37　滇池湖体藻毒素分布

图 5-38　滇池浮游藻香农
多样性指数分布

5.6.3.2　冗余（RDA）分析

（1）入湖河流

由于 TN、TP 和 NH_3-N 等营养盐指标存在明显的季节和年际变化，为了获取相对稳定

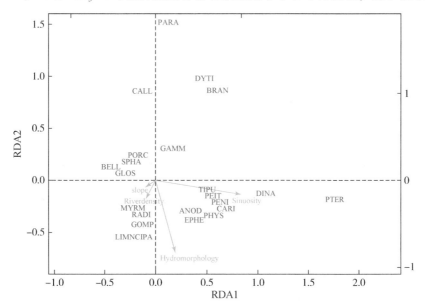

图 5-39　入湖河流三级备选指标和大型底栖动物群落相关关系分析

的分区结果，水化学指标不参与分区指标的筛选。将剩余三级分区备选指标蜿蜒度、河网密度、坡降和水文形貌特征与底栖动物生物密度进行 RDA 分析，得到影响底栖动物群落结构的环境因子，从而筛选出三级分区指标（图 5-39）。

（2）湖体

除了营养盐指标（TN、TP 与 NH_3-N）外，藻毒素和叶绿素 a 同样存在季节与年际变化，且藻毒素、叶绿素 a 与营养盐有显著相关性，所以营养盐指标与藻毒素及叶绿素 a 仍不列于实际的湖体三级分区指标中。而湖体水动力分区是一个经长期形成的相对稳定的指标，所以只将湖体水动力分区作为湖体三级分区指标。

经过空间异质性分析和 RDA 分析后，最终得到三级分区指标，见表 5-14，并基于熵权法确定各指标权重因子。

表 5-14　三级分区指标

分区对象	分区指标	权重
入湖河流	蜿蜒度	0.5
	水文形貌特征	0.4
	河网密度	0.1
湖体	水动力分区	1

5.6.4　分区校验

对分区各指标值进行加权求和，然后对综合值进行聚类分级，得到流域三级分区初步结果以后，与二级分区结果进行叠加，经数据处理与适当边界调整合并，最终得到 23 个滇池流域水生态功能三级分区，其中为 20 个陆域水生态功能三级区和 3 个湖体水生态功能三级区。采用底栖动物与着生藻类的香农多样性指数对三级分区结果的合理性从定量与定性两个角度进行分析与校验。

（1）入湖河流分区结果检验

将滇池流域陆域各区着生藻与底栖动物的香农多样性指数进行对比（图 5-40）可以看出，着生藻香农多样性指数在滇池流域变化趋势大致为中部（LGⅢ$_{1-1}$、LGⅢ$_{1-2}$、LGⅢ$_{1-3}$、LGⅢ$_{1-4}$、LGⅢ$_{2-1}$、LGⅢ$_{2-2}$、LGⅢ$_{2-3}$、LGⅢ$_{3-1}$、LGⅢ$_{3-2}$）较高，南北部较低，LGⅢ$_{3-1}$ 三级水生态功能区着生藻香农多样性指数最高，LGⅢ$_{1-2}$、LGⅢ$_{2-1}$ 三级水生态功能区次之，LGⅠ$_{2-2}$ 三级水生态功能区最低；而底栖动物香农多样性指数空间分布为，在滇池流域变化趋势为南北部较高，中部较低，其中，LGⅠ$_{1-3}$ 三级水生态功能区底栖动物香农多样性指数最高，LGⅠ$_{1-2}$ 与 LGⅠ$_{2-1}$ 三级水生态功能区次之，LGⅢ$_{3-1}$ 三级水生态功能区最低。

此外，滇池流域陆域各三级区种类分布也存在着较大差异，底栖动物清洁种多分布于滇池流域上游区，其中，球形无齿蚌主要集中在 LGⅠ$_{1-1}$、LGⅠ$_{1-2}$、LGⅠ$_{1-3}$、LGⅠ$_{2-2}$ 等三级水生态功能区，米虾集中在 LGⅠ$_{2-1}$ 三级水生态功能区，背角无齿蚌集中在 LGⅢ$_{1-4}$ 等三级水生态功能区，球蚬集中在 LGⅢ$_{1-2}$ 等三级水生态功能区；下游区底栖动物清洁种分布较少，只有 LGⅢ$_{2-2}$ 等少数几个三级水生态功能区有分布，且多为球形无齿蚌。

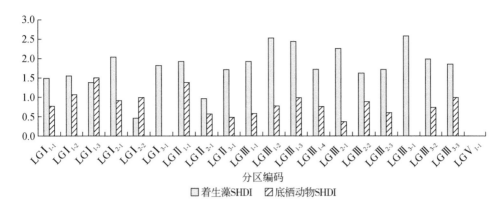

图 5-40　不同三级区水体内着生藻与底栖动物的香农多样性指数

综上，不难看出，各陆域三级水生态功能区之间在物种丰度与多样性分布上具有明显的差异性，而同一二级区中的三级区又存在着一定的相似性，所以符合三级分区初步结果。

（2）湖体分区结果检验

滇池流域湖体各区浮游藻与底栖动物的香农多样性指数显示如图 5-41 所示。从图中可以看出，滇池湖体草海区（LGⅣ$_{1-1}$）浮游藻香农多样性指数显著高于外海区（LGⅣ$_{2-1}$和 LGⅣ$_{2-2}$），其中，外海区中 LGⅣ$_{2-2}$ 三级生态功能区浮游藻香农多样性指数较高。而湖体底栖动物香农多样性指数空间分布为，外海区较高，草海区较低，外海区中 LGⅣ$_{2-1}$ 三级水生态功能区底栖动物香农多样性指数较高。

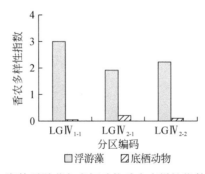

图 5-41　湖体浮游藻与底栖动物香农多样性指数比对分析

综上，滇池湖体各三级水生态功能区之间浮游藻与底栖动物的香农多样性指数存在明显的差异性，而同一二级区中的三级区又存在着一定的相似性，符合湖体三级分区初步结果。

5.6.5　分区结果

滇池流域水生态功能分区共划分了 23 个水生态功能三级区（表5-15），其中，入湖河流有 20 个三级区（图5-42），湖体有 3 个三级区（图5-43）。

图 5-42　滇池流域入湖河流水生态功能三级分区　　　图 5-43　滇池流域湖体水生态功能三级分区

表 5-15　水生态功能三级分区编码与命名

项目	三级区编码	所属二级区	三级区名称
入湖河流	LG I$_{1-1}$	LG I$_1$	阿子营—牧羊河—林地—自然河道—水质调节与水源涵养功能区
	LG I$_{1-2}$		白邑—冷水河—林地—人工河道—水质调节与水源涵养功能区
	LG I$_{1-3}$		松华坝—小河—林地—自然河道—水质调节与水源涵养功能区
	LG I$_{2-1}$	LG I$_2$	天生坝—宝象河—林地—自然河道—生境维持与水质调节功能区
	LG I$_{2-2}$		大板桥—宝象河—城镇农田—自然河道—水质调节与社会承载功能区
	LG I$_{3-1}$	LG I$_3$	宝象河水库—热水河—林地—自然河道—生境维持与水源涵养功能区
	LG II$_{1-1}$	LG II$_1$	宝峰镇—东大河—林地—自然河道—生境维持与生物多样性维持功能区
	LG II$_{1-2}$		六街乡—柴河—林地—自然河道—生境维持与水源涵养功能区
	LG II$_{1-3}$		雷打坟—大河—林地—自然河道—生境维持与水源涵养功能区
	LG III$_{1-1}$	LG III$_1$	西山区—盘龙江—城镇—人工河道—社会承载功能区
	LG III$_{1-2}$		黑林铺—新运粮河—城镇林地—人工河道—社会承载功能区
	LG III$_{1-3}$		青云—海河—城镇林地—人工河道—社会承载功能区
	LG III$_{1-4}$		官渡—宝象河—城镇—人工河道—社会承载功能区
	LG III$_{2-1}$	LG III$_2$	呈贡—捞鱼河—城镇农田—人工河道—社会承载功能区
	LG III$_{2-2}$		上蒜乡—柴河—城镇林地—自然河道—生物多样性维持功能区
	LG III$_{2-3}$		昆阳镇—东大河—城镇林地—人工河道—社会承载功能区

项目	三级区编码	所属二级区	三级区名称
入湖河流	LG III$_{3-1}$	LG III$_3$	七甸乡—捞鱼河—林地—自然河道—生境维持与水源涵养功能区
	LG III$_{3-2}$		横冲水库—梁王河—林地—自然河道—生境维持与水源涵养功能区
	LG III$_{3-3}$		八家村—大河—林地—人工河道—生境维持与水源涵养功能区
	LG V$_{1-1}$	LG V$_1$	西山—海口河—林地—生境维持功能区
湖体	LG IV$_{1-1}$	LG IV$_1$	草海—人工湖堤—生物多样性维持功能区
	LG IV$_{2-1}$	LG IV$_2$	外海北部—人工湖堤—水质调节功能区
	LG IV$_{2-2}$		外海南部—自然湖堤—水质调节与生物多样性维持功能区

5.7　四级分区过程与结果

5.7.1　备选指标

完整的流域水生态系统由流域内水生生物群落和水环境组成。水生生物群落，尤其是土著种中的敏感种、濒危种和特有种，作为水环境因子长期影响的受体，表征了流域水生态系统的综合状态，成为流域管理中指示流域生态系统健康的关键指标，因此，在以恢复流域健康为目的的流域综合管理中，达到水生生物群落的完整性是管理的终极目标，而栖息地生境作为水环境的重要组成部分，对于水生生物群落结构和分布起着决定性的作用。只有对栖息地进行有效管理，才能实现流域水生态健康的目标。

对于流域内的水生生物来说，栖息地由河段的河道结构和其他非生物环境因子所构成。在长期的生物地理进化过程中，水生生物群落适应其生存环境，使得相似河段具有相似的生物群落。因此，只有对流域内的河段进行划分，然后对不同类型生境的河段制定不同的管理策略，并以同一类型河段为单元实施管理策略，进行流域精细化管理，才能达到以生物保护为目的的流域管理目标，而科学的河段划分是达到其管理目的的基础。

所谓河段划分是基于河流特定的特征，通过截断河流获得特征差异显著的河段，并按照一定的相似性对其进行分组或分类的过程，其结果是得到不同类型特征相对一致的河段单元。河段划分的实质是河段截断和河段分类。河段截断是基于河流自身的自然地理特征和社会经济特征等环境因子的空间异质性，以环境因子的变化规律作为划分依据来确定边界截断点，从而获得河段单元的过程。河段分类则是在既有河段的基础上，通过空间叠加聚类等技术方法，将各个分类指标划分的河段结果按照一定的相似性进行区别归类的过程。

根据中性–生态位整合理论，生物群落的分布格局及其维持是局域尺度上生态学过程和区域大尺度上进化和生物地理学过程共同作用的结果。在此基础上，认为物种之间存在生态位的分化且对于环境和资源的适合度有所不同，即环境因子对于物种具有选择作用。

2008 年 *Nature* 发文（Muneepeerakul et al.，2008）证明，河段地理地貌的相似性准确反映了河段鱼类生物多样性的相似性，证明了中性-生态位假设的合理性，解释了群落分布特征与其生境之间的紧密相关性。

因此，在湖泊流域河段划分工作中，以中性-生态位整合理论为湖泊流域入湖河流河段划分方法的理论基础，通过河段划分反映目标物种群落的分布差异性，并综合考虑保护物种生物对区域过程和局域过程因子的响应，识别对于目标物种群落具有选择作用的环境因子，从而建立河段划分指标体系。基于地域分异规律，根据关键生境因子实现河段的划分，表征目标物种栖息地生境的差异，从而反映保护目标物种的分布特性。

滇池流域入湖河流的河段划分实际上是中小尺度的单元划分，局域生态过程的空间差异性显著，所以采用自下而上的归纳方式。在流域生态系统中，水生生物群落特征直接受到生境环境因素的影响。而水生生物栖息地生境不仅包括河道生境，还包括对河道生境产生驱动影响的河岸带生境。因此，备选环境因子从河道因子和河岸带因子两个方面选择。

河道生境作为水生生物直接生活的场所，其完整性对于水生生物的分布起着决定性的作用。连续的河川径流是流域水生态系统健康的基本前提，河流自身的物理生境是水生态系统中水生物生境的空间基础，水体的营养物质和污染物等化学因素直接影响水体中生物的生长发育。在原始驱动力下，社会经济系统中的污染排放和工程建设对于生境的物理和化学完整性具有较大影响，从而间接对生物完整性产生压力。因此，在充分考虑人类活动干扰程度的基础上，河道生境指标从河道物理特征、水体化学特征和水系水文结构 3 个方面来选择。河岸带生境作为水体和陆地之间的过渡带，通过影响河道生境特征间接地决定水生生物的特征。一方面，河岸带景观空间格局通过影响地表径流量和水质影响水生态系统健康。另一方面，河岸带的植被和土壤特征直接影响河岸的稳定性，决定了河道生境的结构稳定性。作为一类典型的生态过渡区，频繁的人为干扰和地貌过程都会影响河岸带的生态过程。与水生态系统其他组分相比，河岸带的研究范围更为特定，社会经济活动更为集中频繁，更能表征人类活动强度的变化。因此，河岸带生境指标从地貌、植被类型、土壤类型和土地利用类型等方面选择备选指标（表 5-16）。最后基于数据可得性与滇池流域的实际情况，选取河水来源、人工化程度、地貌和近岸土地利用（有无林地）作为河段类型划分的备选指标。

表 5-16　滇池流域水生态功能四级分区备选指标

项目	影响因素	要素指标	具体因子	指标意义
入湖河流	河岸带	地貌	中高海拔丘陵	影响水流速度、河床的侵蚀能力、生态响应过程影响和生物群落组成
			中高海拔洪积湖积平原	
			中高海拔中起伏山地	
			中高海拔黄土梁峁	
		近岸土地利用（有无林地）	有林地	河岸带土地利用影响河流水质
			无林地	

项目	影响因素	要素指标	具体因子	指标意义
入湖河流	河道	河水来源	自然水源	自然来水河流与非自然来水河流的水质差别影响生物栖息水环境
			非自然水源	
		人工化程度	自然河道	改变河流自然形态，河道异质性降低，栖息环境发生变化
			人工河堤	
			人工河道	

对于滇池湖体，由于水域面积较小，如果进行进一步的区划可能会导致分区过于冗杂，不便于管理，因此，在基于四级分区以管理为目标的前提下，结合滇池水功能区划对滇池湖体三级分区结果进行预判，判断其是否符合四级管理需求，如果符合则湖体四级分区维持三级分区结果，否则继续进行划分。

5.7.2　分区指标获取方法

河水来源：分为两类，自然水源为降水和地下水补给，非自然水源为人类生产和生活使用过的污水。数据通过参考资料与野外生态大调查获得。

人工化程度：河道的人工化程度由河道硬化的程度来确定。河堤和河流底质全部硬化为人工河道，只有河堤被硬化为人工河堤，其他为自然河道。数据通过参考资料和野外生态大调查获得。

地貌：在 ArcGIS 中，采用地貌数据与滇池流域的小流域单元矢量图层作 Zonal Statistics 分析，得到每个小流域单元的地貌类型。地貌类型数据从中国环境科学研究院信息中心购买得到。

近岸土地利用：利用 2012 年资源卫星 1 号 02C 多光谱与全色波段融合数据，在 ENVI 和 ERDAS 软件环境下进行遥感解译，结合实地调查验证，获得河岸带缓冲区宽度为 30m 的土地利用类型分布数据。

滇池水功能区：《云南省水功能区划》。

5.7.3　分区指标的确定

5.7.3.1　叠加聚类分析

将河段类型划分的河水来源、人工化程度、地貌和近岸土地利用（有无林地）4 个备选指标进行叠加，再进行分组聚类，共得到 26 种类型河段，如图 5-44 所示。

由于指标较多，河段分类较多、较杂，不利于区域的划分，所以再进行指标的筛选。在对这 4 个备选指标进行分析时发现地貌指标将河段尺度划分较细，不利于河段类型的划分，所以最后仅从人工化程度、近岸土地利用（有无林地）和高度表征滇池入湖河流特征的河水来源 3 个指标进行划分。

5.7.3.2 空间异质性分析

河水来源：滇池流域河段的河水来源分布如图 5-45 所示。整个流域大多数河段的河水来源均为自然水源，几个河段为排污河，其河水主要源于人类活动导致的污水补给与降水补给，表述为非自然水源。这些河段主要集中在滇池流域中昆明城区，如船房河、金家河、虾坝河、王家堆渠等，滇池西南的入湖河流——古城河，也为非自然水源河流。

图 5-44　备选指标河段类型划分分布示意图

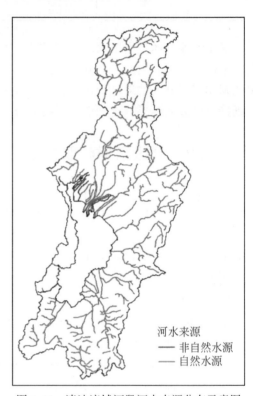

图 5-45　滇池流域河段河水来源分布示意图

人工化程度：以河道硬化程度来表征河道人工化的程度。滇池流域的支流河段主要以自然河道为主，贯穿城镇的干流河段大多是人工河堤或人工河道，表明临近城镇的河流受人为活动影响较大，河道基本都进行了人工改造，像王家堆渠、西坝河、金家河等河道为三面光，人工化程度较高。滇池流域河段人工化程度分布如图 5-46 所示。从图中可以得出以下结论。

（1）近岸土地利用（有无林地）

滇池流域河段近岸土地利用分布状况如图 5-47 所示。近岸土地利用类型主要划分为林地、农田、湿地与城镇及建设用地四类。流域上下游河段近岸土地利用多为农田与林地，如盘龙江、柴河、大河等河流河段。

中游河段由于地处城区范围内，近岸土地利用则以城镇及建设用地为主，如金汁河、新老宝象河等河流河段。流域中还有极少一部分入湖河流河段，其近岸土地利用类型为湿地，主要集中在船房河、采莲河部分河段，这与其周围的环滇池公路密切相关。

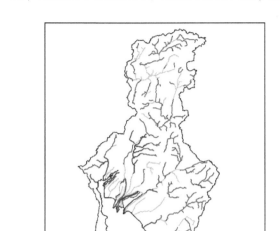

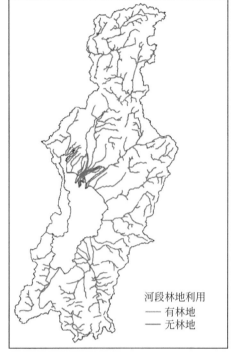

图 5-46　滇池流域河段人工化　　　　图 5-47　滇池流域河段近岸
　　程度分布示意图　　　　　　　　　　土地利用分布示意图

（2）湖体水功能区

滇池流域水功能区包括 8 个一级水功能区划：滇池昆明市开发利用区、船房河昆明开发利用区、运粮河昆明开发利用区、新河昆明开发利用区、金汁河昆明开发利用区、明通河昆明开发利用区、枧槽河昆明开发利用区和宝象河昆明开发利用区。一级水功能区按水资源开发利用要求划分为二级水功能区。其中，滇池湖体共分为五类二级水功能区（图 5-48）。

1）滇池昆明草海工业、景观用水区：滇池草海位于区西南部，西岸为西山区，东岸为官渡区，为滇池的组成部分，水位 1887m 时，水面积为 11.7km²，蓄水量为 2214 万 m³。滇池草海是昆明西郊片的主要工业用水区，年取水量约为 8000 万 m³，取水大户是昆明电厂、云南冶炼厂等。有名的大观楼、云南民族村、西山公园都在草海之滨，有较高的景观娱乐功能，有少量农灌提水。滇池草海原来具有很高的渔业用水功能，但目前因生态恶化而丧失。现状水质为超 V 类，2010 年水质目标为 Ⅳ 类，2020 年水质目标为 Ⅲ 类。

2）滇池北部西部农业、景观用水区：位于滇池外海北部，从东岸廻龙至西南岸的有余水域，水面积约为滇池外海的 42%，近 121km²。由于区内水库主要保证城镇供水，区内大面积耕地靠松、滇联合调度，即滇池水通过盘龙江、宝象河等河道提水灌溉，最大年回灌提水量达 8000 多万立方米。西山公园、云南民族村、海埂公园和滇池国家旅游度假区濒临湖岸，具有较高的景观娱乐功能。原来具有的渔业用水功能因水生态恶化而丧失。

3）滇池东北部饮用、农业用水区：位于官渡区西南角，从廻龙到呈贡斗南 12km² 的滇池水域。昆明第五自来水厂在此水域建有 30 万 m³/d 的取水口，作为昆明城市供水的主要水源。1998 年，滇池城镇供水量为 4426 万 m³。滇池供水因水质恶化，已逐步减少。1998 年 6 月 "2258" 工程陆续完工。1999 年 7 月 1 日，正式停止滇池作为城市供水水源，但目前仍然作为预备水源。目前，该区现状水质为超 V 类，2010 年水质目标为 IV 类，2020 年水质目标为 III 类。

4）滇池东部农业、渔业用水区：由斗南至海晏，水面面积为 85.0km²。该区域以湖周农田灌溉用水为主，现状水质为超 V 类。2010 年水质目标为 IV 类，2020 年水质目标为 III 类。

5）滇池南部工业、农业用水区：由海晏至有余，水面积 70km²。该区域沿岸有磷矿工业、化工等工业用水和农灌用水，以及昆阳镇的生活污水和部分工业废水排入，现状水质为超 V 类。2010 年水质目标为 IV 类，2020 年水质目标为 III 类。

图 5-48　滇池水功能区分布

综上，滇池流域水生态功能四级分区指标见表 5-17。

表 5-17　四级分区指标

项目	指标类别	指标
入湖河流	河段类型	河水来源
		人工化程度
		近岸土地利用（有无林地）

5.7.4　分区的确定

利用河段类型划分指标进行空间叠加，最终得到 9 种河段类型（图 5-49），河段类型和特征列于表 5-18 中。将河段类型分布与三级分区进行空间叠加，确定滇池流域入湖河流四级分区。

图 5-49　滇池流域河段类型分布图

表 5-18　滇池流域河段类型特征

编号	河水来源	人工化程度	有无林地	河段长度/m	河段数量
1	自然水源	自然河道	有林地	1359.14	250
2	自然水源	自然河道	无林地	1531.82	212
3	自然水源	人工河堤	有林地	1259.62	65
4	自然水源	人工河堤	无林地	1894.66	137
5	自然水源	人工河道	有林地	1200.81	16
6	自然水源	人工河道	无林地	2153.69	51
7	非自然水源	自然河道	有林地	1628	10
8	非自然水源	人工河堤	有林地	2619.25	4
9	非自然水源	人工河道	有林地	2908.29	7

基于滇池水功能区的预判，滇池湖体三级分区结果满足四级管理需求，所以滇池湖体四级分区维持三级分区结果。

5.7.5 分区校验

滇池流域水生态功能四级分区的目的是反映流域水生生物生境的空间差异性，根据中性–生态位理论，相同的生境内具有相似的生物群落。在此，通过分析不同区内底栖动物群落结构和种子库分布的差异性，分别对入湖河流和湖体的分区结果进行校正。

（1）入湖河流分区结果检验

滇池流域陆域各区底栖动物的物种丰富度显示如图5-50所示。根据单因素方差分析结果显示，不同类型的底栖动物的物种丰富度差异显著（$F=5.6$，$P<0.05$）。不同类型的底栖动物物种丰富度在不同类型河段上有较大的差异。底栖动物仅分布在具有生态来水水源的河段（河段1~6），非自然水河流中均未发现底栖动物的存在。结合图5-49可以看出，具有自然河道的河段（河段1和河段2）底栖动物的物种丰富度高于其他受到人工化影响的河段（河段3~6）。

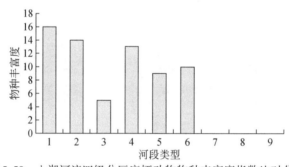

图 5-50　入湖河流四级分区底栖动物物种丰富度指数比对分析

此外，在物种丰富度相似的河段种类，其生物种类存在较大差异，底栖清洁种多分布于有林地的河段，蜉蝣主要分布在类型为1的河段上，无齿蚌主要分布在类型为3和5的河段中。底栖耐污种虽然在河段类型1~6的河段上均有分布，但在河岸带无林地分布的河段上为主要优势属（表5-19）。

表 5-19　四级分区河段底栖动物分布特征

河段类型	河水来源	人工化程度	有无林地	底栖动物分布
1	自然水源	自然河道	有林地	红蛭、水丝蚓、无齿蚌、摇蚊、蜉蝣、萝卜螺
2	自然水源	自然河道	无林地	摇蚊、尾鳃蚓、红蛭、水丝蚓、圆田螺
3	自然水源	人工河堤	有林地	红蛭、无齿蚌、萝卜螺、膀胱罗、舌蛭
4	自然水源	人工河堤	无林地	尾鳃蚓、摇蚊、红蛭、水丝蚓、环棱螺
5	自然水源	人工河道	有林地	尾鳃蚓、摇蚊、环棱螺、红蛭、米虾、球蚬、水丝蚓、无齿蚌、圆田螺
6	自然水源	人工河道	无林地	尾鳃蚓、摇蚊、红蛭、水丝蚓

河段类型	河水来源	人工化程度	有无林地	底栖动物分布
7	非自然水源	自然河道	有林地	无
8	非自然水源	人工河堤	无林地	无
9	非自然水源	人工河道	无林地	无

（2）湖体分区结果检验

基于滇池种子库数据对滇池流域湖体四级分区结果进行校验，如图 5-51 所示。由种子库的分布可以看出，LGⅣ$_{2-2-1}$ 的种子库分布面积是最大的，占 100%，LGⅣ$_{2-1-1}$ 的种子库分布面积约 30%，LGⅣ$_{1-1-1}$ 未发现有种子库分布。

图 5-51　湖体四级分区校验结果

滇池湖体各四级水生态功能区之间种子库分布存在明显的差异性，证明滇池湖体的四级分区可维持滇池三级分区结果。

5.7.6　分区结果

滇池流域水生态功能四级分区最终共划分为 38 个入湖河流四级区（图 5-52）与 3 个湖体四级区（图 5-53），共计 41 个四级区（表 5-20）。

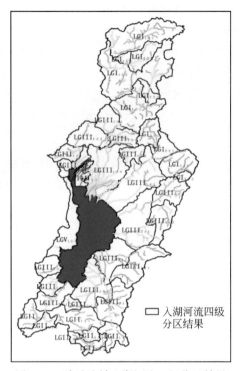

图 5-52　滇池流域入湖河流四级分区结果

图 5-53　滇池湖体四级分区结果

表 5-20　水生态功能四级分区编码与命名

分区对象	四级区编码	所属三级区	四级区名称
入湖河流	LG I $_{1-1-1}$	LG I $_{1-1}$	阿子营—自然水源有林地自然河道—鱼类与底栖保护管理区
	LG I $_{1-1-2}$		阿子营—自然水源无林地人工河堤—鱼类保护管理区
	LG I $_{1-2-1}$	LG I $_{1-2}$	白邑—自然水源有林地人工河堤—鱼类与底栖保护管理区
	LG I $_{1-2-2}$		白邑—自然水源有林地自然河道—鱼类与底栖保护管理区
	LG I $_{1-2-3}$		白邑—自然水源无林地自然河道—鱼类与底栖保护管理区
	LG I $_{1-3-1}$	LG I $_{1-3}$	松华坝—自然水源有林地自然河道—鱼类与底栖保护管理区
	LG I $_{2-1-1}$	LG I $_{2-1}$	天生坝—自然水源有林地自然河道—底栖保护管理区
	LG I $_{2-2-1}$	LG I $_{2-2}$	大板桥—自然水源无林地自然河道—鱼类与底栖保护管理区
	LG I $_{3-1-1}$	LG I $_{3-1}$	宝象河水库—自然水源有林地自然河道—底栖保护管理区
	LG I $_{3-1-2}$		宝象河水库—自然水源有林地人工河道—水资源维持管理区
	LG II $_{1-1-1}$	LG II $_{1-1}$	宝峰镇—自然水源无林地自然河道—底栖保护管理区
	LG II $_{1-1-2}$		宝峰镇—自然水源无林地人工河堤—水资源维持管理区
	LG II $_{1-2-1}$	LG II $_{1-2}$	六街乡—自然水源有林地自然河道—鱼类与底栖保护管理区
	LG II $_{1-3-1}$	LG II $_{1-3}$	雷打坟—自然水源无林地人工河堤—水资源维持管理区
	LG II $_{1-3-2}$		雷打坟—自然水源无林地自然河道—水资源维持管理区
	LG II $_{1-3-3}$		雷打坟—自然水源有林地自然河道—水资源维持管理区
	LG II $_{1-3-4}$		雷打坟—自然水源有林地自然河道—底栖保护管理区

分区对象	四级区编码	所属三级区	四级区名称
入湖河流	LGⅢ$_{1-1-1}$	LGⅢ$_{1-1}$	西山区—自然水源无林地自然河道—景观娱乐用水管理区
	LGⅢ$_{1-1-2}$		西山区—非自然水源有林地人工河道—景观娱乐用水管理区
	LGⅢ$_{1-1-3}$		西山区—非自然水源有林地人工河堤—鱼类与底栖保护管理区
	LGⅢ$_{1-1-4}$		西山区—自然水源无林地人工河堤—底栖保护管理区
	LGⅢ$_{1-2-1}$	LGⅢ$_{1-2}$	黑林铺—自然水源无林地人工河道—鱼类与底栖保护管理区
	LGⅢ$_{1-2-2}$		黑林铺—自然水源无林地自然河道—底栖保护管理区
	LGⅢ$_{1-3-1}$	LGⅢ$_{1-3}$	青云—自然水源有林地自然河道—底栖保护管理区
	LGⅢ$_{1-3-2}$		青云—自然水源无林地人工河堤—底栖保护管理区
	LGⅢ$_{1-4-1}$	LGⅢ$_{1-4}$	官渡—自然水源无林地人工河道—底栖保护管理区
	LGⅢ$_{2-1-1}$	LGⅢ$_{2-1}$	呈贡—自然水源无林地人工河堤—鱼类与底栖保护管理区
	LGⅢ$_{2-1-2}$		呈贡—自然水源无林地自然河道—鱼类与底栖保护管理区
	LGⅢ$_{2-2-1}$	LGⅢ$_{2-2}$	上蒜乡—自然水源无林地人工河堤—底栖保护管理区
	LGⅢ$_{2-2-2}$		上蒜乡—自然水源有林地人工河堤—水资源维持管理区
	LGⅢ$_{2-3-1}$	LGⅢ$_{2-3}$	昆阳镇—自然水源无林地自然河道—底栖保护管理区
	LGⅢ$_{2-3-2}$		昆阳镇—自然水源无林地人工河道—景观娱乐用水管理区
	LGⅢ$_{2-3-3}$		昆阳镇—非自然水源有林地自然河道—鱼类保护管理区
	LGⅢ$_{3-1-1}$	LGⅢ$_{3-1}$	七甸乡—自然水源无林地自然河道—鱼类与底栖保护管理区
	LGⅢ$_{3-1-2}$		七甸乡—自然水源有林地自然河道—底栖保护管理区
	LGⅢ$_{3-2-1}$	LGⅢ$_{3-2}$	横冲水库—自然水源有林地自然河道—底栖保护管理区
	LGⅢ$_{3-3-1}$	LGⅢ$_{3-3}$	八家村—自然水源有林地自然河道—底栖保护管理区
	LGⅤ$_{1-1-1}$	LGⅤ$_{1-1}$	西山—自然水源无林地人工河堤—鱼类保护管理区
湖体	LGⅣ$_{1-1-1}$	LGⅣ$_{1-1}$	草海—潜在适宜生境区维持管理区
	LGⅣ$_{2-1-1}$	LGⅣ$_{2-1}$	外海北部—水生植物多样性维持管理区
	LGⅣ$_{2-2-1}$	LGⅣ$_{2-2}$	外海南部—水生植物多样性维持管理区

以上各分区内的区域概括、自然特征、水生态系统特征、水生态功能和水生态保护目标等具体信息将在第 6 章中逐一陈述。

第6章 滇池流域水生态功能分区方案说明

基于滇池流域的水文、水质和水生态特征，通过分析滇池水生态过程和水生态服务功能，对滇池流域水生态功能区进行划分，为滇池流域综合管理提供了必不可少的技术支持。为了便于管理者后期基于分区结果制定管理方案，对滇池流域进行有效的"分区、分类、分级、分期"的精细化管理，本章将对不同级别的水生态功能区的自然环境特征、水生态系统特征、水生态功能和水生态保护目标等几个方面进行阐述。本章结构为每一小节（如6.1节）为一个一级分区说明，小节内再对该级分区包含的二级（如6.1.1小节）、三级和四级（如6.1.1.1小节）水生态功能区进行逐级阐述。

6.1 北部水源地—山区河流—水生态
功能一级区（LGⅠ区）

LGⅠ区位于滇池流域北部，23°43′43.1″N，102°49′5.2″E，面积为794.41km²，与LGⅢ区接壤。行政区划涉及盘龙区的龙泉街道办事处、茨坝街道办事处、青云街道办事处、双龙乡、松华乡、阿子营乡、大哨乡和白邑乡，以及官渡区的金马街道办事处、大板桥镇和阿拉乡。LGⅠ区平均海拔为2210m，地势起伏大，有利于降雨形成，增加降水量。LGⅠ区内湖库率为0.8%，区内两座大型水库能够蓄存丰水期降水量，体现出较强的水资源调节功能；植被指数（NDVI）为0.30~0.37，NDVI值高说明下垫面植被覆盖好，其透水持水力强，有利于涵养水源和地下水的补给，LGⅠ区的自然条件体现出很强的水资源支持和调节功能。

（1）自然环境特征

LGⅠ区多年年均气温、降水量、蒸发量分别为14.7℃、992mm、1050mm，属于亚热带湿润区；平均海拔为2201m，地貌类型以中起伏山地为主；土壤类型以红壤为主；植被类型以森林为主，约占58%；河流类型为山区河流，河宽为7~15m，河流结构复杂，以三级支流为主。

（2）水生态系统特征

LGⅠ区有大中型水库两座，即松华坝水库（盘龙江）、宝象河水库（老宝象河）。其中，松华坝水库总库容为2.29亿m³，控制径流面积为593km²，近5年日均供水量为44.7万m³，占昆明市区日供水量的55%以上，是城市重要的饮用水水源；宝象河水库总库容为2070万m³，控制径流面积为67km²，近5年日均供水量为3.7万m³，河流包括松华坝水库上游的冷水河、牧羊河。

（3）对流域水生态系统的主要作用

松华坝水库和宝象河水库均为集中式生活饮用水地表水源地一级保护区。因此，LGⅠ

区具有强水资源支持调节功能。水量丰沛是保持流域生态过程完整、生态系统健康和生态功能多样的基础。LG Ⅰ区位于滇池流域上游,紧贴昆明市区,其功能不仅仅是保持滇池流域的基本水源需求,维持滇池流域北部地区自然生态系统的健康,也是保证滇池流域社会经济健康发展的基础。LG Ⅰ区相对茂密的森林减少了山地的水土流失,保证了该区域内子流域水体具有相对高的溶解氧和低的营养盐含量,改善了入湖河流的水质。

(4)水生态问题和管理与保护策略

LG Ⅰ区水资源支持调节功能强,区内两座水库蓄水能力强,森林覆盖稠密,分布有集中式生活饮用水地表水源地保护区,因而可以从以下几个方面对其进行管理与保护。

严格执行已制定的《昆明市松华坝水库保护条例》(简称《保护条例》),全面落实《保护条例》提出的饮用水源保护区划定、水源保护、管理与监督、法律责任等规定。

进一步完善饮用水源区保护制度,主城区重点饮用水源还没有设置保护区,或尚未制定《保护条例》,需要制定出具有法律效力的保护规章制度,并与饮用水源工程建设同步进行,尽早纳入法制化管理轨道。

调整产业布局,饮用水源地一级保护区内严格实行"止耕禁养",恢复生态,二级保护区内实施"农改林",重点发展经果林和水源涵养林,适度发展有机农业。

禁止一切破坏水环境生态平衡,以及破坏水源林、护岸林和与水源保护相关植被的行为,新建、扩建与供水设施和保护水源无关的建设项目,对现有住房进行加层、改扩建;严格控制人口增长(居民迁入)和村镇新建住房。

6.1.1 嵩明—松华坝水库—森林—水生态亚区 (LG Ⅰ₁)

(1)主要陆地生态系统类型

LG Ⅰ₁生态亚区植被类型多以森林覆盖为主,少量地区分布有农田,土壤类型主要为红壤,约占80%以上,有少量水稻土、黄棕壤分布;地貌类型以中高海拔中低起伏山地为主,全流域最高海拔出现在此生态亚区,中部地区有少部分中高海拔丘陵,平均海拔在2000m以上。

(2)水生态系统特征

LG Ⅰ₁生态亚区有底栖动物3门10科11属,总密度为4190ind./m²,总生物量为56.59g/m²,生态优势度指数为0.38,Margalef丰富度指数为0.80,香农多样性指数为0.92,均匀度指数为0.35;着生藻类3门9科15属,总密度为250 146 cells/m²,生态优势度指数为0.36,香农多样性指数为1.01,均匀度指数为0.29,Margalef丰富度指数为0.69。

LG Ⅰ₁生态亚区水体中NH_3-N的含量为0.08~0.19mg/L,TP的含量为0.02~0.34mg/L,TN的含量为0.05~0.34mg/L,COD_{Mn}的含量为1.76~2.6mg/L,DO的含量为13.1~19.94mg/L,pH为6.8~8.7,悬浮物为9~18mg/L。

LG Ⅰ₁生态亚区主要位于流域北部山区,地势较高,起伏较大,河流类型为山区河流,河宽为7~15m,河流结构复杂,以三级支流为主,河道类型为天然河道,主要有三条河流,见表6-1。河岸带多分布水稻土、红壤,周边土地利用多以林地、农田为主;有一座中大型水库——松华坝水库，总库容为 2.29 亿 m^3，是城市重要的饮用水水源。

表 6-1　LG I₁ 生态亚区河流分布

河流名称	河道类型	土壤类型	土地利用方式
牧羊河	天然河道	上游黄棕壤、下游水稻土	上游林地、下游农田
小河	天然河道	上游水稻土、下游红壤	林地为主
甸尾河	天然河道	水稻土	林地

（3）水生态问题和管理与保护措施

该区有大型水库——松华坝水库，接近 60% 森林覆盖，因此，水资源量丰富，承担着为下游昆明市区提供饮用水源的任务。近年来，人为活动频繁加剧，造成了坝区一定程度的水土流失，地形较陡、森林稀疏的区域，水土流失较为严重。大量泥沙涌入河道、自然土中可溶于水的速效磷、速效钾、速效氮等物质随径流进入水体。

水土流失是该区的主要水生态问题，为防止或减少水土流失，可以采取以下保护措施：①在山区、半山区水肥条件较好、集中连片的坡耕地上开展坡改梯工程，以达到拦蓄泥沙，保土保肥。②森林具有涵养水源、降低暴雨对地面的侵蚀、保土固坡、削减洪峰流量等功能，因而林、草措施是治理水土流失的根本措施。③使用小型水利水保工程，特别是截流沟、拦沙坝、谷坊等工程，是治理滑坡、泥石流等重力侵蚀性的有效手段之一。

6.1.1.1　阿子营—牧羊河—林地—自然河道—水质调节与水源涵养功能区（LG I₁₋₁）

位置与分布：属于嵩明—松华坝水库—森林—水生态亚区，位于嵩明县阿子营地区，在滇池流域最北部。

河流生态系统特征：牧羊河贯穿于整个 LG I₁₋₁ 三级水生态功能区，河道类型以自然河道为主，还有少部分河道经过人工改造，多为两面光；区域河流蜿蜒度均值较小，为 1.242。石房子水库与黄龙潭水库位于该区，增强了该区防洪蓄水的能力。

LG I₁₋₁ 三级水生态功能区水体偏弱碱性，pH 在 7.6~8.5 波动。区域水体富营养程度为中营养，水质整体状况良好，反映出该区陆域对河流的水质调节能力较好。其中水体中 DO 为 7.1mg/L（属Ⅱ类水），TN 平均含量为 0.98mg/L（属Ⅲ类水），TP 平均含量为 0.04mg/L（属Ⅱ类水），NH_3-N 平均含量为 0.05mg/L（属Ⅰ类水）。

LG I₁₋₁ 三级水生态功能区中大型底栖动物与着生藻香农多样性指数在整个滇池流域中处于较低水平，分别为 0.772 和 1.488。但由于该区水质较好，所以分布有一定数量的大型底栖清洁物种，如球形无齿蚌等。

区内流域陆地特征：LG I₁₋₁ 三级水生态功能区海拔地势较高，地貌类型以中高海拔中起伏山地为主。该区人类活动程度较低，土地利用类型主要以林地为主，林地面积占整个功能区面积的 78.88%，多分布于该区上游河流两岸；其次为农田，所占面积比例为 14.1%，多分布于下游河流两岸；城镇建设用地较少，所占比重不足 5%。

LG I₁₋₁ 三级水生态功能区的植被覆盖度很高，达到 94.97%，以草本植物和乔木为主，可以保持较高的蓄水量，具备一定的水资源支持能力，加强该区水源涵养功能；同时有利于防止水土流失，增强区域生境被破坏的抵抗力。

水生态功能：LG I$_{1-1}$ 三级水生态功能区维持着区域河流较高的水质级别，并且具有较强的水资源支持和蓄积能力，表现出以水质调节与水源涵养功能为主导的水生态功能。该区位于滇池流域上游区，其水质直接影响下游众多流域，所以其水质调节功能对维持整个流域生态健康具有重要意义。而该区还是重要的城市饮用水源区，其水源涵养功能对保证水源的供给也起着十分重要的作用。

此外，由于该区的林地面积较大，具有一定的生境维持功能，为水生生物的生长、繁殖等提供重要的栖息地。

水生态保护目标：该区分布有底栖清洁物种，同时又是重要的水源区，所以对于该区的水质保护和生境维持尤为重要，必须保证水质级别维持在Ⅲ类水以上；并且要维持当前植被覆盖度，以保证该区以水质调节与水源涵养功能为主导的生态结构完整性。

LG I$_{1-1}$ 三级水生态功能区内四级分区见表 6-2。

表 6-2　LG I$_{1-1}$ 三级水生态功能区内四级分区

名称	编码	总面积（km^2）/占全区面积比（%）	主要生态功能（及其等级）	压力状态	保护目标	管理目标与建议
阿子营—自然水源有林地自然河道—鱼类与底栖保护管理区	LG I$_{1-1-1}$	157.97/92.16	鱼类与底栖保护	低压力	滇池金线鲃等濒危土著鱼、球形无齿蚌等清洁底栖，以及萝卜螺属等濒危底栖	水质级别要维持在Ⅲ类水以上，以便保护土著鱼类、清洁及濒危底栖类等水生保护物种，同时维持低压力状态现状
阿子营—自然水源无林地人工河堤—鱼类保护管理区	LG I$_{1-1-2}$	13.43/7.84	鱼类保护	低压力	滇池金线鲃等濒危土著鱼	水质级别要维持在Ⅲ类水以上，以便保护土著鱼类等水生保护物种，同时维持低压力状态现状

6.1.1.2　白邑—冷水河—林地—人工河道—水质调节与水源涵养功能区（LG I$_{1-2}$）

位置与分布：属于嵩明—松华坝水库—森林—水生态亚区，位于嵩明县白邑乡境内。

河流生态系统特征：LG I$_{1-2}$ 三级水生态功能区分布有冷水河与小河两条河流，河道大多经过人工改造，且多为两面光；区域河流蜿蜒度均值偏小，为 1.195。在该区西北部和东部各分布有一个水库，分别是闸坝水库和大石坝水库，极大地增强了该区防洪蓄水的能力。

LG I$_{1-2}$ 三级水生态功能区水体偏弱碱性，pH 在 7.3~8.7 波动。区域水体富营养程度为中营养，水质整体状况良好，反映出该区陆域生态系统具有较强的水质调节能力。其中水体中 DO 为 8.4mg/L（属Ⅰ类水），溶解氧量较高；TN 平均含量为 0.6mg/L（属Ⅲ类水），TP 平均含量为 0.04mg/L（属Ⅱ类水），NH$_3$-N 平均含量为 0.08mg/L（属Ⅰ类水）。

LG I$_{1-2}$ 三级水生态功能区中大型底栖动物与着生藻香农多样性指数分别为 1.070 与

1.553，水体中分布有球形无齿蚌等大型底栖清洁物种。

区内流域陆地特征：LG I$_{1-2}$三级水生态功能区海拔地势较高，地貌类型以中高海拔中起伏山地与中高海拔丘陵为主。该区城镇化水平较低，土地利用类型以林地为主，所占面积比例为80.6%；其次为农田，所占比例为11.8%，且多分布在河流两岸；城镇用地所占比例仅为4.7%。

LG I$_{1-2}$三级水生态功能区覆盖率很高，植被覆盖度为94.1%，使其具有较强的水资源支持与蓄积能力，表现出良好的水源涵养功能。

水生态功能：LG I$_{1-2}$三级水生态功能区以水质调节与水源涵养为主导功能，使该区水体水质处于较好的状况，同时也维持着区域内较充沛的水资源，对其支流及下游区域的水质健康和水资源调蓄起到很重要的保障作用。该区还是重要的饮用水源区，支持着周围城镇的水源供给，在整个流域中占据很重要的地位。此外，该区还具有较强的生境维持功能。

水生态保护目标：该区分布有底栖清洁物种，同时又是重要的水源区，所以对于该区的水质保护尤为重要，必须保证水质级别维持在III类水以上，并且要继续保持该区以水质调节与水源涵养为主导功能的生态结构。

生境是确保生物正常生活与繁衍的重要场所，所以要维持该区较大的植被覆盖度，确保其具有良好的生境质量。

该区还分布有滇池金钱鲃、昆明裂腹鱼和侧纹云南鳅等濒危鱼类，必须确保这些濒危物种的数量维持在较为稳定的水平上。

LG I$_{1-2}$三级水生态功能区内四级分区见表6-3。

表6-3　LG I$_{1-2}$三级水生态功能区内四级分区

名称	编码	总面积（km²）/占全区面积比（%）	主要生态功能（及其等级）	压力状态	保护目标	管理目标与建议
白邑—自然水源有林地人工河堤—鱼类与底栖保护管理区	LG I$_{1-2-1}$	50.92/17.65	鱼类与底栖保护	低压力	滇池金线鲃等濒危土著鱼，以及萝卜属等濒危底栖	水质级别要维持在III类水以上，以便于保护土著鱼类及濒危底栖类等水生保护物种，同时维持低压力状态现状
白邑—自然水源有林地自然河道—鱼类与底栖保护管理区	LG I$_{1-2-2}$	212.91/73.79	鱼类与底栖保护	中压力	滇池金线鲃、昆明裂腹鱼与侧纹云南鳅等濒危土著鱼、球形无齿蚌等清洁底栖，以及环棱螺属等濒危底栖	水质级别要维持在III类水以上，以便保护土著鱼类及清洁濒危底栖类等水生保护物种，同时控制人为干扰，降低该区压力状态
白邑—自然水源无林地自然河道—鱼类与底栖保护管理区	LG I$_{1-2-3}$	24.70/8.56	鱼类与底栖保护	低压力	滇池金线鲃等濒危土著鱼、滇池圆田螺等濒危底栖	水质级别要维持在III类水以上，以便保护土著鱼类，以及濒危底栖等水生保护物种，同时维持低压力状态现状

6.1.1.3　松华坝—小河—林地—自然河道—水质调节与水源涵养功能区（LG Ⅰ$_{1-3}$）

位置与分布：属于嵩明—松华坝水库—森林—水生态亚区，位于嵩明县境内。

河流生态系统特征：LG Ⅰ$_{1-3}$三级水生态功能区分布有小河与冷水河两条河流，二者在临近谷仓水库时汇合，分布于区域北部。该区河道以自然河道为主，人工改造较少；区域河流蜿蜒度均值较大，为 1.4，表明该区水体物质交换速度较快，流动频率较高。该区分布有谷仓水库和松华坝水库，其中，松华坝水库是整个滇池流域最大的一座水库，库容量达 2.19 亿 m^3，极大地增强了该区的蓄水能力。

LG Ⅰ$_{1-3}$三级水生态功能区水体偏弱碱性，pH 在 7~8 波动。区域水体富营养程度为中营养，水质整体状况良好，反映出该区陆域生态系统具有较强的水质调节能力。其中，水体中 DO 为 8.2mg/L（属Ⅰ类水），TN 平均含量为 0.45mg/L（属Ⅱ类水），TP 平均含量为 0.02mg/L（属Ⅱ类水），NH$_3$-N 平均含量为 0.04mg/L（属Ⅰ类水）。

LG Ⅰ$_{1-3}$三级水生态功能区生物多样性程度较高，大中型底栖动物与着生藻香农多样性指数分别为 1.506 和 1.389，分布有球形无齿蚌等大型底栖清洁物种。

区内流域陆地特征：LG Ⅰ$_{1-3}$三级水生态功能区海拔地势较高，地貌类型以中高海拔中起伏山地为主。该区城镇化水平极低，土地利用类型以林地为主，所占面积比例为 85.5%；其次为农田，所占面积比例为 5.7%，多分布于河流两岸；城镇用地仅为 3.8%。

LG Ⅰ$_{1-3}$三级水生态功能区的植被覆盖度为 93.0%，植被以乔木为主，具有较强的水资源蓄水能力，表现出良好的水源涵养功能；同时区域较高的植被覆盖度有利于防止水土流失。

水生态功能：LG Ⅰ$_{1-3}$三级水生态功能区以水质调节与水源涵养为主导功能，具有良好的水质与较强的水资源蓄水能力；存在于该区的松华坝水库对于整个滇池流域的水源调控具有举足轻重的作用。该区同时也是重要的饮用水源区，保障了周围城镇必需的水源供给。

该区较高的林地面积与生物多样性指数，还使其具有较强的生境维持与生物多样性维持功能。

水生态保护目标：该区分布有底栖清洁物种，同时又是重要的水源区，必须保证水质级别维持在Ⅲ类水以上，并继续保持该区以水质调节与水源涵养为主导功能的生态结构。

该区生物多样性较高，除了对水质有要求外，还需维持该区较高的植被覆盖度，以确保该区具有良好的生境质量，从而更好地保护该区的生物多样性。

LG Ⅰ$_{1-3}$三级水生态功能区内四级分区见表 6-4。

表 6-4　LG Ⅰ$_{1-3}$三级水生态功能区内四级分区

名称	编码	总面积（km^2）/占全区面积比（%）	主要生态功能（及其等级）	压力状态	保护目标	管理目标与建议
松华坝—自然水源有林地自然河道—鱼类与底栖保护管理区	LG Ⅰ$_{1-3-1}$	129.89/100.00	鱼类与底栖保护	中压力	滇池金线鲃、黑斑云南鳅与侧纹云南鳅等濒危土著鱼，以及滇池米虾、膀胱螺属等濒危底栖	水质级别要维持在Ⅲ类水以上，以便保护土著鱼类及濒危底栖类等水生保护物种，同时控制人为干扰，降低人口密度，从而降低该区压力状态

6.1.2 官渡—宝象河上游—农田—水生态亚区（LGⅠ₂）

（1）主要陆地生态系统类型

LGⅠ₂生态亚区植被类型以森林覆盖为主，兼有少量的灌木和荒草，还分布有部分农作物；土壤类型主要为红壤，约占90%以上；地貌类型以中高海拔丘陵为主要组成部分。

（2）水生态系统特征

LGⅠ₂生态亚区有底栖动物2门4科4属，总密度为128ind./m²，总生物量为10.34g/m²，生态优势度指数为0.28，Margalef丰富度指数为1.37，香农多样性指数为1.91，均匀度指数为0.62；着生藻类3门8科11属，总密度为45 142 cells/m²，生态优势度指数为0.65，香农多样性指数为1.24，均匀度指数为0.12，Margalef丰富度指数为0.93。

LGⅠ₂生态亚区水体中 NH_3-N 的含量为 0.09~0.32mg/L，TP 的含量为 0.05~0.19mg/L，TN 的含量为 0.08~3.29mg/L，COD_{Mn} 的含量为 1.55~1.75mg/L，DO 的含量为 8.6~11.3mg/L，pH 为 7.0~8.4，悬浮物为 11~14mg/L。

LGⅠ₂生态亚区为中高海拔丘陵地貌，河流分布较少，仅有老宝象河上游，见表6-5。该区分布有一定居住人口，河道多经过人工整治，河道类型为两面光，河岸带主要为红壤，周边土地利用方式以乡镇建设用地为主，农田次之。

表6-5 LGⅠ₂生态亚区河流分布

河流名称	河道类型	土壤类型	土地利用类型
老宝象河上游	两面光	红壤	以乡镇建设用地为主，农田次之

（3）水生态问题和管理与保护措施

该区处于宝象河的上游，植被以森林为主，分布着村镇和少量农田，势必会造成一定的农业面源污染。在管理上，禁止一切破坏水环境生态平衡，以及破坏水源林、护岸林和与水源保护相关植被的行为；重点发展经果林和水源涵养林，适度发展有机农业；采取合适的污水处理技术处理村镇生活污水，实现农村生活垃圾分类处理。

6.1.2.1 天生坝—宝象河—林地—自然河道—生境维持与水质调节功能区（LGⅠ₂₋₁）

位置与分布：属于官渡—宝象河上游—农田—水生态亚区，该区西部位于盘龙区，东部位于官渡区东北部。

河流生态系统特征：LGⅠ₂₋₁三级水生态功能区水体主要由宝象河支流构成，河道以自然河道为主；区域河流蜿蜒度均值较大，为1.317，表明该区水体物质交换速度较快。

LGⅠ₂₋₁三级水生态功能区水体偏碱性，pH在7.9~9.55波动，波动幅度较大。区域水体富营养程度为中营养，水质整体状况良好，反映出该区陆域生态系统具有较强的水质调节能力。其中，水体中DO为8.7mg/L（属Ⅰ类水），TN平均含量为0.94mg/L（属Ⅲ类水），TP平均含量为0.03mg/L（属Ⅱ类水），NH_3-N平均含量为0.12mg/L（属Ⅰ类水）。

LGⅠ₂₋₁三级水生态功能区中大型底栖动物与着生藻香农多样性指数分别为0.918和

2.032，藻类种类较多，水体中分布有滇池米虾等底栖清洁物种。

区内流域陆地特征：LG I $_{2-1}$ 三级水生态功能区的地貌类型以中高海拔中起伏山地与中高海拔丘陵为主，地势较高。区域土地利用类型以林地为主，所占面积比例为 69.5%；其次为城镇建设用地，所占比例达到 19.4%。

该区社会经济发展较突出，单位面积 GDP 达到 8729.99 万元/km^2；同时，人口密度也较大，为 1867 人/km^2，反映该区对于人口生存支撑能力较强。

LG I $_{2-1}$ 三级水生态功能区的植被覆盖度为 79.5%，处于中等水平，水资源支持及积蓄能力较一般。

水生态功能：LG I $_{2-1}$ 三级水生态功能区以生境维持与水质调节为主体功能，有助于提高整个流域生境质量。但该区社会承载功能也表现较明显，高速的经济发展会对滇池流域的生态健康造成一定的负面影响。此外，该区还具有一定的水源涵养与生物多样性维持功能。

水生态保护目标：虽然 LG I $_{2-1}$ 三级水生态功能区具有明显的生境维持功能，但是其城镇化水平较高，所以要维持当前的林地规模，提高其生境质量，同时，由于该区处于宝象河上游区域，所以要维持区域水体质量处于较高水平，水质级别要维持在Ⅲ类水以上。

LG I $_{2-1}$ 三级水生态功能区内四级分区见表 6-6。

表 6-6　LG I $_{2-1}$ 三级水生态功能区内四级分区

名称	编码	总面积（km^2）/占全区面积比（%）	主要生态功能（及其等级）	压力状态	保护目标	管理目标与建议
天生坝—自然水源有林地自然河道—底栖保护管理区	LG I $_{2-1-1}$	49.53/100.00	底栖保护	中压力	滇池米虾、环棱螺属等濒危底栖	水质级别要维持在Ⅲ类水以上，以便保护濒危底栖类等水生保护物种，同时控制人为干扰，降低人口密度，从而降低该区压力状态

6.1.2.2　大板桥—宝象河—城镇农田—自然河道—水质调节与社会承载功能区（LG I $_{2-2}$）

位置与分布：属于官渡—宝象河上游—农田—水生态亚区，位于官渡区大板桥内。

河流生态系统特征：老宝象河贯穿于 LG I $_{2-2}$ 三级水生态功能区，河道类型以自然河道为主，少部分为二面光河道，区域河流蜿蜒度均值偏小，为 1.177。

LG I $_{2-2}$ 三级水生态功能区水体偏弱碱性，pH 在 7.9~7.99 波动。水体富营养程度为富营养，TN 平均含量有些偏高，其中，水体中 DO 为 6.1mg/L（属Ⅱ类水），TN 平均含量为 3.19mg/L（劣Ⅴ类水），TP 平均含量为 0.06mg/L（属Ⅱ类水），NH$_3$-N 平均含量为 0.19mg/L（属Ⅱ类水）。

LG I $_{2-2}$ 三级水生态功能区中大型底栖动物与着生藻香农多样性指数偏低，分别为 1 与 0.459；该区分布有球形无齿蚌等底栖清洁物种。

区内流域陆地特征：LG I $_{2-2}$ 三级水生态功能区地貌类型以中高海拔丘陵为主。区域土地利用类型以城镇建设用地与农田为主，所占面积比例为 49.7% 与 20.5%，农田多分布在河流两岸；该区林地所占比例较小，仅有 22.0%，表明该区城镇化程度较高。

LG I $_{2-2}$ 三级水生态功能区社会性很明显，经济发展程度与人口密度都很大，单位面积 GDP 为 8677.74 万元/km^2，人口密度为 1359 人/km^2。

LG I $_{2-2}$ 三级水生态功能区植被覆盖度很低，仅为 46.3%，水资源支持及积蓄能力较低，水源涵养功能较差。

水生态功能：LG I $_{2-2}$ 三级水生态功能区以水质调节与社会承载功能为主体。虽然该区城镇化水平较高，但水质整体状况良好，表明该区陆域系统具有较强的水质调节能力，不仅利于区域水体底栖清洁物种的生存，同时也对滇池流域水质健康的提高起到了积极的作用。但该区高速的经济发展也会对滇池流域的生态健康造成一定的负面影响。

水生态保护目标：该区水体存在底栖清洁种，必须保证水质级别维持在Ⅲ类水以上；该区 TN 含量较高，必须降低水体 TN 含量并维持在Ⅲ类水质标准范围内。

此外，还应维持当前 LG I $_{2-2}$ 三级水生态功能区的植被覆盖度，以确保区域生境质量破坏程度最小。

该区水体中还分布有滇池金钱鲃等濒危鱼类，必须确保这些濒危物种数量维持在较为稳定的水平上。

LG I $_{2-2}$ 三级水生态功能区内四级分区见表 6-7。

表 6-7 LG I $_{2-2}$ 三级水生态功能区内四级分区

名称	编码	总面积（km^2）/占全区面积比（%）	主要生态功能（及其等级）	压力状态	保护目标	管理目标与建议
大板桥—自然水源无林地自然河道—鱼类与底栖保护管理区	LG I $_{2-2-1}$	44.16/100.00	鱼类与底栖保护	高压力	滇池金线鲃、异色云南鳅等濒危土著鱼，以及滇池圆田螺、珠蚌属等濒危底栖	水质级别要维持在Ⅲ类水以上，以便于保护土著鱼类及濒危底栖类等水生保护物种。该区压力状态较高，应加大控制人为干扰强度，不要继续扩增城镇建设用地面积

6.1.3 官渡—宝象河水库—森林—水生态亚区 (LG I $_3$)

（1）主要陆地生态系统类型

LG I $_3$ 生态亚区植被类型组成特征为，70% 以上覆盖着森林，并分布有少量农作物，以及灌木、荒草；土壤类型主要为红壤，约占 60% 以上，其他多为黄壤；地貌类型组成主要是中高海拔黄土梁峁和中高海拔丘陵。

（2）水生态系统特征

LG I $_3$ 生态亚区有底栖动物 2 门 5 科 5 属，总密度为 1410ind./m^2，总生物量为 35.78g/m^2，生态优势度指数为 0.43，Margalef 丰富度指数为 0.40，香农多样性指数为 1.03，均匀度指数为 0.88；着生藻类 3 门 6 科 10 属，总密度为 4773cells/m²，生态优势度指数为 0.32，香农多样性指数为 0.72，均匀度指数为 0.56，Margalef 丰富度指数为 0.57。

LG I₃生态亚区水体中 NH₃-N 的含量为 0.10 ~ 0.26mg/L，TP 的含量为 0.02 ~ 0.05mg/L，TN 的含量为 1.07 ~ 4.92mg/L，CODₘₙ的含量为 1 ~ 1.5mg/L，DO 的含量为 6.5 ~ 7.8mg/L，pH 为 7.9 ~ 8.4，悬浮物为 14 ~ 22mg/L。

LG I₃生态亚区中河流分布较少，主要为老宝象河上游支流，见表6-8。该区城市化程度不高，但人口分布密集，河道经人工改造，类型为两面光，河岸带多为红壤，周边土地利用类型多为林地，另有一座为中大型水库，为宝象河水库，总库容为 2091 万 m³，控制径流面积为 67.2km²，上游支流均汇入该水库。

表 6-8　LG I₃生态亚区河流分布

河流名称	河道类型	土壤类型	土地利用类型
老宝象河上游支流	两面光	红壤	林地为主

（3）水生态问题和管理与保护措施

该区也属于高海拔、森林覆盖稠密，并有中型水库调节的水量丰富区域，其水生态问题、管理保护措施与 LG I₁区相同。

6.1.3.1　宝象河水库—热水河—林地—自然河道—生境维持与水源涵养功能区（LG I₃₋₁）

位置与分布：属于官渡—宝象河水库—森林—水生态亚区，位于官渡区东部，在滇池流域最东部。

河流生态系统特征：LG I₃₋₁三级水生态功能区主要分布河流为老宝象河，河道类型以自然河道为主，还有部分人工河道，多为三面光；区域河流蜿蜒度均值为 1.244。宝象河水库位于该区，极大地增强了区域蓄水调控能力。

LG I₃₋₁三级水生态功能区水体偏碱性，pH 在 8.3 左右。区域水体富营养程度为轻度富营养，水质整体状况一般，尤其是 TN 平均含量偏高。其中，水体中 DO 为 7.0mg/L（属Ⅱ类水），TN 平均含量为 2.37mg/L（劣Ⅴ类水），TP 平均含量为 0.09mg/L（属Ⅱ类水），NH₃-N 平均含量为 0.17mg/L（属Ⅱ类水）。

LG I₃₋₁三级水生态功能区中着生藻香农多样性指数为 1.822。

区内流域陆地特征：LG I₃₋₁三级水生态功能区地貌类型以中高海拔丘陵为主。区域生境质量较高，生境维持功能表现较明显，土地利用类型以林地为主，所占面积比例较高，为 85.6%；城镇建设用地与农田面积比例都较小，不足 10%，其中，农田多分布于河流两岸。

LG I₃₋₁三级水生态功能区植被覆盖度较高，为 93.9%，水资源支持及蓄水能力较强，表现出较强的水源涵养功能。

水生态功能：LG I₃₋₁三级水生态功能区以生境维持与水源涵养功能为主导功能，生境质量较高，水源支持调控能力较强，对整个滇池流域的生境质量与水源保护起到了极大的支撑作用。

水生态保护目标：在维持当前较高的植被覆盖度基础上，控制水质，尤其是 TN 含量，确保水质级别维持在Ⅲ类水以上。同时继续维持该区以生境维持与水源涵养为主导功能的生态结构。

LGⅠ$_{3-1}$三级水生态功能区内四级分区见表6-9。

表6-9　LGⅠ$_{3-1}$三级水生态功能区内四级分区

名称	编码	总面积（km²）/占全区面积比（%）	主要生态功能（及其等级）	压力状态	保护目标	管理目标与建议
宝象河水库—自然水源有林地自然河道—底栖保护管理区	LGⅠ$_{3-1-1}$	70.68/85.71	底栖保护	中压力	球形无齿蚌等清洁底栖和珠蚌属等濒危底栖	水质级别要维持在Ⅲ类水以上，以便保护濒危底栖类等水生保护物种，同时控制人为干扰，降低该区压力状态
宝象河水库—自然水源有林地人工河道—水资源维持管理区	LGⅠ$_{3-1-2}$	11.79/14.29	水资源维持	中压力	无水生生物保护物种	水质级别要维持在Ⅲ类水以上，同时控制人为干扰，降低该区压力状态

6.2　南部水源地—山区河流—水生态功能一级区（LGⅡ区）

LGⅡ区位于滇池流域南部，24°34′19.1″N，102°41′22.3″E，面积为324.04km²，与LGⅢ区接壤。区内包括分区16（大河流域上游）、分区18（柴河流域上游）和分区20（东大河流域上游），行政区划涉及晋宁县的宝峰镇、上蒜乡、化乐乡和六街乡。LGⅡ区平均海拔为2090m，地势起伏较大，有利于降雨形成增加降水量。区内湖库率为1.1%，区内三座中型水库能够蓄存丰水期降水，体现出较强的水资源调节功能；植被指数（NDVI）为0.32～0.37，高 NDVI 值说明下垫面植被覆盖好，其透水持水力强，有利于涵养水源和地下水的补给；因而 LGⅡ区的自然条件体现出很强的水资源支持和调节功能。

（1）自然环境特征

LGⅡ区多年年均气温、降水量、蒸发量和干燥度分别为15.1℃、965mm、813mm 和0.80，属于亚热带湿润区；绝对高程为2112m，属于高原区，地貌类型以黄土梁峁为主；土壤类型以红壤、紫色土和水稻土为主；河流类型为山区河流，河宽3～10m，河流结构复杂，以三级支流为主。

（2）水生态系统特征

LGⅡ区有大中型水库3座，即大河水库（大河）、柴河水库（柴河）和双龙水库（东大河）。其中，柴河水库总库容为1960万 m³，控制径流面积为106km²，近5年日均供水量为9.2万 m³；大河水库总库容为1850万 m³，控制径流面积为44km²，近5年日均供水量为3.4万 m³；双龙水库总库容为1224万 m³，控制径流面积为62km²，近5年日均供水量为0.4万 m³。

（3）对流域水生态系统的主要作用

LG Ⅱ区属于河网分布稠密区和森林覆盖稠密区。区内河流结构复杂；大河水库和柴河水库均为集中式生活饮用水地表水源地一级保护区，双龙水库为集中式生活饮用水地表水源地二级保护区。因此，LG Ⅱ区具有较强的水资源支持调节功能。作为以农业为主要产业的区域，LG Ⅱ区所提供的丰富水资源维持了区内入湖河流生态系统健康。流域内稠密的森林阻隔了大气沉降带来的污染，阻止了水土流失，为农业生产提供了良好的环境，使得LG Ⅱ区成为滇池流域自然生态系统和农业生产健康发展的主要支撑区。

（4）水生态问题和管理与保护策略

LG Ⅱ区水资源支持调节功能强，区内河流结构复杂，森林覆盖稠密，分布有集中式生活饮用水地表水源地保护区，因而对其进行管理与保护的主要措施同LG Ⅰ区。

6.2.1　晋宁—南部水库—森林—水生态亚区（LG Ⅱ₁）

该亚区维持原一级分区边界，所以同南部水源地—山区河流—水生态功能一级区说明。

6.2.1.1　宝峰镇—东大河—林地—自然河道—生境维持与生物多样性维持功能区（LG Ⅱ₁₋₁）

位置与分布：属于晋宁—南部水库—森林—水生态亚区，位于晋宁县宝峰镇，在滇池流域西南部。

河流生态系统特征：LG Ⅱ₁₋₁三级水生态功能区分布有干流东大河，河道类型以自然河道为主，人工改造较少；区域河流蜿蜒度均值较高，为1.337，水体物质交换速率较快。该区有大春河水库与双龙水库两座水库，极大增强了区域蓄水调控能力。

LG Ⅱ₁₋₁三级水生态功能区水体偏中性，pH在6.4～7.29波动。区域水体富营养程度为中度富营养，水质较差，尤其是TN平均含量过高，已超过Ⅴ类地表水环境质量标准。其中水体中DO为5.7mg/L（属Ⅲ类水），TN平均含量为7.48mg/L（属劣Ⅴ类水），TP平均含量为0.09mg/L（属Ⅱ类水），NH_3-N平均含量为0.37mg/L（属Ⅱ类水）。

LG Ⅱ₁₋₁三级水生态功能区中大型底栖动物与着生藻香农多样性指数较高，分别为1.379与1.926，表明该区具有较好的生物多样性维持功能。

区内流域陆地特征：LG Ⅱ₁₋₁三级水生态功能区地貌类型以中高海拔丘陵为主。区域土地利用类型以林地为主，所占面积比例为68.6%，其次是城镇建设用地与农田，所占面积分别为13.5%与12.9%，其中农田多分布于河流两岸。

LG Ⅱ₁₋₁三级水生态功能区植被覆盖度较高，为83.7%，具有较强的水源支持与蓄积能力，表现出较强的水源涵养功能。

水生态功能：LG Ⅱ₁₋₁三级水生态功能区的主导功能是生境维持与生物多样性维持功能，具有较高的生境质量与生物多样性，对维持整个滇池流域下游的生境质量和生物多样性保护起到很重要的作用。

此外，该区较高的植被覆盖度和水库的建立还使其具有较明显的水源涵养功能。

水生态保护目标：该区水质较差，必须保证水质级别维持在Ⅳ类水以上，同时，还应维持该区当前林地面积与较高的生物多样性，以保证该区生境质量和物种丰度处于较高水平。

LGⅡ₁₋₁三级水生态功能区内四级分区见表6-10。

表6-10 LGⅡ₁₋₁三级水生态功能区内四级分区

名称	编码	总面积（km²）/占全区面积比（%）	主要生态功能（及其等级）	压力状态	保护目标	管理目标与建议
宝峰镇—自然水源无林地自然河道—底栖保护管理区	LGⅡ₁₋₁₋₁	42.88/56.92	底栖保护	低压力	椎实螺属与滇池圆田螺等濒危底栖	水质级别要维持在Ⅲ类水以上，以便保护濒危底栖类等水生保护物种，同时维持该区低压力状态现状
宝峰镇—自然水源无林地人工河堤—水资源维持管理区	LGⅡ₁₋₁₋₂	32.45/43.08	水资源维持	低压力	无水生生物保护物种	水质级别要维持在Ⅳ类水以上，同时维持该区低压力状态现状

6.2.1.2 六街乡—柴河—林地—自然河道—生境维持与水源涵养功能区（LGⅡ₁₋₂）

位置与分布：属于晋宁—南部水库—森林—水生态亚区，位于晋宁县六街乡，在滇池流域南部。

河流生态系统特征：LGⅡ₁₋₂三级水生态功能区分布有柴河与东大河，河道类型以自然河道为主，少部分为三面光人工河道；区域河流蜿蜒度较小，平均值为1.137。在该区分布有一大型水库——柴河水库，极大地增强了该区的蓄水调控能力。

LGⅡ₁₋₂三级水生态功能区水体偏弱碱性，pH在7.3~7.8波动。区域水体富营养程度为中度富营养，水质较差，水中溶解氧平均含量过低。其中水体中DO为1.4mg/L（劣Ⅴ类水），TN平均含量为0.87mg/L（属Ⅲ类水），TP平均含量为0.13mg/L（属Ⅲ类水），NH₃-N平均含量为0.45mg/L（属Ⅱ类水）。

LGⅡ₁₋₂三级水生态功能区中大型底栖动物与着生藻香农多样性指数较低，分别为0.579与0.969，物种丰度较低，生物多样性维持功能不明显。

区内流域陆地特征：LGⅡ₁₋₂三级水生态功能区地貌类型以中高海拔丘陵为主。区域土地利用类型以林地为主，所占面积比例为74.6%，其次是城镇建设用地与农田，所占面积分别为9.9%与9.31%，其中，农田多分布于河道周围。该区城镇化水平较低，生境受人为影响较小，该区人口密度仅为213人/km²，生境质量仍处于较高水平。

LGⅡ₁₋₂三级水生态功能区植被覆盖度较高，为87.9%，该区陆域对水源的支持蓄积能力较强，水源涵养功能表现较好。

水生态功能：LGⅡ₁₋₂三级水生态功能区以生境维持与水源涵养为主导功能，生境质量较高，水源涵养能力较强，对滇池流域生态健康，尤其是滇池流域下游的保护起到重要作用。

水生态保护目标：维持该区当前植被覆盖度，继续保持该区以生境维持与水源涵养主导功能生态结构，使其生境质量与生态系统结构维持在良好的状态。此外，该区近期水质目标应达到Ⅲ类水以上。

LGⅡ₁₋₂三级水生态功能区内四级分区见表6-11。

表6-11 LGⅡ₁₋₂三级水生态功能区内四级分区

名称	编码	总面积（km²）/占全区面积比（%）	主要生态功能（及其等级）	压力状态	保护目标	管理目标与建议
六街乡—自然水源有林地自然河道—鱼类与底栖保护管理区	LGⅡ₁₋₂₋₁	91.96/100.00	鱼类与底栖保护	低压力	滇池金线鲃、银白鱼等濒危土著鱼、滇池圆田螺等濒危底栖	水质级别要维持在Ⅲ类水以上，以便保护土著鱼类及濒危底栖类等水生保护物种，同时维持低压力状态现状

6.2.1.3 雷打坟—大河—林地—自然河道—生境维持与水源涵养功能区（LGⅡ₁₋₃）

位置与分布：属于晋宁—南部水库—森林—水生态亚区，位于晋宁县雷打坟，在滇池流域东南部。

河流生态系统特征：LGⅡ₁₋₃三级水生态功能区主要河流分布有大河，河道类型以自然河道为主；区域河流蜿蜒度较高，平均值为1.327，水体物质交换速度较快。该区分布有一大型水库——大河水库，增强了该区蓄水调控能力。

LGⅡ₁₋₃三级水生态功能区水体偏弱碱性，pH在7.4~7.8波动。区域水体富营养程度为中营养，水中溶解氧平均含量较低，水质一般。其中，水体中DO为1.2mg/L（劣Ⅴ类水），TN平均含量为0.76mg/L（属Ⅲ类水），TP平均含量为0.10mg/L（属Ⅱ类水），NH₃-N平均含量为0.12mg/L（属Ⅰ类水）。

LGⅡ₁₋₃三级水生态功能区中大型底栖动物与着生藻香农多样性指数分别为0.479与1.709，底栖物种多样性较低，表明该区动物群落结构较单一。

区内流域陆地特征：LGⅡ₁₋₃三级水生态功能区地貌类型以中高海拔中起伏山地与中高海拔丘陵为主，地势较高。区域土地利用类型以林地为主，所占面积比例为71.8%；其次是农田与城镇建设用地，面积比例分别为11.7%与7.4%，城镇化水平不高，区域生境受人为影响较小，生境质量仍处于较高水平。

LGⅡ₁₋₃三级水生态功能区植被覆盖度较高，为88.1%，表明该区具有较好的水源支持与蓄积能力，水源涵养功能较好。

水生态功能：LGⅡ₁₋₃三级水生态功能区以生境维持与水源涵养为主导功能，生境质量较高，水源涵养能力较强，对滇池流域生态健康的保护，尤其是滇池流域下游起到重要的作用。

水生态保护目标：维持该区当前较高的植被覆盖度，继续保持该区以生境维持与水源涵养主导功能生态结构，使其生境质量与生态系统结构维持在良好的状态。此外，该区近期水质目标应达到Ⅲ类水以上。

LGⅡ$_{1-3}$三级水生态功能区内四级分区见表6-12。

表6-12　LGⅡ$_{1-3}$三级水生态功能区内四级分区

名称	编码	总面积（km²）/占全区面积比（%）	主要生态功能（及其等级）	压力状态	保护目标	管理目标与建议
雷打坟—自然水源无林地人工河堤—水资源维持管理区	LGⅡ$_{1-3-1}$	19.32/18.25	水资源维持	低压力	无水生生物保护物种	水质级别要维持在Ⅲ类水以上，同时维持该区低压力状态现状
雷打坟—自然水源无林地自然河道—水资源维持管理区	LGⅡ$_{1-3-2}$	29.29/27.68	水资源维持	低压力	无水生生物保护物种	水质级别要维持在Ⅲ类水以上，同时维持该区低压力状态现状
雷打坟—自然水源有林地自然河道—水资源维持管理区	LGⅡ$_{1-3-3}$	10.34/9.77	水资源维持	低压力	无水生生物保护物种	水质级别要维持在Ⅲ类水以上，同时维持该区低压力状态现状
雷打坟—自然水源有林地自然河道—底栖保护管理区	LGⅡ$_{1-3-4}$	46.88/44.30	底栖保护	低压力	滇池圆田螺和环棱螺属等濒危底栖	水质级别要维持在Ⅲ类水以上，以便保护濒危底栖类等水生保护物种，同时维持低压力状态现状

6.3　环滇池—平原河流—水生态功能一级区（LGⅢ区）

LGⅢ区环滇池分布，中心位置为25°5′3.6″N，102°43′22.8″E，面积为1385.33km²。区内包括子流域分区1（王家堆渠流域）、子流域分区2（运粮河流域）、子流域分区3（乌龙河流域、大观河流域、西坝河流域、船房河流域和采莲河流域）、子流域分区5（盘龙江流域中下游）、子流域分区7（海河流域中下游）、子流域分区9（宝象河流域中下游）、子流域分区10（马料河流域上游）、子流域分区11（马料河流域中下游）、子流域分区12（洛龙河流域）、子流域分区13（捞鱼河流域上游）、子流域分区14（捞鱼河流域中下游）、子流域分区15（大河流域中下游）、子流域分区17（柴河流域中下游）、子流域分区19（东大河流域中下游）和子流域分区21（古城河流域），行政区划涉及盘龙区的龙泉街道办事处、金辰街道办事处、联盟街道办事处、东华街道办事处、鼓楼街道办事处、拓东街道办事处、青云街道办事处、茨坝街道办事处和双龙乡；五华区的普吉街道办事处、莲华街道办事处、丰宁街道办事处、龙翔街道办事处、华山街道办事处、大观街道办事处、护国街道办事处、红云街道办事处、黑林铺街道办事处和沙朗乡，官渡区的小板桥街道办事处、吴进街道办事处、太和街道办事处、关上街道办事处、金马街道办事处、官渡街道办事处、大板桥镇、六甲乡、矣六乡和阿拉乡；西山区的棕树营街道办事处、永昌街道办事处、福海街道办事处、前卫街道办事处、马街街道办事处、西苑街道办事处、金碧街道办事处、团结镇和碧鸡镇；官渡区的阿拉乡和矣六乡，呈贡县的斗南街道办事处、洛羊镇、龙城镇、七甸乡、吴家营乡、大渔乡和马金铺乡；晋宁县的古城镇、晋城镇、新街乡、上蒜乡、中和乡、化乐乡和宝峰镇。LGⅢ区平均海拔为1990m，地势较为平坦，该区湖库率为0.45%，区内两座中型水库，水系主要是入湖河道，对水资源调节功能低；NDVI为0.05～0.20，低NDVI值说明下垫面植被覆盖率不高，其透水持水力不强，不利于涵养水源和地下水的补给，因而LGⅢ区的自然条件体现出很强的水资源支持和调节功能。

（1）自然环境特征

LGⅢ区多年年均气温、降水量、蒸发量和干燥度分别为14.4℃、983mm、992mm和1.01，属于亚热带湿润区；绝对高程为1976m，地形平坦，以洪积湖积平原为主；土壤类型以水稻土和红壤为主。

（2）水生态系统特征

LGⅢ区有中小型水库5座，即自卫村水库（新运粮河）和西北沙河水库（老运粮河）、果林水库（马料河）、白龙潭水源（洛龙河）、松茂水库（捞鱼河），以及横冲水库和韶山水库（南冲河）。河流类型为平原河流，河宽为3～25m，河流结构简单，以1～2级支流为主。

（3）对流域水生态系统的主要作用

LGⅢ区属于河网分布稠密区和森林覆盖稀疏区。区内河流结构简单，自卫村水库为集中式生活饮用水地表水源地一级保护区。因此，LGⅢ区具有中等水资源支持调节功能。

LGⅢ区中北部为昆明市主城区，区内水体除在流域尺度支持水资源系统外，还承担了城市纳污和排洪功能。蜿蜒于昆明市主城区的多条水体与城区各大污水处理厂相连，在汇入滇池的过程中接纳着地表径流，并在暴雨季节将洪水迅速送入滇池湖体，为昆明市主城区安全提供了基本保障。在水体水质达标的河段，各入湖河流为昆明市主城区提供了必需的水体。连接城市和湖体的水生物廊道成为城市生态系统的水源支撑系统。

（4）水生态问题和管理与保护策略

LGⅢ区处于河流的中下游区域，该区只有几座小型水库，河道对水量的调蓄能力差，另外，该区的植被主要为农田，森林覆盖率低，水源涵养能力差，尤其是北部区域处于昆明城区，下垫面是不透水地面，降水直接形成地表径流经河道汇入滇池，只有一部分水蓄存于陆地的河道，并且水流经城区和农田，水质条件变差，加剧了该区域的水量短缺。因此，在管理措施上，除了通过改造植被，增加森林、草地覆盖，更重要的是要采取措施减少生活、工业、农业污染。

6.3.1　昆明城区—人工河流—城镇—水生态亚区（LGⅢ₁）

（1）主要陆地生态系统类型

LGⅢ₁亚区为城市所在地，大面积为城市建设用地，植被类型只分布有少量林地、草地和部分农作物；土壤类型分布情况为，北部地区多分布红壤，南部靠近滇池湖体，多分布水稻土；地貌类型情况为，以中高海拔洪积湖积平原为主要组成部分。

（2）水生态系统特征

LGⅢ₁生态亚区有底栖动物3门10科11属，总密度为181 163 ind./m²，总生物量为2011.06g/m²，生态优势度指数为0.57，Margalef丰富度指数为0.50，香农多样性指数为1.43，均匀度指数为1.36；着生藻类有5门23科34属，总密度为2 102 592cells/m²，生态优势度指数为0.33，香农多样性指数为1.40，均匀度指数为0.84，Margalef丰富度指数为0.79。

LGⅢ₁区包含了城市纳污河流，因接纳城市生活污水，水质黑臭，即使是上游有污水处理厂的入湖河流，其水质也远超地表水Ⅴ类标准。水质监测指标具体如下：生态亚区水体中NH_3-N的含量为0.06~35.46mg/L，TP的含量为0.02~3.06mg/L，TN的含量为0.53~35.27mg/L，COD_{Mn}的含量为4.5~25.19mg/L，DO的含量为0.29~19.24mg/L，pH为6.3~9.7，该区污染严重，透明度几乎为零，悬浮物为12~35mg/L，TOC的含量为11.1~27.3mg/L。

LGⅢ₁生态亚区河流分布密集，水库较多，入湖河流包括王家堆渠、新运粮河、大观河、西坝河、船房河、采莲河、金家河、盘龙江、六甲宝象河、大清河、明通河、海河、虾坝河、小清河、五甲宝象河、老宝象河、新宝象河、马料河，以及西北沙河水库、东白沙河水库、果林水库，还有许多小型水库分布。

由于该区位于昆明市城区，大多河道都进行人工整治，人工化程度较高，其中，河道类型为两面光的河流有12条；三面光的河流有5条；自然河道的河流有1条，如表6-13所示。河岸带土壤类型多为水稻土，少数分布红壤和沼泽土，河岸周边土地利用类型多为城市建设用地，河流下游河岸带的植被类型多为农田，少数为林地，如虾坝河、小清河、马料河。

表6-13　LGⅢ₁生态亚区河流分布

河流名称	河道类型	土壤类型	土地利用类型
王家堆渠	三面光	红壤	上游林地、中下游城市建设用地
新运粮河	两面光	水稻土	城市建设用地
大观河	两面光	水稻土	城市建设用地
西坝河	两面光	上游水稻土、下游沼泽土	城市建设用地
船房河	三面光	上游水稻土、下游沼泽土	城市建设用地
采莲河	两面光	上游水稻土、下游沼泽土	城市建设用地
金家河	两面光	水稻土	城市建设用地
盘龙江	两面光	水稻土	城市建设用地
五甲宝象河	三面光	水稻土	乡镇建设用地
六甲宝象河	三面光	水稻土	乡镇建设用地
大青河	两面光	水稻土	城市建设用地
明通河	两面光	水稻土	城市建设用地
海河	两面光	上游红壤、下游水稻土	上游林地、中下游城市建设用地
虾坝河	两面光	水稻土	以农田为主，乡镇建设用地次之
小清河	两面光	水稻土	以农田为主，乡镇建设用地次之
马料河	自然河道	上游红壤、下游水稻土	源头为林地，其余皆为农田
老宝象河	两面光	上游红壤、下游水稻土	以乡镇建设用地为主，农田次之
新宝象河	三面光	水稻土	乡镇建设用地、农田

（3）水生态问题和管理与保护措施。

该区包括全部昆明城区，并分布一些村镇和农田，其水生态问题主要是生活和工业污染。管理和保护措施建议如下：

1）结合源头分散控制和末端集中控制，综合控制城市污水面源污染。对于市河流周边地区绿地、道路、岸坡等不同源头的降水采取降雨径流的控制技术措施，如下凹式绿地、透水铺装、缓冲带、生态护岸。

2）利用雨水入河口的小部分土地构建小型人工湿地，在入河口底部通过堆积碎石、插种植物的方式拦截入河雨水中的污染物质。

3）针对农村污染源特性，选择适宜的水污染和固体废弃物污染治理技术，如建造一些人工处理农田径流的生态工程。

6.3.1.1　西山区—盘龙江—城镇—人工河道—社会承载功能区（LGⅢ$_{1-1}$）

位置与分布：属于昆明城区—人工河流—城镇—水生态亚区，位于西山区东北部，紧邻草海。

河流生态系统特征：LGⅢ$_{1-1}$三级水生态功能区分布有多条干流，包括盘龙江、采莲河、船房河、六甲宝象河、金家河、大观河、西坝河、新运粮河、金汁河、明通河、王家堆渠、大清河、老宝象河、海河、小清河、五甲宝象河、六甲宝象河和虾坝河，其中，主要河流属于盘龙江水系。该区水体河道类型以人工河道为主，多为两面光与三面光，人工改造程度较高；区域河流蜿蜒度较小，平均值为1.131。该区分布有两小型水库，还有一中型水库东白沙河水库部分坐落于该区，极大地增强了该区蓄水调控能力。

LGⅢ$_{1-1}$三级水生态功能区所含河流较多，水体有偏弱酸性、弱碱性，还有中性，pH在5.21~8.79波动。区域水体富营养程度为重度富营养，水质整体状况极差，溶解氧、总氮和氨氮都已超过Ⅴ类地表水标准，表明该区陆地生态系统水质调节能力极弱，与该区城镇化水平较高相关。其中水体中DO为3.4mg/L（劣Ⅴ类水），TN平均含量为12.39mg/L（劣Ⅴ类水），TP平均含量为0.86mg/L（属Ⅱ类水），NH$_3$-N平均含量为9.45mg/L（劣Ⅴ类水）。

LGⅢ$_{1-1}$三级水生态功能区中大型底栖动物与着生藻香农多样性指数分别为0.579与1.926，藻类种类较多，而底栖种类较少，种类结构不均衡。

区内流域陆地特征：LGⅢ$_{1-1}$三级水生态功能区海拔地势较低，地貌类型以中高海拔洪积湖积平原为主。该区土地利用类型以城镇建设用地为主，所占面积比例为69.4%，林地面积不到20%，表明该区城镇化水平很高，生境质量较差，生境维持能力较弱。该区河流两岸土地利用类型以城镇建设用地为主，有少部分为农田。

该区社会承载功能表现极明显，人口密度与经济发展程度均较大，人口密度为1714人/km^2，单位面积GDP为9166.49万元/km^2。

LGⅢ$_{1-1}$三级水生态功能区植被覆盖度较低，仅为28.2%，表明该区水源涵养能力也较弱。

水生态功能：LGⅢ$_{1-1}$三级水生态功能区的主导生态功能是社会承载，对于区域经济发展和人口生存具有极强的支撑作用，但是较高的社会性也对滇池流域的生态健康造成一定的负面影响。

水生态保护目标：LGⅢ$_{1-1}$三级水生态功能区城镇化水平较高，部分生境已遭到破坏，应限定当前植被覆盖度继续缩小。此外，该区临近滇池湖体，近期水质目标应达到Ⅳ类水以上。

LGⅢ$_{1-1}$三级水生态功能区内四级分区见表6-14。

表6-14　LGⅢ$_{1-1}$三级水生态功能区内四级分区

名称	编码	总面积（km²）/占全区面积比（%）	主要生态功能（及其等级）	压力状态	保护目标	管理目标与建议
西山区—自然水源无林地自然河道—景观娱乐用水管理区	LGⅢ$_{1-1-1}$	37.60/14.39	景观娱乐用水	高压力	无水生生物保护物种	水质级别要维持在Ⅳ类水以上，该区压力状态较高，应加大控制人为干扰强度，不要继续扩增城镇建设用地面积
西山区—非自然水源有林地人工河道—景观娱乐用水管理区	LGⅢ$_{1-1-2}$	37.87/14.49	景观娱乐用水	高压力	无水生生物保护物种	水质级别要维持在Ⅳ类水以上，该区压力状态较高，应加大控制人为干扰强度，不要继续扩增城镇建设用地面积
西山区—非自然水源有林地人工河堤—鱼类与底栖保护管理区	LGⅢ$_{1-1-3}$	23.78/9.10	鱼类与底栖保护	高压力	滇池金线鲃等濒危土著鱼，以及椎实螺属等濒危底栖	水质级别要维持在Ⅲ类水以上，以便保护土著鱼类及濒危底栖类等水生保护物种。该区压力状态较高，应加大控制人为干扰强度，不要继续扩增城镇建设用地面积
西山区—自然水源无林地人工河堤—底栖保护管理区	LGⅢ$_{1-1-4}$	162.12/62.03	底栖保护	高压力	球形无齿蚌等清洁底栖，以及滇池圆田螺等濒危底栖	水质级别要维持在Ⅲ类水以上，以便保护土清洁与濒危底栖类等水生保护物种。该区压力状态较高，应加大控制人为干扰强度，不要继续扩增城镇建设用地面积

6.3.1.2　黑林铺—新运粮河—城镇林地—人工河道—社会承载功能区（LGⅢ$_{1-2}$）

位置与分布：属于昆明城区—人工河流—城镇—水生态亚区，该区北部位于盘龙区，南部位于五华区。

河流生态系统特征：LGⅢ$_{1-2}$三级水生态功能区主要分布着干流新运粮河，河道类型以人工河道为主，多为两面光和三面光，少部分为自然河道；区域河流蜿蜒度较小，平均值为1.159。该区还分布有一西北沙河水库，在一定程度上增强了该区蓄水调控能力。

LGⅢ$_{1-2}$三级水生态功能区水体偏弱碱性，pH 在 7.5 左右。水体富营养程度为轻度富营养，水体溶解氧量偏低，水质一般。其中，水体中 DO 为 2.2mg/L（劣Ⅴ类水），TN 平均含量为 1.29mg/L（属Ⅳ类水），TP 平均含量为 0.08mg/L（属Ⅱ类水），NH$_3$-N 平均含量为 0.38mg·L^{-1}（属Ⅱ类水）。

LGⅢ$_{1-2}$三级水生态功能区中大型底栖动物与着生藻香农多样性指数较低，分别为 0.381 和 0.783，表明该区生物群落结构较单一，生物多样性维持功能较弱。该区水体分布有球蚬等少数底栖清洁物种。

区内流域陆地特征：LGⅢ$_{1-2}$三级水生态功能区海拔地势较高，以中高海拔中起伏山地为主。该区土地利用类型以城镇建设用地和林地为主，所占面积比例分别为 45.8% 和 44.6%，城镇化水平较高，生境质量较差。该区河流两岸土地利用类型基本为城镇建设用地。

该区社会承载功能表现极明显，人口密度与经济发展程度在整个滇池流域最高，人口密度为 2317 人/km^2，单位面积 GDP 为 12 359.87 万元/km^2。

LGⅢ$_{1-2}$三级水生态功能区植被覆盖度较低，为 52.7%，区域水资源支持蓄积能力较差，表现出较弱的水源涵养功能。

水生态功能：LGⅢ$_{1-2}$三级水生态功能区以社会承载功能为主导功能，对于区域经济发展和人口生存具有极强的支撑作用，但是较高的社会性也对滇池流域的生态健康造成一定的负面影响。

水生态保护目标：LGⅢ$_{1-2}$三级水生态功能区应维持当前的植被覆盖度，阻止其继续缩小，同时，该区近期水质目标应达到Ⅳ类水以上，保证较好的水质，以确保底栖清洁物种的正常生存。

LGⅢ$_{1-2}$三级水生态功能区还分布有滇池金钱鲃等濒危鱼类，必须确保这些濒危物种数量维持在较为稳定的水平上。

LGⅢ$_{1-2}$三级水生态功能区内四级分区见表 6-15。

表 6-15 LGⅢ$_{1-2}$三级水生态功能区内四级分区

名称	编码	总面积（km^2）/占全区面积比（%）	主要生态功能（及其等级）	压力状态	保护目标	管理目标与建议
黑林铺—自然水源无林地人工河道—鱼类与底栖保护管理区	LGⅢ$_{1-2-1}$	48.53/40.11	鱼类与底栖保护	高压力	滇池金线鲃、异色云南鳅等濒危土著鱼，以及滇池圆田螺、滇池米虾、环棱螺属、球蚬属与膀胱螺属等濒危底栖	水质级别要维持在Ⅲ类水以上，以便保护土著鱼类、清洁及濒危底栖类等水生保护物种。该区压力状态较高，应加大控制人为干扰强度，不要继续扩增城镇建设用地面积
黑林铺—自然水源无林地自然河道—底栖保护管理区	LGⅢ$_{1-2-2}$	72.47/59.89	底栖保护	中压力	珠蚌属等濒危底栖	水质级别要维持在Ⅲ类水以上，以便保护濒危底栖类等水生保护物种，同时控制人为干扰，降低该区压力状态

6.3.1.3 青云—海河—城镇林地—人工河道—社会承载功能区（LGⅢ_{1-3}）

位置与分布：属于昆明城区—人工河流—城镇—水生态亚区，位于盘龙区南部。

河流生态系统特征：LGⅢ_{1-3}三级水生态功能区分布有海河、金汁河，河道类型以三面光人工河道为主，人类活动程度较高；区域河流蜿蜒度较高，平均为1.488，区域水体物质交换速度较快。该区有两座小型水库，在一定程度上提高了该区蓄水调控能力。

LGⅢ_{1-3}三级水生态功能区水体偏碱性，pH在7.78～8.69波动。区域水体富营养程度为中度富营养，水质一般，TN平均含量偏高，主要与该区城镇化水平较高有关。水体中DO为5.0mg/L（属Ⅲ类水），TN平均含量为1.97mg/L（属Ⅴ类水），TP平均含量为0.09mg/L（属Ⅱ类水），NH_3-N平均含量为0.43mg/L（属Ⅱ类水）。

LGⅢ_{1-3}三级水生态功能区中大型底栖动物与着生藻香农多样性指数分别为0.492与2.439，藻类种类较多，而底栖种类较少，表明该区生物群类结构不均衡。

区内流域陆地特征：LGⅢ_{1-3}三级水生态功能区海拔地势较高，以中高海拔中起伏山地为主。该区土地利用类型以林地和城镇建设用地为主，所占面积比例分别为54.9%和34.7%，城镇化水平较高，生境质量一般。其中，城镇建设用地多分布于该区河流两岸。

该区社会承载功能表现较明显，人口密度与经济发展程度较大，人口密度为1867人/km²，单位面积GDP为8729.99万元/km²。

LGⅢ_{1-3}三级水生态功能区植被覆盖度不高，为64.4%，区域水资源支持蓄积能力较差，表现出较弱的水源涵养功能。

水生态功能：LGⅢ_{1-3}三级水生态功能区以社会承载功能为主导功能，对于区域经济发展和人口生存具有极强的支撑作用，但是较高的社会性也对滇池流域的生态健康造成一定的负面影响。

水生态保护目标：LGⅢ_{1-3}三级水生态功能区应维持当前植被覆盖度，保护区域生境质量和水源涵养功能；同时确定近期水质目标为Ⅳ类水以上。

LGⅢ_{1-3}三级水生态功能区内四级分区见表6-16。

表6-16 LGⅢ_{1-3}三级水生态功能区内四级分区

名称	编码	总面积（km²）/占全区面积比（%）	主要生态功能（及其等级）	压力状态	保护目标	管理目标与建议
青云—自然水源有林地自然河道—底栖保护管理区	LGⅢ_{1-3-1}	43.78/56.90	底栖保护	高压力	萝卜螺属等濒危底栖	水质级别要维持在Ⅲ类水以上，以便保护濒危底栖类等水生保护物种。该区压力状态较高，应加大控制人为干扰强度，不要继续扩增城镇建设用地面积
青云—自然水源无林地人工河堤—底栖保护管理区	LGⅢ_{1-3-2}	33.16/43.10	底栖保护	高压力	环棱螺属等濒危底栖	水质级别要维持在Ⅲ类水以上，以便保护濒危底栖类等水生保护物种。该区压力状态较高，应加大控制人为干扰强度，不要继续扩增城镇建设用地面积

6.3.1.4　官渡—宝象河—城镇—人工河道—社会承载功能区（LGⅢ₁₋₄）

位置与分布：属于昆明城区—人工河流—城镇—水生态亚区，位于官渡区，紧邻滇池湖体外海北部。

河流生态系统特征：LGⅢ$_{1-4}$三级水生态功能区主要分布有新宝象河、老宝象河和马料河，河道类型以人工河道为主，多为两面光；区域河流蜿蜒度平均值为 1.291。该区分布有多个水库，其中有一个较大的水库——果林水库，极大地增强了该区水源蓄积调控能力。该区还有一昆湖养鱼场，增大了该区水生动物的数量。

LGⅢ$_{1-4}$三级水生态功能区水体 pH 变化范围较大，变化区间为 5.13～8.6。区域水体富营养程度为中度富营养，水质一般，陆域系统水质调节能力较弱。其中，水体中 DO 为 4.9mg/L（属Ⅳ类水），TN 平均含量为 5.97mg/L（劣Ⅴ类水），TP 平均含量为 0.26mg/L（属Ⅳ类水），NH_3-N 平均含量为 2.09mg/L（劣Ⅴ类水）。

LGⅢ$_{1-4}$三级水生态功能区中大型底栖动物与着生藻香农多样性指数分别为 0.764 与 1.721，藻类种类较多，而底栖种类较少，表明该区生物群落结构不均衡。该区分布有球形无齿蚌、钩虾幼虫、背角无齿蚌和滇池米虾等底栖清洁种。

区内流域陆地特征：LGⅢ$_{1-4}$三级水生态功能区海拔地势较低，地貌类型以中高海拔丘陵与中高海拔洪积湖积平原为主。该区土地利用类型以城镇建设用地为主，所占面积比例为 55.8%，林地面积仅占 22.5%，表明该区城镇化水平较高，生境破坏程度较大。其中，农田与城镇建设用地多分布于区域河流两岸。

该区社会承载功能表现较明显，人口密度与经济发展程度较大，人口密度为 1451 人/km^2，单位面积 GDP 为 6373.8 万元/km^2。

LGⅢ$_{1-4}$三级水生态功能区植被覆盖度为 41.6%，较低，不利于水资源支持与蓄积，削弱了该区水源涵养功能。

水生态功能：LGⅢ$_{1-4}$三级水生态功能区以社会承载功能为主导功能，对于区域经济发展和人口生存具有极强的支撑作用，但是较高的社会性也对滇池流域的生态健康造成一定的负面影响。

水生态保护目标：LGⅢ$_{1-4}$三级水生态功能区临近滇池湖体，同时还分布有底栖清洁物种，近期水质目标应达到Ⅳ类水以上，避免影响湖体水体健康和底栖清洁物种的生境。

LGⅢ$_{1-4}$三级水生态功能区内四级分区见表 6-17。

表 6-17　LGⅢ$_{1-4}$三级水生态功能区内四级分区

名称	编码	总面积（km²）/占全区面积比（%）	主要生态功能（及其等级）	压力状态	保护目标	管理目标与建议
官渡—自然水源无林地人工河堤—底栖保护管理区	LGⅢ$_{1-4-1}$	169.60/100.00	底栖保护	高压力	背角无齿蚌等清洁底栖，以及滇池圆田螺、滇池米虾、钩虾属、珠蚌属与椎实螺属等濒危底栖	水质级别要维持在Ⅲ类水以上，以便保护清洁与濒危底栖类等水生保护物种。该区压力状态较高，应加大控制人为干扰强度，不要继续扩增城镇建设用地面积

6.3.2 呈贡—河流中下游—农田—水生态亚区（LGⅢ₂）

（1）主要陆地生态系统类型

LGⅢ₂生态亚区为环湖农业区，植被类型多为农作物覆盖，有少量疏林、灌木丛和荒草分布；该区多围绕滇池水体，土壤类型主要以水稻土为主，约占70%，少数地区分布有红壤；地貌类型比较复杂，南部为中高海拔黄土梁峁，北部为中高海拔洪积湖积平原，东南部和西北部有少量中高海拔中起伏山地。

（2）水生态系统特征

LGⅢ₂生态亚区有底栖动物3门10科11属，总密度为16 198ind./m²，总生物量为1488.23g/m²，生态优势度指数为0.56，Margalef丰富度指数为0.69，香农多样性指数为0.74，均匀度指数为0.62；着生藻类5门13科23属，总密度为1 299 803cells/m²，生态优势度指数为0.27，香农多样性指数为1.49，均匀度指数为1.09，Margalef丰富度指数为1.01。

LGⅢ₂生态亚区水体中NH_3-N的含量为0.07~3.48mg/L，TP的含量为0.03~0.34mg/L，TN的含量为1.16~9.09mg/L，COD_{Mn}的含量为2.13~5.88mg/L，DO的含量为2.52~19.06mg/L，pH为6.3~9.1，悬浮物为11~20mg/L，TOC的含量为9.6~18.2mg/L。

LGⅢ₂生态亚区中河流、水库较多，主要有洛龙河、捞鱼河、梁王河、南冲河、淤泥河、白鱼河、茨巷河、柴河、东大河、中河、古城河，以及石龙坝水库、关山水库、白龙潭、富有塘、南冲塘、马金铺塘、跃进海。

该区主要为农业区，河道多经人工改造，其中，河道类型情况为，两面光的河流有7条，三面光的河流有1条，自然河道有3条，具体见表6-18。河岸带多为水稻土，极少数为红壤，周边土地利用类型多为农田，少数地区为林地。

表6-18　LGⅢ₂生态亚区河流分布

河流名称	河道类型	土壤类型	土地利用类型
洛龙河	三面光	上游红壤、下游水稻土	农田
捞鱼河	两面光	上游红壤、下游水稻土	农田
梁王河	两面光	水稻土	农田
南冲河	两面光	水稻土	农田
淤泥河	两面光	水稻土	农田
白鱼河	两面光	水稻土	农田
茨巷河	自然河道	上游红壤、下游水稻土	上游林地、下游农田
柴河	自然河道	水稻土	农田
东大河	两面光	上游水稻土、下游红壤	农田
中河	两面光	水稻土	农田
古城河	自然河道	水稻土	农田

（3）水生态问题和管理与保护措施

该区的水生态问题主要是水资源不足和水质污染问题，而影响水质的主要因素是农田的面源污染。在管理上可以采取以下措施：

1）引导种植业化肥农药科学施用，妥善处理农田废弃物，进行节水灌溉，减少种植业面源污染。

2）继续执行"禁养"政策，有效控制禽畜养殖量及其污染产生量。

3）采取合适的污水处理技术处理村镇生活污水，实现农村生活垃圾分类处理，改善农村生态环境，消除潜在安全风险。

4）结合农田林网建设，建造一些人工处理农田径流的生态工程，如：植被过滤带、湿地系统、多水塘系统。

6.3.2.1 呈贡—捞鱼河—城镇农田—人工河道—社会承载功能区（LGⅢ$_{2-1}$）

位置与分布：属于呈贡—中下游河流—农田—水生态亚区，位于呈贡县西部，紧邻滇池湖体外海的东部。

河流生态系统特征：LGⅢ$_{2-1}$三级水生态功能区分布多条干流，主要包括捞鱼河、南冲河、洛龙河、梁王河和淤泥河，河道类型以人工河道为主，多为两面光与三面光；区域河流蜿蜒度较小，平均值为1.154。该区分布有多个水库和池塘，如石龙坝水库、关山水库、马金普塘、南冲塘等，增强了该区蓄水调控能力。

LGⅢ$_{2-1}$三级水生态功能区水体基本偏弱碱性，pH大致在7~8.5。区域水体富营养程度为中度富营养，水质一般，主要与该区城镇化水平较高有关。其中，水体中DO为4.8mg/L（属Ⅳ类水），TN平均含量为7.74mg/L（劣Ⅴ类水），TP平均含量为0.25mg/L（属Ⅳ类水），NH$_3$-N平均含量为0.68mg/L（属Ⅲ类水）。

LGⅢ$_{2-1}$三级水生态功能区中大型底栖动物与着生藻香农多样性指数分别为0.368与2.251，藻类种类较多而底栖种类较少，表明该区生物种类结构不均衡。该区分布有球形无齿蚌等底栖清洁物种。

区内流域陆地特征：LGⅢ$_{2-1}$三级水生态功能区海拔地势较低，主要地貌类型是中高海拔洪积湖积平原。该区城镇化水平较高，生境破坏程度较大，土地利用类型以城镇建设用地与农田为主，所占面积比例分别为44.0%与20.8%；林地面积比例仅占24.8%。其中，城镇建设用地与农田多分布于区域河流两岸。

LGⅢ$_{2-1}$三级水生态功能区植被覆盖度较低，为51.8%，水资源支持与调控能力较弱，表现出较弱的水源涵养功能。

水生态功能：LGⅢ$_{2-1}$三级水生态功能区的主导功能是社会承载功能，城镇化水平较高，对滇池流域的生态健康会造成一定的负面影响。

水生态保护目标：LGⅢ$_{2-1}$三级水生态功能区临近滇池湖体，同时还分布有底栖清洁物种，近期水质目标应达到Ⅳ类水以上，避免影响湖体水体健康和底栖清洁种的生存。同时，应维持当前林地面积与植被覆盖度，尽可能减弱对生境的破坏。

LGⅢ$_{2-1}$三级水生态功能区还分布有滇池金钱鲃、银白鱼等濒危鱼类，必须确保这些濒危物种数量维持在较为稳定的水平上。

LGⅢ$_{2-1}$三级水生态功能区内四级分区见表6-19。

表6-19　LGⅢ$_{2-3}$三级水生态功能区内四级分区

名称	编码	总面积（km²）/占全区面积比（%）	主要生态功能（及其等级）	压力状态	保护目标	管理目标与建议
呈贡—自然水源无林地人工河堤—鱼类与底栖保护管理区	LGⅢ$_{2-1-1}$	157.21/64.12	鱼类与底栖保护	中压力	滇池金线鲃、银白鱼与中臀拟鲿等濒危土著鱼，背角无齿蚌等清洁底栖，以及滇池圆田螺、珠蚌属、环棱属与椎实螺属等濒危底栖	水质级别要维持在Ⅲ类水以上，以便保护土著鱼类、清洁及濒危底栖类等水生保护物种。同时控制人为干扰，降低该区压力状态
呈贡—自然水源无林地自然河道—鱼类与底栖保护管理区	LGⅢ$_{2-1-2}$	87.97/35.88	鱼类与底栖保护	中压力	滇池金线鲃等濒危土著鱼，以及滇池圆田螺、滇池米虾、膀胱螺属与环棱属等濒危底栖	水质级别要维持在Ⅲ类水以上，以便保护土著鱼类与濒危底栖类等水生保护物种。同时，控制人为干扰，降低该区压力状态

6.3.2.2　上蒜乡—柴河—城镇林地—自然河道—生物多样性维持功能区（LGⅢ$_{2-2}$）

位置与分布：属于呈贡—中下游河流—农田—水生态亚区，位于晋宁县上蒜乡，临近滇池湖体外海东南部。

河流生态系统特征：LGⅢ$_{2-2}$三级水生态功能区分布有多条干流，主要包括茨巷河、柴河、大河、淤泥河和白鱼河，河道类型以自然河道为主，少部分为两面光的人工河道，主要集中在茨巷河上；区域河流蜿蜒度平均值为1.287。

LGⅢ$_{2-2}$三级水生态功能区水体偏中性，pH在7.3~7.7波动，变化幅度不大，表明水体酸碱度较稳定。区域水体富营养程度为中度富营养，水质较差。其中，水体中DO为1.5mg/L（劣Ⅴ类水），TN平均含量为4.09mg/L（劣Ⅴ类水），TP平均含量为0.24mg/L（属Ⅳ类水），NH$_3$-N平均含量为0.35mg/L（属Ⅱ类水）。

LGⅢ$_{2-2}$三级水生态功能区中大型底栖动物与着生藻香农多样性指数分别为0.889与1.614，分布有球形无齿蚌等底栖清洁物种。

区内流域陆地特征：LGⅢ$_{2-2}$三级水生态功能区海拔地势较高，地貌类型以中高海拔中起伏山地与中高海拔丘陵为主。该区土地利用类型以城镇建设用地和林地为主，所占面积比例分别为35.3%与29.7%，其次为农田，所占比例为25.3%。其中，农田多分布于区域河流两岸。

LGⅢ$_{2-2}$三级水生态功能区植被覆盖度较低，为66.6%，水资源支持与调控能力较弱，表现出较弱的水源涵养功能。

水生态功能：LGⅢ$_{2-2}$三级水生态功能区的主导功能是生物多样性维持功能，对滇池流域的生物多样性保护起到重要的作用。

水生态保护目标：LGⅢ$_{2-2}$三级水生态功能区临近滇池湖体，同时还分布有底栖清洁物种，近期水质目标应达到Ⅳ类水以上，避免影响湖体水体健康和底栖清洁种的生存，同时，应维持当前植被覆盖度，尽可能减弱对生境的破坏。

LGⅢ$_{2-2}$三级水生态功能区内四级分区见表 6-20。

表 6-20 LGⅢ$_{2-3}$三级水生态功能区内四级分区

名称	编码	总面积（km²）/占全区面积比（%）	主要生态功能（及其等级）	压力状态	保护目标	管理目标与建议
上蒜乡—自然水源无林地人工河堤—底栖保护管理区	LGⅢ$_{2-2-1}$	107.90/83.94	底栖保护	低压力	无齿蚌属等清洁底栖，以及滇池圆田螺、珠蚌属与环棱属等濒危底栖	水质级别要维持在Ⅲ类水以上，以便保护清洁及濒危底栖类等水生保护物种，同时维持低压力状态现状
上蒜乡—自然水源有林地人工河堤—水资源维持管理区	LGⅢ$_{2-2-2}$	20.64/16.06	水资源维持	低压力	无水生生物保护物种	水质级别要维持在Ⅳ类水以上，同时维持低压力状态现状

6.3.2.3 昆阳镇—东大河—城镇林地—人工河道–社会承载功能区（LGⅢ$_{2-3}$）

位置与分布：属于呈贡—中下游河流—农田—水生态亚区，位于晋宁县昆阳镇，邻近滇池湖体外海南部。

河流生态系统特征：LGⅢ$_{2-3}$三级水生态功能区主要分布有东大河、中河与古城河，河道类型以两面光人工河道为主，少部分为自然河道，人类活动程度较高；区域河流蜿蜒度较低，平均为 0.995。

LGⅢ$_{2-3}$三级水生态功能区水体偏弱酸性，pH 在 6.3～7.3 波动。水体富营养程度为中度富营养，水质较差，表明该区陆域系统水质调节能力较弱。其中，水体中 DO 为 4.3mg/L（属Ⅳ类水），TN 平均含量为 3.78mg/L（劣Ⅴ类水），TP 平均含量为 0.25mg/L（属Ⅳ类水），NH$_3$-N 平均含量为 1.12mg/L（属Ⅳ类水）。

LGⅢ$_{2-3}$三级水生态功能区中大型底栖动物与着生藻香农多样性指数分别为 0.606 与 1.712，底栖物种生物多样性较低。

区内流域陆地特征：LGⅢ$_{2-3}$三级水生态功能区地貌类型以中高海拔丘陵为主。土地利用类型以林地为主，所占面积比例为 49.7%，其次为城镇建设用地和农田，面积比例分别为 27.8% 与 14.3%，城镇化水平较高。其中，城镇建设用地与农田多分布于区域河流两岸。

该区社会经济发展程度较好，单位面积 GDP 为 1886.2 万元/km²，具有一定的社会承载功能。

LGⅢ$_{2-3}$三级水生态功能区植被覆盖度不太高，为 70.0%，区域对水资源的蓄积和调控能力一般，水源涵养功能表现不突出。

水生态功能：LGⅢ₂₋₃三级水生态功能区以社会承载功能为主体，城镇化水平较高，对滇池流域的水生态健康会造成一定的负面影响。

水生态保护目标：LGⅢ₂₋₃三级水生态功能区临近滇池湖体，近期水质目标应达到Ⅳ类水以上，避免影响湖体水质；同时，应维持当前植被覆盖度，以减弱对生境的破坏，并维持当前水源涵养功能水平。

LGⅢ₂₋₃三级水生态功能区还分布有滇池金钱鲃等濒危鱼类，必须确保这些濒危物种数量维持在较为稳定的水平上。

LGⅢ₂₋₃三级水生态功能区内四级分区见表6-21。

表6-21　LGⅢ₂₋₃三级水生态功能区内四级分区

名称	编码	总面积（km²）/占全区面积比（%）	主要生态功能（及其等级）	压力状态	保护目标	管理目标与建议
昆阳镇—自然水源无林地自然河道—底栖保护管理区	LGⅢ₂₋₃₋₁	54.42/42.76	底栖保护	低压力	滇池圆田螺、珠蚌属，以及环棱螺属等濒危底栖	水质级别要维持在Ⅲ类水以上，以便保护濒危底栖等水生保护物种，同时维持低压力状态现状
昆阳镇—自然水源无林地人工河道—景观娱乐用水管理区	LGⅢ₂₋₃₋₂	34.50/27.11	景观娱乐用水	低压力	无水生生物保护物种	水质级别要维持在Ⅳ类水以上，同时维持低压力状态现状
昆阳镇—非自然水源有林地自然河道—鱼类保护管理区	LGⅢ₂₋₃₋₃	38.34/30.13	鱼类保护	中压力	滇池金线鲃等濒危土著鱼	水质级别要维持在Ⅲ类水以上，以便保护濒危土著鱼等水生保护物种。同时，控制人为干扰，降低该区压力状态

6.3.3　呈贡—河流中下游—森林—水生态亚区（LGⅢ₃）

（1）主要陆地生态系统类型

LGⅢ₃生态亚区中林地为主要植被类型，少数地区分布疏林、荒草和灌木；土壤类型以红壤为主，约占60%以上，少量分布黄壤和紫色土；地貌类型以中高海拔中起伏山地为主，有少量中高海拔洪积湖积平原和中高海拔黄土梁峁分布。

（2）水生态系统特征

LGⅢ₃生态亚区底栖动物有3门5科5属，总密度为5794ind./m²，总生物量105.01g/m²，生态优势度指数为0.85，Margalef丰富度指数为0.41，香农多样性指数为3.79，均匀度指数为3.34；着生藻类4门16科22属，总密度为193 174 cells/m²，生态优势度指数为0.25，香农多样性指数为0.94，均匀度指数为0.28，Margalef丰富度指数为0.91。

LGⅢ₃生态亚区水体中NH_3-N的含量为0.17～0.25mg/L，TP的含量为0.02～

1. 30mg/L，TN 的含量为 0. 03 ~ 2. 54mg/L，COD_{Mn} 的含量为 2. 20 ~ 4. 30mg/L，DO 的含量为 5. 61 ~ 13. 83mg/L，pH 为 6. 6 ~ 8. 3，悬浮物为 12 ~ 16mg/L，TOC 的含量为 2. 40 ~ 7. 80mg/L。

$LGⅢ_3$ 生态亚区中东部地势较高，多为山地，仅在西部分布少量河流的上游河段，有一定的人工化程度，河道类型都为两面光，主要有 3 条，见表6-22。河岸带土壤类型多为红壤，其次为水稻土。土地利用类型多为林地，其次为农田；另有 6 座中小型水库，分别为松茂水库、横冲水库、白云水库、红旗水库、映山水库、韶山水库。

表 6-22 $LGⅢ_3$ 水生态亚区河流分布

河流名称	河道类型	土壤类型	土地利用类型
捞鱼河上游	两面光	红壤	林地
南冲河上游	两面光	红壤	林地
大河	两面光	水稻土	农田

6.3.3.1 七甸乡—捞鱼河—林地—自然河道—生境维持与水源涵养功能区（$LGⅢ_{3-1}$）

位置与分布：属于呈贡—上游河流—森林—水生态亚区，位于呈贡县七甸乡。

河流生态系统特征：$LGⅢ_{3-1}$ 三级水生态功能区主要分布于捞鱼河，河道类型以自然河道为主；区域河流蜿蜒度较高，平均值为 1. 349。该区主要分布有松茂水库与鱼斯桥水库，极大地增强了该区的蓄水调控能力。

$LGⅢ_{3-1}$ 三级水生态功能区水体偏弱碱性，pH 在 7. 35 ~ 8. 92 波动。区域水体富营养程度为重度富营养，水质一般，主要是 TN 平均含量过高。其中，水体中 DO 为 6. 0mg/L（属Ⅱ类水），TN 平均含量为 6. 79mg/L（劣Ⅴ类水），TP 平均含量为 0. 10mg/L（属Ⅱ类水），$NH_3 - N$ 平均含量为 0. 59mg/L（属Ⅲ类水）。

$LGⅢ_{3-1}$ 三级水生态功能区中着生藻香农多样性指数为 2. 58，较高。

区内流域陆地特征：$LGⅢ_{3-1}$ 三级水生态功能区海拔地势较低，地貌类型以中高海拔洪积湖积平原为主。该区土地类型以林地为主，所占面积比例为 66. 9%，其次为农田和城镇建设用地，面积比例分别为 18. 7% 与 8. 8%，表明该区城镇化水平不高，生境质量较好。其中，林地多分布于区域河流两岸。

$LGⅢ_{3-1}$ 三级水生态功能区植被覆盖度较高，为 86. 5%，陆域系统对水资源的蓄积及调控能力较强，具有较好的水源涵养功能。

水生态功能：$LGⅢ_{3-1}$ 三级水生态功能区以生境维持与水源涵养为主导功能，生境质量较高，水源涵养能力较强，对滇池流域水生态健康的保护起到重要的作用。

水生态保护目标：维持该区当前的植被覆盖度，保持该区以生境维持与水源涵养功能为主导的生态功能结构，使其生境质量与生态系统结构维持在较好的状态。同时，应保障区域水体质量，确定近期水质目标为Ⅳ类水以上。

$LGⅢ_{3-1}$ 三级水生态功能区内四级分区见表6-23。

表 6-23 LGⅢ₃₋₁ 三级水生态功能区内四级分区

名称	编码	总面积（km²）/占全区面积比（%）	主要生态功能（及其等级）	压力状态	保护目标	管理目标与建议
七甸乡—自然水源无林地自然河道—鱼类与底栖保护管理区	LGⅢ$_{3-1-1}$	69.81/50.11	鱼类与底栖保护	中压力	滇池金线鲃等濒危土著鱼，以及滇池圆田螺等濒危底栖	水质级别要维持在Ⅲ类水以上，以便保护濒危土著鱼与濒危底栖等水生保护物种，同时，控制人为干扰，降低该区压力状态
七甸乡—自然水源有林地自然河道—底栖保护管理区	LGⅢ$_{3-1-2}$	69.51/49.89	底栖保护	低压力	椎实螺属等濒危底栖	水质级别要维持在Ⅲ类水以上，以便保护濒危底栖等水生保护物种，同时维持低压力状态现状

6.3.3.2 横冲水库—梁王河—林地—自然河道—生境维持与水源涵养功能区（LGⅢ$_{3-2}$）

位置与分布：属于呈贡—上游河流—森林—水生态亚区，该区北部位于呈贡县南部，南部位于晋宁县东北部。

河流生态系统特征：LGⅢ$_{3-2}$ 三级水生态功能区主要分布着梁王河与南冲河两条干流，河道类型以自然河道为主，区域河流蜿蜒度平均值为 1.265。该区分布有多个水库，包括横冲水库、韶山水库、红旗水库、白云水库和映山水库，极大地增强了该区蓄水调控能力。

LGⅢ$_{3-2}$ 三级水生态功能区水体偏弱碱性，pH 在 7.36～8.3 波动。区域水体营养程度为重度富营养，水质较差，主要是 TN 平均含量偏高。其中，水体中 DO 为 5.4mg/L（属Ⅲ类水），TN 平均含量为 11.06mg/L（劣Ⅴ类水），TP 平均含量为 0.05mg/L（属Ⅱ类水），NH$_3$-N 平均含量为 0.17mg/L（属Ⅱ类水）。

LGⅢ$_{3-2}$ 三级水生态功能区中大型底栖动物与着生藻香农多样性指数分别为 0.732 与 1.896，底栖物种多样性偏低。

区内流域陆地特征：LGⅢ$_{3-2}$ 三级水生态功能区海拔地势较低，地貌类型以中高海拔洪积湖积平原为主。该区土地利用类型以林地为主，所占面积比例为 73.8%，其次为农田与城镇建设用地，所占面积比例分别为 13.6% 与 8.9%，表明该区城镇化水平较低，生境质量较好。该区农田多分布于区域河流两岸。

LGⅢ$_{3-2}$ 三级水生态功能区植被覆盖度较高，为 89.2%，陆域系统对水资源的蓄积和调控能力较强，具有较好的水源涵养功能。

水生态功能：LGⅢ$_{3-2}$ 三级水生态功能区以生境维持与水源涵养功能为主导功能，生境质量较高，水源涵养能力较强，对滇池流域水生态健康的保护起到重要的作用。

水生态保护目标：维持该区当前的植被覆盖度，保持该区以生境维持与水源涵养功能为主导的生态功能结构，使其生境质量与生态系统结构维持在较好的状态，同时，应保障区域水体质量，确定近期水质目标在Ⅳ类水以上。

LGⅢ$_{3-2}$三级水生态功能区内四级分区见表6-24。

表6-24 LGⅢ$_{3-2}$三级水生态功能区内四级分区

名称	编码	总面积（km²）/占全区面积比（%）	主要生态功能（及其等级）	压力状态	保护目标	管理目标与建议
横冲水库—自然水源有林地自然河道—底栖保护管理区	LGⅢ$_{3-2-1}$	99.82/100.00	底栖保护	低压力	滇池圆田螺、环棱螺属等濒危底栖	水质级别要维持在Ⅲ类水以上，以便保护濒危底栖类等水生保护物种，同时维持低压力状态现状

6.3.3.3　八家村—大河—林地—人工河道—生境维持与水源涵养功能区（LGⅢ$_{3-3}$）

位置与分布：属于呈贡—上游河流—森林—水生态亚区，位于晋宁县八家村。

河流生态系统特征：大河贯穿于整个LGⅢ$_{3-3}$三级水生态功能区，河道类型以人工河道为主，多为三面光，少部分为自然河道；区域河流蜿蜒度较高，平均值为1.331。

LGⅢ$_{3-3}$三级水生态功能区水体偏中性，pH在7.3~7.6波动，波动范围不大。区域水体营养化程度为中度富营养，水质一般，主要是水中溶解氧较低，且TN平均含量偏高，表明该区陆域水质调节能力较弱。其中，水体中DO为1.3mg/L（劣Ⅴ类水），TN平均含量为3.15mg/L（劣Ⅴ类水），TP平均含量为0.18mg/L（属Ⅲ类水），NH$_3$-N平均含量为0.39mg/L（属Ⅱ类水）。

LGⅢ$_{3-3}$三级水生态功能区中大型底栖动物与着生藻香农多样性指数分别为0.997和1.862。

区内流域陆地特征：LGⅢ$_{3-3}$三级水生态功能区海拔地势较高，地貌类型以中高海拔中起伏山地为主。该区土地利用类型以林地为主，所占面积比例为78.8%，其次为农田与城镇建设用地，所占面积比例分别为12.8%与5.5%，表明该区城镇化程度不高，生境质量较好，具有良好的生境维持功能。其中该区农田多分布于区域河流两岸。

LGⅢ$_{3-3}$三级水生态功能区植被覆盖度较高，为92.4%，陆域对水资源的蓄积和调控能力较强，具有较好的水源涵养功能。

水生态功能：LGⅢ$_{3-3}$三级水生态功能区以生境维持与水源涵养功能为主导，生境质量较高，水源涵养能力较强，对滇池流域水生态健康的保护起到重要的作用。

水生态保护目标：维持该区当前植被覆盖度，保持该区以生境维持与水源涵养功能为主导的生态功能结构，使其生境质量与生态系统结构维持在较好的状态，同时，应保障区域水体质量，确定近期水质目标为Ⅳ类水以上。

LGⅢ$_{3-3}$三级水生态功能区内四级分区见表6-25。

表 6-25　LGⅢ$_{3-3}$三级水生态功能区内四级分区

名称	编码	总面积（km²）/占全区面积比（%）	主要生态功能（及其等级）	压力状态	保护目标	管理目标与建议
八家村—自然水源有林地自然河道—底栖保护管理区	LGⅢ$_{3-3-1}$	95.93/100.00	底栖保护	低压力	滇池圆田螺、萝卜螺属，以及膀胱螺属等濒危底栖	水质级别要维持在Ⅲ类水以上，以便保护濒危底栖类等水生保护物种，同时维持低压力状态现状

6.4　滇池—湖体—水生态功能一级区（LGⅣ区）

LGⅣ区位于滇池流域中部，24°51′57″N，102°42′9.0″E，面积为 309.5km²，被 LGⅢ区、LGⅤ区包围。

（1）自然环境特征

滇池属长江流域金沙江水系位于昆明市西南，属于断陷构造湖泊，是云贵高原湖面积最大的淡水湖泊。滇池南北长约 40.4km，东西平均宽约 7km，湖岸线长 163.2km，在 1887.4m 高水位运行下，平均水深为 5.3m，总蓄水量为 15.6 亿 m³。滇池多年平均入湖水量为 6.7 亿 m³，多年平均出湖水量为 4.17 亿 m³，多年平均蒸发量为 1.5 亿 m³，多年平均亏水量为 1.3 亿 m³，多年平均水资源量为 5.4 亿 m³。

（2）水生态系统特征

自 1996 年修建船闸以后，滇池被分割为既相互联系、又互不交换的两个部分，即草海和外海。草海位于滇池北部，平均水深为 2.5m，面积为 10.8km²（约占全湖面积的 3.6%）；正常高水位时水量约为 0.2 亿 m³（约占全湖水量的 2%），出入湖水量在一年中能得到不少于 6 次置换。外海为滇池主体，平均水深为 10.8m，面积为 283.8km²（约占全湖面积的 96.4%）；正常高水位时水量约为 12.7 亿 m³（约占全湖水量的 98%），出入湖水量交换周期需要 3 年以上。

滇池主要入湖河流共 29 条。汇入草海的入湖河流有 7 条，自北向南依次为乌龙河、大观河、新运粮河、老运粮河、王家堆渠、船房河、西坝河，其中水库下游河流两条，断头河流 5 条。汇入外海的入湖河流有 22 条，自北向南依次为采莲河、金家河、盘龙江、大清河、海河、六甲宝象河、小清河、五甲宝象河、虾坝河、老宝象河、新宝象河、马料河、洛龙河、捞鱼河、南冲河、淤泥河、老柴河、白鱼河、茨巷河、古城河、东大河、中河。

（3）对流域水生态系统的主要作用

长期以来，滇池外海一直作为昆明市主城区的饮用水源，多年平均供水量占流域城市总供水量的 10% 左右，因而其水环境功能被定为集中式饮用水水源地二级保护区。即便是 2006 年引水济昆工程完成后，外海将仍长期作为昆明市主城区的备用饮用水源。因此，LGⅣ区具有强水资源支持调节功能。

（4）水生态问题和管理与保护策略

滇池全湖及其湖滨带，除 LGⅢ区和 LGⅣ区的管理与保护措施外，还应当采取如下措施。

1）使滇池水量调度保证湖水水位不低于最低工作水位，并且满足沿湖居民的生活、生产和河道生态用水流量，对于特殊情况需要在最低工作水位以下取用湖水的，必须经昆明市人民政府批准，并报省水行政主管部门备案。

2）对组织实施跨流域调水全面规划、合理论证、科学调度，优先保障滇池保护的水量，其中，水行政主管部门加强调水工程的管理，根据调水计划，实施水量统一调度，市滇池行政管理部门着重维持滇池合理水位。

3）不得新建、扩建或者改建建筑物和构筑物，原有鱼塘和原有土地逐步实现还湖、还林、还湿地，原居住户逐步迁出。

4）加强滇池湿地生态系统建设和保护，在湖滨带建设、营造、管护滇池环湖湿地和环湖林带。

5）LGⅣ区内禁止填湖、围湖造田、造地等侵占水体或缩小水面的行为，在湖岸滩地搭棚、摆摊、设点经营等，擅自取水或违反取水许可规定取水。

6.4.1　滇池北—草海—湖体—水生态亚区（LGⅣ₁）

（1）水生态系统特征

LGⅣ₁亚区位于滇池人工闸的北部，面积为 10.8km²，约占全湖面积的 3.6%，其区域范围恰好是滇池草海。草海毗邻昆明市区南部，城市化水平较高，人为改造程度较大，草海湖滨带多以城市建设用地为主，只分布少量农地和疏林地；草海的北部湖滨带土壤类型以水稻土为主，西部湖滨带以红壤为主，东部则以沼泽土为主。

草海水生态亚区接纳了昆明城区的生活生产的回归水和地表径流水的断头河流，因此，其水质污染类型主要是生活生产污水。其中，水体中 SD 为 0.52m，TN 为 16.78mg/L，TP 为 1.46mg/L，COD_{Mn} 为 12.6mg/L，COD_{Cr} 为 41mg/L，BOD 为 12.8mg/L 和叶绿素 a 为 0.14mg/L，$NH_3\text{-}N$ 为 13.02mg/L，DO 为 0.52mg/L，$NO_3\text{-}N$ 为 0.51mg/L，pH 为 8.08。

草海水生态亚区浮游植物3门8科9属，总密度为 6235cells/m²，生态优势度指数为 0.29，香农多样性指数为 0.61，均匀度指数为 0.27，Margalef 丰富度指数为 1.03。

（2）水生态问题和管理与保护措施

该区为滇池草海区，其水生态问题主要是水质污染问题。污染源主要是由入湖河流汇入带来的城镇生活、工业点源污染。该区的管理和保护措施需要从陆地的污染治理入手，因此，保护管理措施与 LGⅢ₁区——昆明城区—人工河流—城镇—水生态亚区相同。

6.4.1.1　草海—人工湖堤—生物多样性维持功能区（LGⅣ₁.₁）

位置与分布：属于滇池北—草海—湖体—水生态亚区，位于滇池湖体草海内。

河流生态系统特征：LGⅣ₁.₁三级水生态功能区汇入了多条昆明城区断头河流，水体污染较严重，水质较差，水体富养养程度较高，水体自净调节能力较弱，其中，水体中 TN 平均含量为 5.62mg/L（劣Ⅴ类水），TP 平均含量为 0.233mg/L（劣Ⅴ类水），$NH_3\text{-}N$ 平均含量为 2.931mg/L（劣Ⅴ类水）。

LGⅣ$_{1-1}$三级水生态功能区湖体中叶绿素 a 含量与浮游藻类 SHDI 较高，分别为 0.101mg/L 与 3.041，藻类种类和数量均较高，表明该区具有较好的生物多样性维持功能。

区内流域陆地特征：LGⅣ$_{1-1}$三级水生态功能区紧邻昆明城区，城区城镇化水平较高，湖体周围多为人工湖堤。草海湖滨带以城镇建设用地为主，只分布少量农田与林地。

此外，LGⅣ$_{1-1}$三级水生态功能区被规划为一个公园，具有一定的景观娱乐功能。

水生态功能：LGⅣ$_{1-1}$三级水生态功能区以生物多样性维持功能为主导功能，对滇池生物多样性保护起到了极其重要的作用。

水生态保护目标：LGⅣ$_{1-1}$三级水生态功能区水质较差，水体富营养化程度较高，应确定近期水质目标为Ⅳ类水以上，确保水生生物的正常生存。

LGⅣ$_{1-1}$三级水生态功能区内四级分区见表 6-26。

表 6-26　LGⅣ$_{1-1}$三级水生态功能区内四级分区

名称	编码	总面积（km^2）/占全区面积比（%）	主要生态功能（及其等级）	压力状态	保护目标	管理目标与建议
草海—潜在适宜生境区维持管理区	LGⅣ$_{1-1-1}$	11.91/100.00	生境维持	高压力	无水生生物保护物种	水质级别要维持在Ⅳ类水以上，该区压力状态较高，应加大控制人为干扰强度

6.4.2　滇池南—外海—湖体—水生态亚区（LGⅣ$_2$）

（1）水生态系统特征

LGⅣ$_2$亚区处于外海，位于滇池南部，面积为 286.8km^2，约占全湖面积的 96.4%。周围主要为环湖农业区，湖滨带主要土地利用类型为农田，仅有少量城乡建设用地；植被类型多以农作物覆盖为主，兼有少量荒草；土壤类型受入湖河流影响，多发育为水稻土，外海西部入湖河流仅有古城河，对西部影响较小，大部分为红壤分布。

汇入 LGⅣ$_2$亚区（滇池外海）水生态亚区的入湖河流的污染类型为农业面源污染。其中，水体中 SD 为 0.42m，TN 为 2.13mg/L，TP 为 0.15mg/L，COD$_{Mn}$ 为 11.6mg/L，COD$_{Cr}$ 为 52mg/L，BOD 为 3.6mg/L 和叶绿素 a 为 0.07mg/L，NH$_3$-N 为 0.31mg/L，DO 为 7.0mg/L，NO$_3$-N 为 mg/L，pH 为 9.10。

LGⅣ$_2$亚区水生态亚区浮游植物 4 门 18 科 25 属，总密度为 14 683 cells/m^2，生态优势度指数为 0.33，香农多样性指数为 0.87，均匀度指数为 0.46，Margalef 丰富度指数为 1.18。

（2）水生态问题和管理与保护措施

该区为滇池外海区，其水生态问题主要是入湖河流汇入带来的农业面源污染问题，在管理上要结合农田林网建设，建造一些人工处理农田径流的生态工程：①植被过滤带：从水面的边缘处向外延伸一段指定的距离建设天然植被带，用永久性植被拦截污染物或有害物质。②湿地系统：在去除农业非点源污染方面是一个简单而有效的工具，通过物理、化学、生物的方式去除水中的有机质、氮、磷等营养成分。③多水塘系统：主要方法是修建暴雨滞留池，利用天然低洼地进行筑坝，或人工开挖而成，水塘的体积、水深、水力负荷应适中，使污染物得到有效沉降。

根据滇池湖岸带不同区段生态状况受损状况不同，因地制宜，分别采取不同措施，进行湖滨带湿地的恢复建设与保护，重构岸带生态系统。

6.4.2.1　外海北部—人工湖堤—水质调节功能区（LGⅣ$_{2-1}$）

位置与分布：属于滇池南—外海—湖体—水生态亚区，位于滇池湖体外海北部，紧邻草海。

河流生态系统特征：LGⅣ$_{2-1}$三级水生态功能区东部是整个滇池流域主要河流的入湖口处，湖流流速大，东部的农业面源污染是造成外海水质问题的主要原因。该区具有一定的水体自净调节能力，虽然该区整体水质状况较差，尤其是 TN、TP 含量偏高，其中，水体中 TN 平均含量为 1.94mg/L（属Ⅳ类水），TP 平均含量为 0.16mg/L（属Ⅴ类水）；但 NH$_3$-N 平均含量较低，为 0.22mg/L（属Ⅱ类水），表明水体具有一定的自净能力。

LGⅣ$_{2-1}$三级水生态功能区湖体中叶绿素 a 含量与浮游藻类香农多样性指数分别为 0.124mg/L 与 1.768。

区内流域陆地特征：LGⅣ$_{2-1}$三级水生态功能区湖体周围多为人工湖堤，湖滨带土地利用类型以农田为主，少部分为城镇建设用地。

水生态功能：LGⅣ$_{2-1}$三级水生态功能区以水质调节功能为主体，对湖体水质健康具有一定的促进作用。

水生态保护目标：LGⅣ$_{2-1}$三级水生态功能区虽然具有一定的水质调节功能，但整体来说水质较差，水体富营养化程度较高，应确定近期水质目标为Ⅳ类水以上，确保水生生物的正常生存。

LGⅣ$_{2-1}$三级水生态功能区内四级分区见表 6-27。

表 6-27　LGⅣ$_{2-1}$三级水生态功能区内四级分区

名称	编码	总面积（km^2）/占全区面积比（%）	主要生态功能（及其等级）	压力状态	保护目标	管理目标与建议
外海北部—水生植物多样性维持管理区	LGⅣ$_{2-1-1}$	222.35/100.00	水生植物多样性维持	中压力	种子库	水质级别要维持在Ⅳ类水以上，同时控制人为干扰，降低该区压力状态，以便湖体水生植物的恢复

6.4.2.2　外海南部—人工湖堤—水质调节与生物多样性维持功能区（LGⅣ$_{2-2}$）

位置与分布：属于滇池南—外海—湖体—水生态亚区，位于滇池湖体外海南部。

河流生态系统特征：有柴河、东大河及中河等部分干流会通过 LGⅣ$_{2-2}$三级水生态功能区汇入湖体。该区水体自净调节能力较强，水质整体状况较好，其中，水体中 TN 平均含量为 1.41mg/L（属Ⅳ类水），TP 平均含量为 0.14mg/L（属Ⅴ类水），NH$_3$-N 平均含量为 0.24mg/L（属Ⅱ类水）。

LGⅣ$_{2-2}$三级水生态功能区湖体中叶绿素 a 含量与浮游藻类香农多样性指数分别为

0.078mg/L 与 2.288，藻类种类较多；此外，该区还分布有螺蛳、日本沼虾等底栖清洁物种。

区内流域陆地特征：LGⅣ₂₋₂三级水生态功能区湖体以人工湖堤为主；湖滨带土地利用类型以农田为主，少部分为城镇建设用地。

水生态功能：LGⅣ₂₋₂三级水生态功能区以水质调节与生物多样性维持功能为主体功能，促进湖体水质健康及滇池生物多样性保护。

水生态保护目标：确定 LGⅣ₂₋₂三级水生态功能区近期水质目标为Ⅳ类水以上，以确保水生生物，尤其是底栖清洁物种的正常生存。

LGⅣ₂₋₂三级水生态功能区内四级分区见表6-28。

表6-28　LGⅣ₂₋₂三级水生态功能区内四级分区

名称	编码	总面积（km²）/占全区面积比（%）	主要生态功能（及其等级）	压力状态	保护目标	管理目标与建议
外海中南部—水生植物多样性维持管理区	LGⅣ₂₋₂₋₁	66.49/100.00	水生植物多样性维持	中压力	种子库	水质级别要维持在Ⅳ类水以上，同时控制人为干扰，降低该区压力状态，以便湖体水生植物的恢复

6.5　西山—海口河—水生态功能一级区（LGⅤ区）

LGⅤ位于滇池流域西部，24°52′34″N，102°38′38.6″E，面积为 88.77km²。区内包括子流域分区22（海口河流域），行政区划涉及西山区的碧鸡镇和海口镇。由于海口河是滇池唯一的出水口，且该子流域单元无任何入湖河流分布，所以与流域其他子流域单元相比，海口河流域的水资源支持调节功能和水质调节功能特殊，因而将其作为滇池流域水生态功能特区划分出来。

LGⅤ多年年均气温、降水量、蒸发量和干燥度分别为 13.9℃、987mm、977mm 和 0.98，属于亚热带湿润区；绝对高程为 2005m，属于高原区，地貌类型以黄土梁峁和洪积湖积平原为主；土壤类型以红壤为主；湖库率几乎为0，属于河网分布稀疏区。

6.5.1　西山—海口河—森林—水生态亚区（LGⅤ₁）

该亚区维持原一级分区边界，所以同西山—海口河—水生态功能一级区说明。

6.5.1.1　西山—海口河—林地—生境维持功能区（LGⅤ₁₋₁）

位置与分布：属于西山—海口河—森林—水生态特区，位于西山区，临近滇池湖体外海西部。

河流生态系统特征：LGⅤ₁₋₁三级水生态功能区分布着滇池唯一的出水口海口河，且该子流域单元无任何入湖河流分布；区域河流蜿蜒度极低，为 0.355。

区内流域陆地特征：LG V$_{1-1}$三级水生态功能区地貌类型以中高海拔丘陵为主。该区土地利用类型以林地为主，所占面积比例为63.0%，其次为城镇建设用地，面积比例为22.9%，该区城镇化程度不高，生境质量较好，具有良好的生境维持功能。

LG V$_{1-1}$三级水生态功能区植被覆盖度不高，为74.9%，区域对水资源的蓄积及调控能力一般，水源调蓄功能表现不明显。

水生态功能：LG V$_{1-1}$三级水生态功能区以生境维持功能为主导功能，生境质量较高，对滇池流域生态健康起到一定的保护作用。

水生态保护目标：维持该区当前的植被覆盖度，以减弱对生境的破坏，并维持当前水源涵养功能水平，同时，应保障区域水体质量，确定近期水质目标为Ⅳ类水以上。

LG V$_{1-1}$三级水生态功能区内四级分区见表6-29。

表6-29　LG V$_{1-1}$三级水生态功能区内四级分区

名称	编码	总面积（km^2）/占全区面积比（%）	主要生态功能（及其等级）	压力状态	保护目标	管理目标与建议
西山—自然水源无林地人工河堤—鱼类保护管理区	LG V$_{1-1-1}$	88.77/100.00	鱼类保护	中压力	滇池金线鲃、侧纹云南鳅等濒危土著鱼	水质级别要维持在Ⅲ类水以上，以便保护濒危土著鱼，同时控制人为干扰，降低该区压力状态

第7章 基于水生态功能分区的水生态系统安全评价

滇池紧邻昆明市区，周边人口超过 300 万，是昆明及其周边主要的生产和生活用水水源之一，也是著名的风景名胜地。随着昆明市不断发展，需水量将成倍增加，滇池现有水量已经很难满足昆明和周边地区的水资源需求。如果依靠调水获得发展所需求的水资源，将增加周边自然和社会经济压力。同时，滇池湖泊严重富营养化，蓝藻水华全湖蔓延。蓝藻水华释放的毒素及其他污染源物已在一定程度上威胁到人民群众的身体健康。滇池流域作为昆明和周边地区的自然基础，显示了较高的不安全性。因此，本章将以水生态功能二级分区为基本单元，将客观定量指标与人群主观安全感受相结合，对滇池流域水生态系统安全进行评价，即作为水生态功能分区的应用案例，也为滇池流域水生态安全综合管理策略的制定提供依据。

7.1 水生态安全的概念和内涵

7.1.1 生态安全的内涵与外延

生态系统与"安全"观的联系应当追溯到美国自然资源研究者 Lester R. Brown 早期对农业与粮食安全的研究。Brown 在 1963 年提出，如果粮食供应不能满足人口增长的需求，就可能对人类社会的生存和发展形成威胁。其实质是，如果人类的社会经济发展超出所在区域的生态承载力，人类发展持续性将发生断裂，出现安全隐患。1977 年发表的《重新定义国家安全》（*Redefining National Security*）中，首次将环境安全（environmental security）列为国家安全的内容组成，这一思想延续至今，并成了生态环境安全研究的主流思想。国际应用系统分析研究所（IIASA）在 1989 将生态安全定义为：人类在生产、生活、基本权利和健康等方面不受生态破坏与环境污染等影响的保障程度，包括饮用水与食物安全、空气质量与绿色环境等基本要素。而狭义的生态安全则主要指自然和半自然生态系统的安全，即生态系统完整性和健康的整体水平反映。

根据文化、社会政治和经济制度的不同，生态安全的定义和具体内涵稍有差异。IIASA 提出的广义生态安全是迄今为止认可度最高的概念。我们认为生态安全包括两个方面，一是生态风险，二是生态系统健康。健康的生态系统是稳定的和可持续的生态系统，能够维持自身的组织结构和基本功能，具备对胁迫的恢复力。而不健康的生态系统是功能结构和功能不完全的生态系统，其安全状况则处于受威胁之中。生态健康是生态安全的基础，有很多时候甚至具有一致性，而生态风险表征了环境压力造成危害的概率和后果，相对来说，它更多地考虑了突发事件的危害。

如果将生态安全的定义外延，生态安全就是具有可持续发展性的自然社会复合生态系统。1981 年《建立一个可持续的社会》（*Building a Sustainable Society*）最早提出可持续发展思想雏形，也是最早将生态环境安全与可持续发展紧密联系的研究。从这个意义上来说，生态安全可以理解为包含了"人口–经济–社会"和"资源–环境–生态"两大系统的可持续发展。两大系统之间构成一个动态联系和相互反馈的循环。良性循环是安全的，而恶性循环则不安全。自然生态系统功能对人类社会可持续发展的支持力度是生态安全的外延。

7.1.2 湖泊流域水生态系统安全概念和内涵

根据上述，生态安全具有广义和狭义两种概念。广义生态安全以 IIASA 提出的为代表，指在人类的生产和生活各方面不受威胁的状态。狭义生态安全是指自然和半自然生态系统的安全，即生态系统完整性和健康程度的整体水平（肖笃宁等，2002）。

在研究滇池流域水生态系统安全中，我们选择狭义生态安全定义，即将湖泊生态安全定义为"在人类活动影响下维持湖泊生态系统的完整性和生态健康，为人类稳定提供生态服务功能和免于生态灾变的持续状态"。这个定义包含以下 4 层含义：①安全的基础是湖泊水生态系统是否健康和完整。在流域内安全的水生态系统不一定健康，健康的水生态系统一定安全；②安全变化的原因是人类活动影响，即人类活动对水质和水量的改变是影响流域水生态系统安全的主要因素；③安全变化的结果是湖泊生态服务功能的削弱、中断，甚至发生生态灾变。水体富营养化是降低湖水生态系统服务的主要原因，湖泊藻华是水生态系统的典型灾变；④生态安全是一个动态的概念，应从动态和历史的角度评价（图 7-1）。

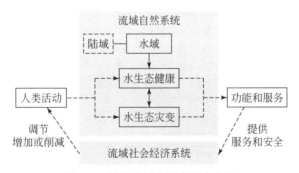

图 7-1 滇池流域水生态安全内涵

在这个定义下，湖泊流域水生态系统是否安全，可以具体表述为，流域生态系统主要由自然生态系统与社会经济系统两部分构成，而流域生态系统的安全评估也是基于二者之间的相互影响所建立的。水域是流域自然系统的重要组成部分，本书将重点关注流域水生态系统的安全评估；水生态系统安全的流域，其社会经济系统与自然系统处于相对平衡的状态，社会经济系统通过对人类活动进行合理的调控，使其处于流域水生态系统承载力范围之内，不会对流域水生态系统产生负面影响。水生态系统结构处于稳定平衡的健康状态，生物多样性与环境协调一致，不发生生态灾变，自然系统能够为社会经济系统提供稳定、持久的服务功能；而水生态系统不安全的流域，则由于社会经济系统与自然系统相对失衡，过度的人类活动影响使流域水生态系统不断恶化。流域水生态系统结构和功能不完整，藻类或其他耐污水生物群落占绝对优势，水生态系统脆弱，处于不稳定的非健康状态，易发生生态灾变；自然系统无法为社会经济系统提供连续的生态服务，或生态价值较低。

水生态系统安全评估就是对流域内人类活动强度、水生态系统的结构和功能完整性、水生态系统灾变概率和水生态系统的服务功能进行评估，确定水生态系统安全程度的过程。

7.2 滇池流域水生态系统安全评估方法

7.2.1 生态安全评估方法综述

由于对生态安全概念的理解具有差异，国外多将自然系统安全作为一个管理问题，很少对生态系统安全做单独评估。而中国则将生态安全作为表征和监测生态系统状态的一个指标，用于对系统的评估，支持管理对策的制定。下面将通过对中国生态安全评估相关研究进行梳理，选取与流域水生态功能评价相关的生态安全评估案例及所采用的评价方法，列于表 7-1 中，为滇池流域生态安全评估提供借鉴。

表 7-1 中国生态安全评估方法总结

评估对象	指标	评估概念模型	文献
国家生态安全与区域生态安全	(1) 状态：国土状态、水状态、大气状态、生物多样性状态； (2) 压力：人口压力、经济水平压力、经济发展压力； (3) 响应：国内投资增长率等反映总体经济实力和效率的综合指标 (4) 生态环境系统安全状态指数：气候灾害频度、地质灾害频度、地形地貌、第一性生产力（NDVI）、生态环境系统弹性度、土壤侵蚀强度、植被盖度、景观结构指数、景观碎化度指数等； (5) 人文社会压力：环境人口负荷、交通线缓冲区分级、居民地缓冲区分级、人口密度、人寿和健康状况等； (6) 环境污染压力：大气污染、水体污染、土地污染、农业污染； (7) 人文社会响应：压力调整、状态改善	压力－状态－响应	王韩民和郭玮（2001） 左伟等（2002，2004）
国家环境安全	(1) 压力：社会用水指数、经济用水指数； (2) 状态：清洁饮水指数、水体生态干扰指数、水资源紧缺指数、水环境质量指数、水污染纠纷指数； (3) 响应：节水指数、水污染治理指数、水环境管理指数	压力－状态－响应	王金南等（2007）
旅游地	生态环境压力（人口压力、土地压力、水资源压力、污染物负荷、旅游资源压力）；生态环境质量（旅游环境质量、旅游生态质量）和生态环境保护整治及建设能力（投入能力、科技能力）	压力－状态－响应	董雪旺（2004）
生态灾变	风险隐患（大气圈、水圈、岩石圈、生物圈、人类活动）；危害评价（压力-状态-响应评价、直接易损度、综合易损度）	风险：隐患－危险－危害	王耕等（2007）

评估对象	指标	评估概念模型	文献
水环境	(1) 压力系统指标：年末人口、耕地面积、总用水量、工业废水排放量、生活污水排放量、人均年用水量等； (2) 状态系统指标：地表水资源供水量、地下水开采淡水资源量、年径流量等； (3) 响应系统指标：用于基本建设的固定资产投资、环境保护投资占国内生产总值比例、工业废水排放达标率等	压力-状态-响应	何焰等（2006）
饮用水源地	岸线利用与腹地利用某范围内： (1) 水污染状况与排污口的分布； (2) 水源地周边地区土地利用类型； (3) 水源地周边地区土地利用强度		朱红云等（2004）
河流流域	(1) 压力：固体废弃物排放量、工业废水排放量、工业废气排放量、化肥施用折纯量、农药使用量、产值密度、沙化面积变化率、人均国民生产总值； (2) 状态：土地面积、年末总人口、人口密度、农作物种植面积、人均耕地面积、固定资产投资额、地方财政支出、人均可利用水资源量； (3) 响应：教育经费支出比例、环境污染治理投资、城乡居民储蓄余额、各类专业技术人员、农牧业机械总动力	压力-状态-响应	王耕和吴伟（2005）
河流流域	(1) 压力：人类驱动（人口数量、经济发展、社会进步）、自然变化（温度变化、降水变化）； (2) 状态：结构安全（人-地结构、地-地结构）、功能安全（土地生产功能、水资源供给功能、环境承载功能、环境调节功能、生多保护功能）；土地生产功能、水资源供给功能、环境承载功能、环境调节功能、生物多样性保护功能； (3) 响应：压力响应（人口发展响应、经济发展响应、社会进步响应）、状态响应（结构安全响应、功能安全响应）	压力-状态-响应	高吉喜等（2007）
河流流域	(1) 生态压力：人口压力、土地压力、资源压力、污染物压力、能源压力； (2) 生态状态：植被覆盖度、农作物耕作指数、25°坡耕地比例、水质达标率、粮食自给率、抗灾率、物种多样性指数、单位面积农药负荷、水资源总量、恩格尔系数； (3) 生态效应：防风固沙效应、温度效应、湿度效应、水文效应、土壤效应、涵养水源、水土保持、净化空气、局部气候效应、固碳释氧、改善物质循环、生物多样性效应、植被效应、改善农田环境效应	压力-状态-响应	王宏昌等（2006）
河流流域	(1) 自然生态环境状态指数：海拔、坡度、第一性生产力、土壤类型分布、土壤有机质分布、土壤侵蚀模数、沙漠化缓冲区分级、植被覆盖度、年降水量； (2) 人文社会压力指数：交通线缓冲区分级、居民地缓冲区分级、淹没区缓冲区分级、人口密度、农民人均纯收入、人均耕地面积、人均粮食产量、人均油料产量、乡镇财政收入、人均牲畜头数； (3) 环境污染压力指数：工业废水排放总量、工业废气排放总量、工业粉尘排放量、单位面积耕地的化肥使用量		喻锋等（2006）

评估对象	指标	评估概念模型	文献
湖泊流域	(1) 压力：水土流失面积、人均耕地、人均活立木蓄积量、人均水资源量、化肥施用量、农药使用量、农膜残留量、人口密度、区域开发指数、人均财政收入； (2) 状态：土壤侵蚀指数、森林覆盖率、工业用水量、农业用水量、生活用水量、水环境质量、秸秆综合利用率、粪便集中处理率、文盲和半文盲人数比、城镇密度、农民人均纯收入、经济密度； (3) 响应：受保护土地占国土面积比例、沼气普及率、科技教育投入占 GDP 比例、农村发展综合指数、人均固定资产投资、第三产业比例、人均 GDP	压力-状态-响应	吴开亚等（2007）（巢湖）
	(1) 状态：人均耕种面积、单位土地面积人口密度、生物多样性、森林覆盖率、森林植被退化度、自然灾害频率及损失、水土流失率和污染程度等； (2) 压力：人口增长率、人均 GDP 及其增长率、农业人口占总人口比例、农村年人均收入及年收入增长率、贫困线以下人口比例、人均寿命、人均能源消耗等； (3) 响应：生态保护资金及项目投入、资源利用率、农业生产率（含单位面积产量/单位土地面积产值）等	压力-状态-响应	刘明等（2007）（洞庭湖）

近十年来我国开展了从国家层面到流域和地方的不同尺度的生态安全评估，为建立我国生态系统安全提供了基础。在现有的生态安全评估中，多数采用环境评估中的压力-状态-响应模型，确定评估对象和评估指标。其中，人口和 GDP 为最常用的压力指标，水质和水量为最常用的环境状态表征和评估指标。这些现有工作为滇池流域水生态安全评估提供了很好的借鉴。

7.2.2 滇池流域水生态系统安全评估框架

基于上述滇池流域水生态安全概念和内涵的分析，采用下列框架（图 7-2）对滇池流域水生态系统安全进行具体评估，即以滇池流域水生态功能区划为基本单元，通过分析流域范围内人类活动对水生态系统的压力、流域水生态系统的健康、水环境安全和水生态系统对生物多样性的维持功能（水生物安全），确定水生态安全评估指标，通过模型计算获得滇池流域的总体水生态安全状态，以及各生态亚区（二级水生态功能区）的 4 个安全评估因子差异（图 7-8 ~ 图 7-17）。

（1）人类活动压力评价

水生态安全与人类活动是一个交互影响的过程。水生态安全是水生态系统对流域社会经济可持续发展影响的反映，而人类活动对水生态系统可以形成破坏性影响。这种破坏性影响除了传统安全领域关注的自然灾害和战争等，还包括生态环境破坏带来的资源供应能力削弱和环境容量下降。这些容量和服务功能的下降又会反过来影响人类社会经济活动。两者之间构成了一个相互作用与反馈的循环系统。这两个系统之间如果是良性循环，则安

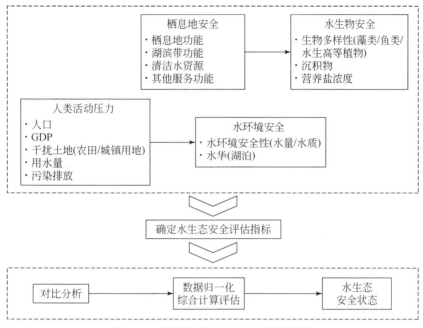

图 7-2　滇池流域水生态安全评估框架

全；若为恶性循环，则不安全。因此，也可以说，流域人类活动是导致水生态安全问题的主要驱动力和直接压力。若流域内人口增长、社会经济开发强度超出了流域水生态承载力，则致使流域水生系统处于退化过程，水生态过程受到削弱乃至中断，导致流域出现水生态安全问题。

人类活动可能对流域水生态形成直接和间接的压力。来自于人类自身最大化发展和持续发展的需求，导致经济规模超出水生态系统承受力，为人类活动的间接压力；人类活动中对流域水资源的利用、污染排放和对水生态系统结构的直接改变，则为直接压力。滇池流域在过去乃至今后一段时间，处于人口和经济的增长阶段，且增长过程依然对流域水生态系统具有很高的依赖程度，确定人类活动与生态安全呈负相关关系，即流域社会经济总量越大，人口越多，则对流域水生态系统的干扰越大，越不安全。土地利用反映了流域土地自然覆被状态。土地从自然状态转化为硬地面，改变了流域的下垫面条件，改变了流域非点源污染的迁移转化过程，对流域水体的水量和水质产生负面影响，进而影响流域水生态系统的安全。

（2）水环境安全

湖体的蓝藻水华是富营养湖泊集中关注的生态灾变。然而湖体作为全流域的最终受体，入湖河流作为流域水系的主要组成部分和湖体营养的输送源，其水环境安全性不仅是湖泊流域水生态安全的重要组成，还是湖体安全的主要胁迫。因此，评估滇池流域水生态灾变指标，主要考虑入湖河流的水环境安全性，尤其是与养分输送相关的河流水量和水质中的营养盐含量。

（3）生物栖息地安全性评估

健康生态系统是指一个动态、有层级和创造能力，在一定限度内能够自我调控、恢复

195

稳定的综合系统。在外界胁迫下，生态系统超过这个弹性能力后，就会出现系统结构和功能的急剧变化。从生态安全角度，水生物栖息地作为水生态系统的重要组成部分，其安全状态是全流域水生态安全的基本保证。在一定的污染或人为干扰范围内，生物栖息地安全决定着生态系统的安全。

（4）水生生物安全评估

将生态服务功能纳入水生态安全的评估，是以人为中心建立起的安全观。生态系统服务是指人类从生态系统获得的各种收益，主要指由《千年生态系统评估报告》提出对人类产生直接影响的供给服务、调节服务和文化服务，以及维持其他服务所必需的支持服务。湖泊流域水生态系统，通过为流域内人类社会经济系统提供饮用水源地、生物资源与生物栖息地、污染物净化、旅游、航运、发电、防洪防旱、水产品、文化景观等服务，成为流域水生态安全的重要组成部分。在滇池水生态系统服务中，由于人类对渔业资源和纳污功能的过度使用，导致滇池流域的主要问题是水体营养盐超过国家劣Ⅴ类标准。同时，滇池流域内入湖河流鱼类减少，湖体渔业产量降低，水生态系统的生态服务功能整体下降，使流域水生态系统整体出现安全问题隐患。因此，滇池流域水生物群落的生态安全与其提供的生态服务功能具有一致的变化关系。其水生物群落越稳定，所能够提供的生态服务功能价值越大，流域水生态系统越安全。

7.2.3　滇池流域水生态系统安全评估指标

（1）人类活动压力指标

人类活动压力指标最常见的是人口指标，通常为人口、人口密度、人口自然增长率、人口迁入迁出数量等。人口常常与污染排放总量有联系，人口密度则与土地利用方式和利用强度有关。

经济指标主要用经济数量和经济结构确定流域经济发展水平和经济活动强度。经济数量指标包括GDP，人均GDP，第一、二、三产业总值及其他国民社会经济统计的常规统计项目等；经济结构指标包括工业比例、第三产业比例、工农业产值比、单位土地GDP等。

土地利用指标：土地利用变化用来反映流域快速城市化进程，属于水生态安全性的驱动力。通过不同土地利用的比例变化来表征人类通过改变陆地水文过程，改变水生态系统污染物的输入模式和输入量。

还可以用污染物排放量、水资源量等其他间接指标，一起表征构成人类影响对水生态安全的直接压力。表征污染物排放的指标包括污染物入湖总量及点源或面源的入湖总量、入湖河流水质等，其计算方式包括总量指标、单位湖泊面积负荷、单位湖泊体积负荷等多种形式。水资源利用指标包括湖库或流域提供的水资源总量和人类活动对水资源的利用量。常用的水量指标包括水资源可利用总量、水资源利用总量、水资源利用比、入出湖水量比、人均水资源量、生态需水量等。

（2）水环境安全

水环境安全主要选取表征流域水环境状态和湖体藻类生长的指标，包括水体理化性质变化（N、P、pH、DO等）；藻类生物多样性变化、鱼类分布变化、生产量变化等，水体藻毒素数量和分布等。

（3）栖息地安全评估

栖息地安全通常用非生物指标表征。非生物指标主要有水质常规监测项目，以及与生物相关的综合营养指数（TSI）等；栖息地质量综合评估指标也常常用来表征栖息地安全性。

（4）水生物安全

水生物状态表征指标很多，包括群落层次的浮游植物生物量（Bp）、浮游动物生物量（Bz）、大型浮游动物生物量（Bmacroz）、小型浮游动物生物量（Bmicroz）、浮游动物与浮游植物生物量的比值（Bz/Bp）、大型浮游动物与小型浮游动物生物量的比值（Bmacroz/Bmicroz）和系统层次的能质（Ex）和结构能质（Exst）；浮游植物数量、物种多样性指数、藻类碳吸收率、浮游植物群落初级生产量、浮游植物群落初级生产量与呼吸量比（P/R）、浮游植物群落初级生产量与生物量比（P/B）、鱼产量与浮游植物群落初级生产量比（F/P）等。而作为水生物顶级群落的鱼类，其种类分布变化是较为显著的水生物安全评估指标。

根据滇池流域水生态安全评估目的和框架，提出其具体评估指标（表7-2）。

表 7-2　滇池流域水生态安全评估指标

安全评估内容	评价指标
流域压力因素与强度	人类活动干扰的土地面积百分比
	人口密度
	单位土地 GDP
水环境安全性	径流深
	TN
	TP
	$NH_3 - N$
	藻毒素
栖息地安全性	径流深
	$NH_3 - N$
	pH
	DO
水生物安全	土著鱼的种类和分布范围

7.3　滇池流域水生态系统安全评估

7.3.1　人类活动引起的流域压力评估

流域压力主要是指因人类活动形成的社会环境对流域所产生的压力。通常人口越密集、经济越发达的区域，人类活动越强烈频繁，所产生的压力强度越大，对流域水生态系统的影响也就越大。

在滇池流域，人类对自然环境的利用和改造直接表现为人类对流域内土地利用的改变。滇池流域土地种植的主要作物为粮食、蔬菜、水果和油料等，其化肥投入是滇池流域化肥氮、磷流失的主要来源。同时，农业用地还造成湿地破坏严重，生态环境脆弱；城市化进程使滇池的饮用水服务功能相对减少，并带来了更多的污染物。

人口增长间接对滇池水资源安全产生质和量两方面的压力。人口增长使得滇池流域用水量，特别是城市生活用水量迅速增加。据统计，1990年滇池流域人均生活用水为135 L/（人·d），2000年达到191 L/（人·d），2010年达到217 L/（人·d），20年增加了60.7%；同时，为了满足人口增长需求所进行的生产和生活活动，流域产生的大量污染物致使水质急剧恶化；人口增加，导致了滇池流域的水量性缺水和水质性缺水。

滇池流域国民生产总值逐年递增，在给流域带来经济效益的同时，也给生态环境带来了巨大的压力。农业面源污染成为滇池流域的重要污染来源，工业点源污染的数量明显增加，第三产业（特别是旅游业）的飞速发展、旅游人口的剧增加剧了滇池水环境所受的压力。

因此，根据滇池流域的人类活动现状和数据资料的调查情况，选取人类活动干扰的土地面积百分比、人口密度、单位土地GDP作为流域压力分析的量化指标，反映流域安全程度。

在滇池流域人类活动引起的流域压力评估中，人类活动干扰的土地面积的百分比定义为城市用地与农业用地面积总和占二级分区单元的比例；人口密度为每平方千米土地上的人口总数，即各分区单元单位面积上的人口数；单位土地的GDP为各分区单元单位面积上的GDP总量（2010年的全流域内国民生产总值）。

对以上计算出来的滇池流域压力指标进行归一化赋值，并对归一化赋值后的各项指标进行指标综合，计算流域压力综合指标值X_i，计算方法为

$$X_i = A_i + B_i + C_i (i = 1, 2, 3, \cdots, 10) \tag{1}$$

式中，A_i为第i个亚区的人类活动干扰的土地面积百分比归一化值；B_i为第i个亚区的人口密度归一化值；C_i为第i个亚区的单位土地GDP归一化值，获得流域压力指标综合值（表7-3）。

表7-3　滇池流域不同水生态功能亚区的人类活动状态

分区编码	人类活动干扰的土地面积百分比/%	人口密度/（人/km²）	单位土地GDP/（万元/km²）	流域压力综合值
LG I₁	29.9	155	340	0.17
LG I₂	44.0	198	423	0.48
LG I₃	21.5	257	472	0.04
LG III₁	58.8	3616	17557	2.76
LG III₂	70.3	445	978	1.12
LG III₃	34.8	221	743	0.32
LG IV₁	—	—	—	2.76
LG IV₂	—	—	—	1.12
LG II₁	30.4	169	313	0.19
LG V₁	37.6	604	2219	0.57

注：LG IV₁、LG IV₂为滇池湖体，所受的压力强度指数用相邻陆地亚区的指数来代替。

各水生态功能亚区人类活动干扰程度：根据上述对人类土地干扰面积比率指标的定义，干扰面积越大，表示人类活动多流域水生态系统安全的胁迫就越大。LGⅢ₁为昆明市区，城市化程度高，城市用地多，LGⅢ₂大部分为农业区，农业用地比例大，根据计算结果，这两个亚区的人类活动干扰的土地面积百分比均大于50%，显示了较高的人类活动干扰；在LGⅠ₁、LGⅤ₁、LGⅢ₃、LGⅡ₁、LGⅡ₅个亚区，人类活动干扰的土地面积百分比平均比在30%~45%，LGⅣ₁和LGⅣ₂亚区是滇池水体区域，没有受人类活动干扰的土地。

各水生态功能亚区人口密度分析：LGⅢ₁亚区为昆明市区，人口集中，人口密度高达3616人/km²；LGⅢ₂和LGⅤ₁两个亚区地处滇池周边，分布着较多人口，人口密度次之；LGⅠ₁、LGⅠ₂、LGⅠ₃、LGⅢ₃、LGⅡ₅个亚区人口密度较小，平均在200人/km²左右；LGⅣ₁和LGⅣ₂亚区是滇池水体，无人居住，人口密度为0人/km²。

各水生态功能亚区经济活动强度分析：LGⅢ₁亚区为昆明市区，经济发达，单位土地GDP最高；LGⅤ₁亚区工业较发达，单位土地GDP次之；LGⅢ₂亚区农业较发达，单位土地GDP居中；LGⅠ₁、LGⅠ₂、LGⅠ₃、LGⅡ₄个亚区多为山区，单位土地GDP较低。

将各指标归一化并综合求和后，获得各水功能亚区的流域压力指数，其空间分布展示如图7-3所示。图中综合指标值越大，流域所承受的外界压力强度越大，水生态系统安全性则越低。滇池流域各水生态功能亚区的外在压力强度由大到小依次为LGⅠ₃、LGⅠ₁、LGⅡ₁、LGⅢ₃、LGⅠ₂、LGⅤ₁、LGⅢ₂、LGⅣ₂、LGⅢ₁、LGⅣ₁。其中，LGⅠ₃亚区流域压力强度最小，受人类活动干扰最轻。

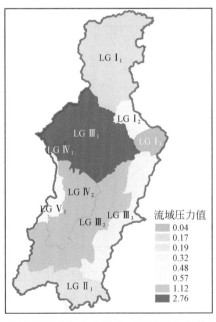

图 7-3　滇池流域水生态功能亚区流域压力指数空间分布

7.3.2 水环境安全性评估

水环境是一个完整的生态系统，是水量与水质的统一体。水体保持足够的水量、安全的水质，才能维护水生态系统的正常结构和功能，才能在保障水生生物基本生存的同时，满足人类生产和生活的需要，使流域内自然和社会发展处于可持续的安全状态。可以说充足的水量和良好的水质是水生态系统安全性的必要条件。对于湖泊而言，水质变差极易导致其发生蓝藻水华等生态灾变，从而影响水环境安全，所以应将水华暴发考虑进湖泊的水环境安全评估中。

滇池流域水资源十分贫乏，水资源的时空分布极其不均，且过度开发利用，导致水资源供需矛盾尖锐，很难维持全流域的可持续利用和稳定供给。目前，滇池流域内人均水资源量由 20 世纪 50 年代的 900 m^3/人下降到了 165 m^3/人，低于云南省和全国的人均水资源水平。水体污染与富营养化持续增加，目前滇池水质总体为劣V类，TN、TP、COD_{Cr} 与 NH_3-N 含量严重超标，严重影响用水安全。水资源短缺、富营养化和水质污染严重是导致滇池流域水环境安全的主要问题。此外，滇池湖体的藻毒素含量是影响其水环境安全的一个重要因素。

因此，根据滇池流域水环境现状和数据资料可得性，选取水资源量的径流深和水质污染因子 TN、TP、NH_3-N 作为水环境安全性分析的量化指标。对于湖泊而言，将藻毒素含量作为水华暴发概率的量化指标，获得滇池流域各个水生态功能亚区的水环境安全性指标，列于表 7-4 中。

表 7-4 不同亚区的水资源与水质污染状态

亚区编码	径流深/mm	TN/（mg/L）	TP/（mg/L）	NH_3-N/（mg/L）	藻毒素/（mg/L）	水环境安全性综合指数
LG I$_1$	370	0.34	0.51	0.19	—	2.16
LG I$_2$	180	3.29	0.19	0.32	—	1.98
LG I$_3$	360	2.44	0.04	0.17	—	2.21
LG III$_1$	150	12.36	0.75	7.59	—	1.45
LG III$_2$	180	3.78	0.18	0.98	—	1.96
LG III$_3$	130	0.59	0.51	0.22	—	1.92
LG IV$_1$	1160	17.39	1.53	13.54	0.038	1.85
LG IV$_2$	1160	2.25	0.15	0.33	0.248	1.96
LG II$_1$	340	0.75	0.12	0.33	—	2.20
LG V$_1$	—					

通过对滇池水质指标进行归一化赋值，并对归一化赋值后的各项指标进行指标综合[式（1）]，再根据水量指标归一化值和水质综合指标归一化值，获得水环境安全性综合指数=水量指标归一化值（0，1）+［1-水质综合指标归一化值（0，1）］，对于湖泊而言，水环境安全性综合指数=水量指标归一化值（0，1）+［1-水质综合指标归一化值（0，1）］+［1-水华暴发概率归一化值（0，1）］，列于表 8-4 中。其中，水环境安全综合指数越大，流域的水环境安全性越高。

由各亚区水环境安全指数空间分布绘图（图7-4）可以看出，水环境安全的各亚区排序由大到小依次为 LGⅠ₃>LGⅡ₁>LGⅠ₁>LGⅠ₂>LGⅣ₂>LGⅢ₂>LGⅢ₃>LGⅣ₁>LGⅢ₁。其中，LGⅠ₃亚区水环境安全性最高，水量和水质状况较为理想。

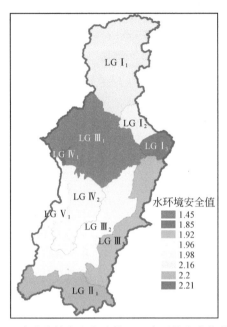

图7-4　滇池流域水生态功能亚区水环境安全指数分布

7.3.3　生物栖息地安全性

当水生态系统中的水量、水质和底栖环境受到威胁时，相关水生生物的栖息地安全将受到不同程度的影响。鱼类作为滇池流域水生态系统中食物链的顶端生物，其栖息地状态将直接反映滇池流域生物栖息地的安全性。

滇池流域具有土著鱼类26种，其中，11种为滇池特有鱼种。过去50年，因为人类活动的干扰，土著鱼种急剧下降，11种土著鱼类现在只有银白鱼还生活于滇池湖体。因此，选择银白鱼作为滇池生物栖息地安全性评估的指示物种。

水是银白鱼的生存环境，其呼吸、进食、排泄等各项生理活动都在水中进行。一般来说，水量越大，越有利于银白鱼生存。水体中DO的含量为5~8mg/L，银白鱼的安全水体DO在4mg/L以上；缺氧严重时，银白鱼大量浮头，游泳无力，甚至窒息而死。水中的氨氮以分子氨和离子氨存在，离子氨对银白鱼来说无毒，分子氨却对银白鱼具有较大毒性。我国渔业水质标准规定的安全分子氨浓度为小于0.02mg/L，如果分子氨浓度为0.2~0.5mg/L，对银白鱼有轻度毒性，易发病。浓度超过0.5mg/L，极易导致其中毒、发病，甚至死亡。银白鱼生长的安全pH范围是6.5~8.5，pH过低，其血液的pH下降，血红蛋白载氧功能发生障碍，导致鱼体组织缺氧；pH过高，不仅会腐蚀鳃组织，造成呼吸障碍，而且使离子 NH_4^+ 转变为分子氨 NH_3，毒性增大。

根据滇池流域的生物栖息地现状和数据资料的调查情况，选择银白鱼最敏感的水量、

DO、NH_3-N、pH 作为生物栖息地安全性分析的量化指标，获得滇池流域各水生态功能亚区的生物栖息地状态，即各生态亚区径流深、NH_3-N、pH、DO 列于表 7-5 中。

从表 7-5 中可以看出，LGⅣ$_1$、LGⅣ$_2$ 为滇池水体，径流很深；LGⅠ$_1$、LGⅠ$_3$、LGⅡ$_1$ 3 个亚区的径流深较高，平均大于 340mm；LGⅢ$_1$、LGⅢ$_2$、LGⅢ$_3$ 的 3 个亚区为河流中下游子流域，平均径流深为（210mm，298mm）；LGⅠ$_2$、LGⅢ$_1$、LGⅢ$_2$ 和 LGⅢ$_3$ 4 个亚区径流较浅，LGⅢ$_3$ 亚区是农田下垫面，土壤下渗强，径流深度较 LGⅢ$_1$ 和 LGⅢ$_2$ 稍小。

NH_3-N 含量在 LGⅣ$_1$ 亚区很高，达到 13.54mg/L，LGⅢ$_1$ 亚区受人类城市活动影响，NH_3-N 含量次之，LGⅢ$_2$ 亚区农业较发达，NH_3-N 含量较高，LGⅣ$_2$、LGⅡ$_1$、LGⅠ$_2$、LGⅢ$_3$、LGⅠ$_1$ 和 LGⅠ$_3$ 6 个亚区的 NH_3-N 含量较为平均，且依次降低，最低的是 LGⅠ$_3$ 亚区，只有 0.17mg/L。

各亚区 pH 均偏碱性；LGⅢ$_3$ 亚区为东部偏远山区，受人类干扰少，pH 最接近中性；LGⅠ$_1$、LGⅢ$_1$、LGⅢ$_2$ 亚区流域水呈微碱性；LGⅡ$_1$ 亚区流域水呈碱性；LGⅣ$_2$ 亚区 pH 最大，碱性最强。

DO 呈现出海拔由高到低逐渐递减的趋势。LGⅠ$_1$ 亚区主要为山区，植物较多，水土保持较好，水中 DO 含量最大，为 14.61mg/L；LGⅡ$_1$、LGⅢ$_3$、LGⅠ$_2$ 和 LGⅢ$_3$ 4 个亚区 DO 次之，均在 8.4mg/L 以上；LGⅣ$_1$ 亚区受水体富营养化影响，水中 DO 含量最低。

对各单指标值进行归一化赋值，并综合求和，获得滇池流域各生态亚区栖息地安全综合指数（表 7-5）。其中，安全指数越高，该水生态亚区的生物栖息地越安全。

表 7-5 不同亚区的生物栖息地安全性指标对比

亚区编码	径流深/mm	NH_3-N/（mg/L）	pH	DO/（mg/L）	生物栖息地安全性综合指数
LGⅠ$_1$	370	0.19	7.8	14.61	3.041
LGⅠ$_2$	180	0.32	8.4	8.62	1.96
LGⅠ$_3$	360	0.17	8.3	7.81	2.18
LGⅢ$_1$	150	7.59	7.8	5.73	1.33
LGⅢ$_2$	180	0.98	8.1	8.48	2.02
LGⅢ$_3$	130	0.22	7.4	9.61	2.46
LGⅣ$_1$	1160	13.54	8.3	5.20	1.61
LGⅣ$_2$	1160	0.33	9.7	6.83	2.16
LGⅡ$_1$	340	0.33	8.7	12.58	2.41
LGⅤ$_1$	—	—	—	—	—

由各亚区水生物栖息地安全指数空间分布图（图 7-5）可以看出，滇池流域水生态功能亚区的生物栖息地安全性由大到小依次为 LGⅠ$_1$>LGⅢ$_3$>LGⅡ$_1$>LGⅠ$_3$>LGⅣ$_1$>LGⅢ$_2$>LGⅠ$_2$>LGⅣ$_1$>LGⅢ$_1$。其中，LGⅠ$_1$ 亚区生物栖息地安全性最高，具有水生生物最适宜的生境。

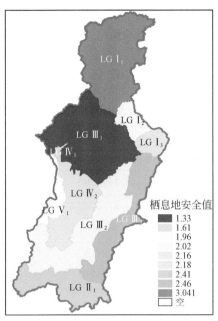

图 7-5　滇池流域水生态功能亚区水生物栖息地安全指数空间分布

7.3.4　水生物安全

水生物作为流域环境的最终受体,其状态直接表征了流域的水生态环境状态。流域良好的生态环境能够为多种生物提供栖息地,保证其拥有较为合理的生态位,保留较高的生物多样性;而流域较高的生物多样性增加了食物链的强度,物种关系更加复杂,从而增加了流域生态系统的稳定性,进而提高水生态系统安全性。因此,水生生物多样性是对流域水环境安全和水生态健康的直接反映。

滇池流域生物种类繁多,构成了复杂的食物网,鱼作为食物链中的顶级生物,其多样性表征了水生生物链的完整性。滇池流域土著鱼是流域水体中生存最久,对流域特殊环境高度适应的物种,其生存状况不仅反映了流域水环境和水生态状况,其变化还反映了流域的变化。土著鱼的种类越多,说明流域生态完整性越高,水生境保存得越完好。

根据滇池流域的土著鱼生存现状和数据资料的调查情况,选取土著鱼的出现种类数作为水生境状态的量化指标,列于表 7-6 中。

总体来说,土著鱼主要分布在滇池流域海拔较高的水域。LG I$_1$亚区主要为山区,土著鱼出现的种类数最多,有六种:滇池金线鲃 *Sinocyclocheilus gahami*、云南光唇鱼 *Acrossocheilus yunnanensis*、云南盘鮈 *Discogobio yunnanensis*、昆明裂腹鱼 *Schizothorax graham*、侧纹云南鳅 *Yunnanilus pleurotaenia*、异色云南鳅 *Yunnaniklus discoloris*,说明其生物多样性最高,生态环境保存良好;LG IV$_2$亚区土著鱼出现的种类数次之;LG III$_2$、LG II$_1$、LG V$_1$、LG I$_3$ 4 个区土著鱼出现的种类数较少,生物多样性情况不乐观;LG I$_2$、LG III$_1$、LG III$_3$、LG IV$_1$ 4 个亚区没有出现一种类型土著鱼,间接说明流域生物多样性很低,水生态系统安全性不理想。

对土著鱼类在流域水系的分布数值进行归一化赋值,综合求和,获得滇池流域各生态亚区生物安全综合指数（表7-6）。滇池流域土著鱼出现的种类数的空间分布如图7-6所示。土著鱼出现的种类数最多，生物多样性最大，水生态系统则最为安全；各亚区在水生物安全方面的水生态系统安全性由大到小依次为 LG I_1>LG IV_2>LG III_2>LG V_1>LG II_1> LG I_3>LG I_2>LGIV_1。

表7-6　不同生态亚区的土著鱼种类数和生物安全综合指数

分区编码	分区名称	土著鱼的种类	水生物安全性综合指数
LG I_1	嵩明—森林主导型—松华坝水库—水生态亚区	6	1
LG I_2	大阪桥镇北—农田主导型—天然河道—水生态亚区	0	0
LG I_3	大阪桥镇北—森林主导型—宝象河水库—水生态亚区	1	0.17
LG III_1	昆明城区—城镇主导型—人工河道—水生态亚区	0	0
LG III_2	呈贡晋宁—农田主导型—人工天然参半—水生态亚区	3	0.5
LG III_3	呈贡—森林农田参半—水库—水生态亚区	0	0
LG IV_1	滇池—水域—草海—水生态亚区	0	0
LG IV_2	滇池—水域—外海—水生态亚区	4	0.67
LG II_1	晋宁—森林主导型—水库—水生态亚区	2	0.33
LG V_1	西山—森林村镇参半—水生态特区	3	0.5

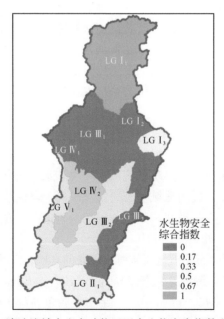

图7-6　滇池流域水生态功能亚区水生物安全指数空间分布

7.4　滇池流域水生态系统安全评估结果解析及管理对策

分别对各亚区4个水生态系统安全性因子进行归一化赋值，并对归一化赋值后的各项

因子进行综合，计算水生态系统安全性综合指标值 X_i（表 7-7），计算方法为

$$X_i = (1 - A_i) + B_i + C_i + D_i (i = 1, 2, 3, \cdots, 9)$$

式中，A_i 为第 i 个亚区的流域压力强度归一化值；B_i 为第 i 个亚区的水环境安全性归一化值；C_i 为第 i 个亚区的生物栖息地安全性归一化值；D_i 为第 i 个亚区的水生物安全性归一化值。

表 7-7　各亚区水生态系统安全性综合指标值

亚区编码	流域压力强度归一化值	水环境安全性归一化值	生物栖息地安全性归一化值	水生物安全归一化值	水生态系统安全性综合指标值
LG Ⅰ₁	0.05	0.92	1	1	3.88
LG Ⅰ₂	0.16	0.70	0.37	0	1.90
LG Ⅰ₃	0	1.00	0.50	0.17	2.67
LG Ⅲ₁	1	0.00	0	0	0.00
LG Ⅲ₂	0.40	0.66	0.40	0.5	2.16
LG Ⅲ₃	0.10	0.61	0.66	0	2.17
LG Ⅳ₁	1	0.52	0.16	0	0.68
LG Ⅳ₂	0.40	0.67	0.48	0.67	1.83
LG Ⅱ₁	0.05	0.99	0.63	0.33	2.90

　　根据各亚区水生态系统安全性综合指标值，获得滇池流域水生态安全综合评估结果分布（图 7-7）。

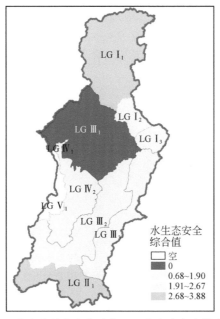

图 7-7　滇池流域水生态功能亚区水生态安全综合指数

总体来看，除了昆明城区所在的 LGⅢ₁ 区处于不安全状态，滇池流域水生态系统处于基本安全状态（图7-7）。需要特别说明的是 LGⅤ₁ 区，由于该区主要陆地区域为陡峭的岩石山，没有入湖河流，只有雨季排水的干沟。区内唯一的河流为海口河，是滇池的唯一出水口。LGⅤ₁ 区的特殊水文地貌特征形成了与流域其他亚区完全不同的水生态系统特性，因而无法将其纳入水生态安全性分析的对比与排序中。

根据滇池水生态安全综合评估结果，流域内各水生态功能亚区的水生态安全性由大到小依次为 LGⅠ₁ > LGⅡ₁ > LGⅠ₃ > LGⅢ₃ > LGⅢ₂ > LGⅠ₂ > LGⅣ₂ > LGⅣ₁ > LGⅢ₁（图7-8）。

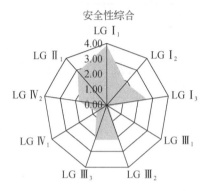

图7-8　各亚区水生态系统安全性综合对比

LGⅠ₁ 亚区位于滇池流域最北边，主要为山区。该区人类活动干扰弱，流域压力强度小，流域压力因素影响的安全性高；植物覆盖较多，生态系统较为完整，生物多样性高；水域环境较好，适宜生物生存，生物栖息地安全性高；水环境安全性不及前三者高；流域压力因素影响的安全性、生物多样性和生物栖息地安全性对整体的贡献，使得总体水生态系统安全性很高，生态系统保存好（图7-9）。该区生态系统安全性很高，应继续加以保护，禁止新建、改建和扩建与滇池保护无关的各类建设项目，避免人类干扰导致生态系统遭到破坏，尽量保存其生态系统的原始性。

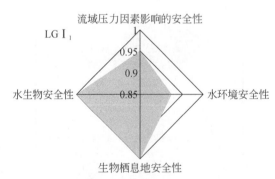

图7-9　LGⅠ₁ 亚区各水生态系统安全性因子对比

LGⅡ₁ 亚区位于滇池流域最南边，主要由山地构成。该区居住的人口少，流域压力强度小，流域压力因素影响的安全性高；生物分布种类较少，生物多样性较低；水域环境较好，生物栖息地安全性较高；水量较多，水环境安全性较高；流域压力因素影响的安全性和生物栖息地安全性对整体的贡献使得总体水生态系统安全性较高（图7-10）。

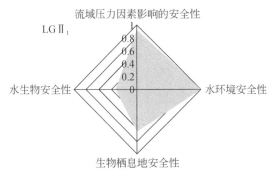

图7-10 LGⅡ₁亚区各水生态系统安全性因子对

该亚区生物多样性较低，应针对生物多样性加以保护，禁止捕杀国家保护动物，保护森林植被和野生动物、植物资源。

LGⅠ₃亚区位于滇池流域东北面，主要为山区。由于距离滇池远，居住人类少，人类活动强度不大，流域压力强度小，流域压力因素影响的安全性高；水生物安全性一般；水质较好，生物栖息地安全性较高；水环境安全性较高；流域压力因素影响的安全性对整体的贡献使得总体水生态系统安全性较高（图7-11）。

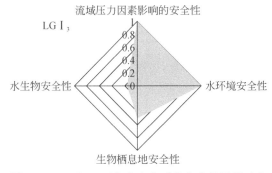

图7-11 LGⅠ₃亚区各水生态系统安全性因子对比

该亚区生物多样性较低，禁止一切可能造成生物多样性减少的行为，如捕猎、砍伐树木、项目施工等，确保生物良好的生存环境，避免因营养级缺失造成食物链断裂。

LGⅢ₃亚区位于滇池流域最东边，主要为山区。人类活动干扰较小，流域压力强度较小，流域压力因素影响的安全性较高；生物多样性低；生物栖息地和水环境的安全性处于中等水平；总体具有中等水生态系统安全性（图7-12）。

该亚区不仅生物多样性低，生物栖息地安全性和水环境安全性也不高，径流深很浅，水资源缺乏。不仅需要保护生物，提高生物多样性，还应加强山区森林水源涵蓄功能，禁止开荒种地、开坡建墓、开山采矿等行为，鼓励植树造林、绿化荒山、提高森林覆盖率。

LGⅢ₂亚区位于滇池东面，与滇池相接。农业较发达，且居住着较多人类，对流域环境产生一定压力，流域压力因素影响的安全性处于中等水平；由于农业影响水质较差，生物多样性、生物栖息地安全性和水环境安全性不高；总体水生态系统安全性处于中等水平（图7-13）。

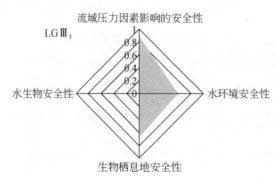

图 7-12　LGⅢ₃亚区各水生态系统安全性因子对比

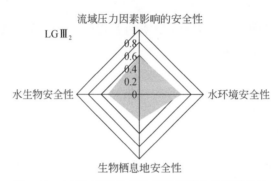

图 7-13　LGⅢ₂亚区各水生态系统安全性因子对比

　　该亚区主要为农业用地，农业面源污染严重，应禁止规模化畜禽养殖，避免使用毒性大的农药，在合适的地方退耕还林，发展生态农业，推广多级利用思想，循环农业废物，变废为宝，减少污染。

　　LGⅠ₂亚区位于滇池流域东北面，主要由山区构成，水生态系统与 LGⅢ₃相似。人类活动干扰较小，流域压力强度较小，流域压力因素影响的安全性较高；由于水量和水质均不是特别理想，生物多样性、生物栖息地安全性和水环境安全性均处于中等水平；总体水生态系统安全性一般（图 7-14）。

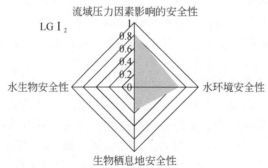

图 7-14　LGⅠ₂亚区各水生态系统安全性因子对比

该亚区水生态系统安全性情况与 LGⅢ₃亚区较为相似，同样，应在生物保护和森林水源涵蓄功能改善两方面加以重视。

LGⅣ₂亚区为滇池外海，主要为湖体。鱼类较多，生物多样性较高；水体 NH_3-N 含量较高，生物栖息地安全性较低；藻毒素含量较高，易爆发水华，水环境安全性较低；生物多样性和水环境安全性对整体的贡献，使得总体水生态系统安全性一般（图 7-15）。

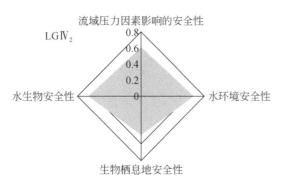

图 7-15 LGⅣ₂亚区各水生态系统安全性因子对比

该亚区为滇池外海，生物栖息地安全性较低，应提高生物栖息地的环境安全指数，禁止向湖体倾倒垃圾、废渣、废水等，禁止在湖边洗刷生产、生活用具，减少水中 N、P 含量，改善水质。

LGⅣ₁亚区为滇池草海，主要为湖体。鱼类分布较少，生物多样性低；由于水体 N、P 含量很高，富营养化严重，生物栖息地安全性和水环境安全性都很低；由于生物多样性、生物栖息地安全性和水环境安全性的限制，总体水生态系统非常不安全，不适宜水生生物生存（图 7-16）。

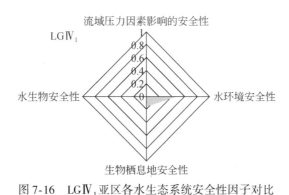

图 7-16 LGⅣ₁亚区各水生态系统安全性因子对比

作为滇池湖体受人类活动影响严重的区域，草海水体富营养化非常严重，水质为劣Ⅴ类，管理上应截断外来污染源，改善水体置换周期，并提高水体对污染物的自净能力。降低内源性营养物质负荷，可构建人工湿地、恢复高等水生陆生植物等重建水生生态环境，使水体恢复其应有的功能；同时，控制外源性营养物质的输入，如城市建设实现雨污分流，在上游建设排污工程等。

    LG Ⅲ₁亚区位于昆明市区。工业和第三产业发达，人类对城市土地利用强度大，人口密集，流域压力强度大，流域压力的影响导致其安全性低；污染水质不适宜生物生存。水生物安全性、生物栖息地安全性和水环境安全性均较低，导致水生态系统总体处于不安全的状态（图7-17）。

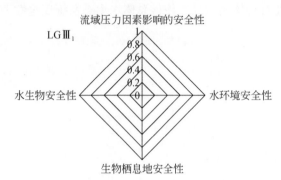

图7-17　LG Ⅲ₁亚区各水生态系统安全性因子对比

    该亚区主要为昆明市区，人口密集，人类活动强度很大，工业污染严重，应适度控制城市人口规模与发展要求，对城市进行有机疏散，避免城市化无序发展；加快城市污水处理、排水管网等基础设施建设，大力推广中水回用技术；建设生态工业园区，发展循环经济思想；禁止新建钢铁、石油化工、农药等污染严重的产业。

参 考 文 献

艾者协措. 2013. 生态位分化、扩散和集合群落空间构型对于群落可重复性、物种稀有性和物种配置的影响. 甘肃: 兰州大学.

蔡佳亮. 2009. 湖泊流域水生态功能分区研究. 北京: 北京大学硕士学位论文.

蔡晓明. 2000. 生态系统生态学. 北京: 科学出版社.

陈德容, 周竹渝, 王勇, 等. 2004. 重庆市水环境功能区划. 四川环境, 23 (3): 71-74.

陈明曦, 陈芳清, 刘德富. 2007. 应用景观生态学原理构建城市河道生态护岸. 长江流域资源与环境, 16 (1): 97-101.

陈婉. 2008. 城市河道生态修复初探. 北京: 北京林业大学.

滇池水利志编纂委员会. 1997. 滇池水利志. 昆明: 云南人民出版社.

董学荣, 吴瑛. 2013. 滇池沧桑—千年环境史的视野. 北京: 知识产权出版社.

董雪旺. 2004. 镜泊湖风景名胜区生态安全评价研究. 国土与自然资源研究, (2): 74-76.

段学花, 王兆印, 田世民. 2007. 河床底质对大型底栖动物多样性影响的野外试验. 清华大学学报 (自然科学版), 47 (9): 1553-1556.

樊灏, 黄艺, 曹晓峰, 等. 2016. 基于水生态系统结构特征的滇池流域水生态功能三级分区. 环境科学学报, 36 (4): 1447-1456.

樊杰. 2006. 基于国家 "十一五" 规划解析经济地理学科建设的社会需求与新命题. 经济地理, (4): 545-550.

樊杰. 2007. 我国主体功能区划的科学基础. 地理学报, 62 (4): 339-350.

樊杰. 2015. 中国主体功能区划方案. 地理学报, 70 (2): 186-201.

傅伯杰, 陈利顶, 刘国华. 1999. 中国生态区划的目的、任务及特点. 生态学报, 19 (5): 591-595.

傅伯杰, 刘国华, 陈利顶, 等. 2001. 中国生态区划方案. 生态学报, 21 (1): 1-6.

高吉喜, 张向晖, 姜昀, 等. 2007. 流域生态安全评价关键问题研究. 科学通报, (a02): 216-224.

高健磊, 吴泽宁, 左其亭. 2002. 水资源保护规划理论方法与实践. 郑州: 黄河水利出版社.

高永年, 高俊峰. 2010. 太湖流域水生态功能分区. 地理研究, 29 (1): 111-117.

高喆, 曹晓峰, 樊灏, 等. 2015. 滇池流域入湖河流水文形貌特征对丰水期大型底栖动物群落结构的影响. 生态环境学报, 24 (6): 1209-1215.

高喆, 曹晓峰, 樊灏, 等. 2016. 基于保护目标制定的湖泊流域入湖河流河段划分方法——以滇池流域为例. 环境科学学报, 36 (3): 1070-1079.

高喆, 曹晓峰, 黄艺, 等. 2015. 滇池流域水生态功能一二级分区研究. 湖泊科学, 27 (1): 175-182.

郭怀成, 黄凯, 刘永, 等. 2007. 河岸带生态系统管理研究概念框架及其关键问题. 地理研究, 26 (4): 789-798.

国务院西部地区开发领导小组办公室, 中华人民共和国环境保护部. 2002. 生态功能区划技术暂行规程. 北京: 中华人民共和国环境保护部.

何兴元. 2004. 应用生态学. 北京: 科学出版社.

何焰, 由文辉, 吴健. 2006. 上海市水环境生态安全评价. 水资源保护, 22 (6): 18-20.

侯国祥, 张豫, 苏海, 等. 2004. 基于 Arc/GIS 的长江流域水环境功能区划研究. 华中科技大学学报: 自然科学版, 32 (6): 105-107.

侯学煜. 1988. 中国自然生态区划与大农业发展战略. 北京: 科学出版社.

黄秉维. 1940. 中国之植物区域 (上). 史地杂志, 1 (3): 19-30.

黄秉维. 1940. 中国之植物区域 (下). 史地杂志, 1 (4): 38-52.

黄廷林, 杨凤英, 柴蓓蓓, 等. 2012. 水源水库污染底泥不同修复方法脱氮效果对比实验研究. 中国环境科学, 32 (11): 2032-2038.

黄艺, 蔡佳亮, 郑维爽, 等. 2009. 流域水生态功能分区以及区划方法的研究进展. 生态学杂志, 28 (3): 542-548.

纪强, 史晓新, 朱党生, 等. 2002. 中国水功能区划的方法与实践. 水利规划与设计, (1): 44-47.

金相灿. 1995. 中国湖泊环境. 北京: 海洋出版社.

李文华等. 2008. 生态系统服务功能价值评估的理论、方法与应用. 北京: 中国人民大学出版社.

李艳利, 李艳粉, 徐宗学. 2015. 影响浑太河流域鱼类群落结构的不同尺度环境因子分析. 环境科学, 35 (9): 3504-3512.

李轶, 李晶, 胡洪营, 等. 2008. 难降解有机物污染底质原位修复技术研究进展. 生态环境, 17 (6): 2482-2487.

刘宝兴. 2007. 苏州河生态恢复过程中底栖动物的研究. 上海: 华东师范大学.

刘明, 刘淳, 王克林. 2007. 洞庭湖流域生态安全状态变化及其驱动力分析. 生态学杂志, 26 (8): 1271-1276.

刘永, 郭怀成. 2008. 湖泊—流域生态系统管理研究. 北京: 科学出版社.

陆强, 陈慧丽, 邵晓阳, 等. 2013. 杭州西溪湿地大型底栖动物群落特征及与环境因子的关系. 生态学报, 33 (9): 2803-2815.

吕明姬, 汪杰, 范铮, 等. 2011. 滇池浮游细菌群落组成的空间分布特征及其与环境因子的关系. 环境科学学报, 2: 299-306.

马溪平, 周世嘉, 张远, 等. 2010. 流域水生态功能分区方法与指标体系探讨. 环境科学与管理, 35 (2): 59-64.

蒙吉军. 2005. 综合自然地理学. 北京: 北京大学出版社.

孟平, 马涛. 2015. 巢湖水污染现状, 原因及生态治理法探讨. 资源节约与环保, (1): 171-173.

孟伟, 张远, 张楠, 等. 2011. 流域水生态功能分区与质量目标管理技术研究的若干问题. 环境科学学报, 31 (7): 1345-1351.

孟伟, 张远, 张楠, 等. 2011. 流域水生态功能分区与质量目标管理技术研究的若干问题. 环境科学学报, 31 (7): 1345-1351.

孟伟, 张远, 郑丙辉. 2007. 水生态区划方法及其在中国的引用前景. 水科学进展, 18 (2): 216-222.

孟伟, 张远, 郑丙辉. 2007. 辽河流域水生态分区研究. 环境科学学报, 27 (6): 911-918.

苗鸿, 王效科, 欧阳志云. 2001. 中国生态环境胁迫过程区划研究. 生态学报, 21 (1): 7-13.

倪晋仁, 高晓薇. 2011. 河流综合分类及其生态特征分析Ⅱ: 应用. 水利学报, 42 (10): 1177-1184.

倪晋仁, 高晓薇. 2011. 河流综合分类及其生态特征分析Ⅰ: 方法. 水利学报, 42 (9): 1009-1016.

牛克昌, 刘怿宁, 沈泽昊, 等. 2009. 群落构建的中性理论和生态位理论. 生物多样性, 17 (6): 579-593.

欧阳志云, 王如松, 赵景柱. 1999. 生态系统服务功能及其生态经济价值评价. 应用生态学报, 10 (5): 625-640.

欧阳志云, 王如松. 2005. 区域生态规划理论与方法. 北京: 化学工业出版社.

欧阳志云. 2007. 中国生态功能区划. 中国勘察设计, (3): 21-22.

彭文启. 2012. 《全国重要江河湖泊水功能区划》的重大意义. 中国水利, (7): 34-37.

钱正英, 张光斗. 2001. 中国可持续发展水资源战略研究综合报告及各专题报告. 北京: 中国水利水电出版社.

世界资源研究所. 2005. 生态系统与人类福祉——生物多样性综合报告. 中华人民共和国环境保护部履行

《生物多样性公约》办公室编译. 北京：中国环境科学出版社.

孙刚, 盛连喜. 2001. 湖泊富营养化治理的生态工程. 应用生态学报, 12 (4)：590-592.

孙金华, 曹晓峰, 黄艺. 2011. 滇池流域土地利用对入湖河流水质的影响. 中国环境科学, 31 (12)：
2052-2057.

孙然好, 汲玉河, 尚林源, 等. 2013. 海河流域水生态功能一级二级分区. 环境科学, 34 (2)：509-516.

唐涛, 蔡庆华. 2010. 水生态功能分区研究中的基本问题. 生态学报, 30 (22)：6255-6263.

王耕, 王利, 吴伟. 2007. 基于 GIS 的辽河干流饮用水源地生态安全演变趋势. 应用生态学报, 18 (11)：
2548-2553.

王耕, 吴伟. 2005. 基于 GIS 的西辽河流域生态安全空间分异特征. 环境科学, 26 (5)：28-33.

王韩民, 郭玮. 2001. 国家生态安全：概念、评价及对策. 管理世界, (2)：149-156.

王宏昌, 魏晶, 姜萍, 等. 2006. 辽西大凌河流域生态安全评价. 应用生态学报, 17 (12)：2426-2430.

王俭, 韩婧男, 王蕾, 等. 2013. 基于水生态功能分区的辽河流域控制单元划分. 气象与环境学报,
29 (3)：107-111.

王金南, 吴舜泽, 曹东. 2007. 环境安全管理：评估与预警. 北京：科学出版社.

文航, 蔡佳亮, 苏玉, 等. 2011. 利用水生生物指标识别滇池流域入湖河流水质污染因子及其空间分布特
征. 环境科学学报, 31 (1)：69-80.

文航, 蔡佳亮, 苏玉, 等. 2011. 滇池流域入湖河流丰水期着生藻类群落特征及其与水环境因子的关系.
湖泊科学, 23 (1)：40-48.

吴丰昌, 孟伟, 宋永会, 等. 2008. 中国湖泊水环境基准的研究进展. 环境科学学报, 28 (12)：
2385-2393.

吴开亚, 张礼兵, 金菊良, 等. 2007. 基于属性识别模型的巢湖流域生态安全评价. 生态学杂志, 26 (5)：
759-764.

夏青. 1989. 水环境保护功能区划分. 北京：海洋出版社.

肖笃宁, 陈文波, 郭福良. 2002. 论生态安全的基本概念和研究内容. 应用生态学报, 13 (3)：354-358.

熊怡, 张家桢. 1995. 中国水文区划. 北京：科学出版社.

许宏斌. 2003. 云南省水环境功能区划. 云南环境科学, 22 (01)：22-24.

燕乃玲, 虞孝感. 2003. 我国生态功能区划的目标、原则与体系. 长江流域资源与环境, 12 (6)：
579-585.

阳平坚, 郭怀成, 周丰, 等. 2007. 水功能区划的问题识别及相应对策. 中国环境科学, 27 (3)：419-422.

阳平坚, 吴为中, 孟伟, 等. 2007. 基于生态管理的流域水环境功能区划——以浑河流域为例. 环境科
学学报, 27 (6)：944-952.

杨勤业, 李双成. 1999. 中国生态地域划分的若干问题. 生态学报, 19 (5)：596-601.

尹民, 杨志峰, 崔保山. 2005. 中国河流生态水文分区初探. 环境科学学报, 25 (4)：423-428.

尹越, 李晓红, 祁国炜. 2003. 地理信息系统 (GIS) 在水环境功能区划汇总中的应用. 甘肃环境研究与监
测, 16 (3)：284-285.

于书霞, 尚金城, 郭怀成. 2004. 生态系统服务功能及其价值核算. 中国人口·资源与环境, 14 (5)：
42-44.

于洋, 张民, 钱善勤, 等. 2010. 云贵高原湖泊水质现状及演变. 湖泊科学, 22 (6)：820-828.

喻锋, 李晓兵, 王宏, 等. 2006. 皇甫川流域土地利用变化与生态安全评价. 地理学报, 61 (6)：645-653.

张慧. 2014. 滇池流域综合治理对水质的影响研究. 昆明：昆明理工大学.

赵俊杰. 2002. 全国水环境功能区划初步完成. 中国经贸导刊, (20)：24.

郑达贤, 汤小华, 曾从盛, 等. 2007. 福建省生态功能区划研究. 北京：中国环境科学出版社.

中华人民共和国环境保护部．2002．水和废水监测分析方法（第四版）．北京：中国环境科学出版社．

中华人民共和国环境保护部环境规划院．2001．水环境功能区划分技术导则．北京：中华人民共和国环境保护部．

中华人民共和国水利部水资源司，中华人民共和国水利部水利水电规划设计总院．2013．全国重要江河湖泊水功能区划手册．北京：中国水利水电出版社．

周丰，刘永，黄凯，等．2007．流域水环境功能区划及其关键问题．水科学进展，18（2）：293-300．

周淑荣，张大勇．2006．群落生态学的中性理论．植物生态学报，30（5）：868-877．

朱红云，杨桂山，董雅文．2004．江苏长江干流饮用水源地生态安全评价与保护研究．资源科学，26（6）：90-96．

竺可桢．1931．中国气候区域论．气象研究所集刊，第一号．

左伟，陈洪玲，王桥，等．2004．基于遥感的山区县域土地覆被变化的驱动力因子和生态环境效应分析——以重庆市忠县为例．山地学报，22（2）：240-247．

左伟，王桥，王文杰，等．2002．区域生态安全评价指标与标准研究．地理与地理信息科学，18（1）：67-71．

Allan J, Johnson L. 1997. Catchment- scale analysis of aquatic ecosystems . Freshwater Biology, 37（1）: 107-111.

Arunachalam M, Nair K M, Vijverberg J, et al. 1991. Substrate selection and seasonal variation in densities of invertebrates in stream pools of a tropical river . Hydrobiologia, 213（2）: 141-148.

Bailey R G, Zoltai S C, Wiken E B. 1985. Ecological regionalization in Canada and the United States. Geoforum, 16（3）: 265-275.

Bailey R G, Cushwa C T. 1981. Ecoregions of North America FWS/OBS-8/29. Washington, DC: U. S. Fish and Wildlife service, scale 1 : 12000000.

Bailey R G. 1976. Map: Ecoregions of the United States. Ogden, Utah: USDA Forest Service, Intermountain Region, scale 1 : 7500000.

Bailey R G. 1994. Ecoregions of the United States（rev.）. Washington DC: USDA Forest Service, scale 1 : 7500000.

Bailey R G. 1996. Ecosystem geography with separate maps of the ocean and continents at 1: 80000000. New York: Springer- Verlag.

Bailey R G. 1989. Ecoregions of the Continents- scale 1 : 30000000 map of land- masses of the world. Environmental Conservation, 16: 307-309.

Bailey R G. 1997. Ecoregions of the North America（rev.）. Washington DC: USDA Forest Service, scale 1 : 7500000.

Bailey R G. 1988. Ecogeographic analysis: a guide to the ecological division of land for resource management.

Barling R D, Moore I D. 1994. Role of buffer strips in management of waterway pollution: a review. Environmental Management, 18（4）: 543-558.

Barmuta L A. 1990. Interaction between the effects of Substratun, Velocity and location on Stream Benthos: and experiment. Marine and Freshwater Research, 41（5）: 557-573.

Beauger A, Lair N, Reyes-Marchant P, et al. 2006. The distribution of macroinvertebrate assemblages in a reach of the River Allier（France）, in relation to riverbed characteristics. Hydrobiologia, 571（1）: 63-76.

Beisel J, Usseglio- Polatera P, Thomas S, et al. 1998. Stream community structure in relation to spatial variation: the influence of mesohabitat characteristics. Hydrobiologia, 389（1-3）: 73-88.

Brown L R. 1963. Agricultural diversification and economic development in Thailand: a case study. United States

Department of Agriculture, Economic Research Service.

Brussock P P, Brown A V, Dixon J C. 1985. Channel form and stream ecosystem models1.

Buss D F, Baptista D F, Nessimian J L, et al. 2004. Substrate specificity, environmental degradation and disturbance structuring macroinvertebrate assemblages in neotropical streams. Hydrobiologia, 518 (1- 3): 179-188.

Cobb D G, Galloway T D, Flannagan J F. 1992. Effects of discharge and substrate stability on density and species composition of stream insects. Canadian Journal of Fisheries and Aquatic Sciences, 49 (9): 1788-1795.

Costanza R, Arge R, Groot R, et al. 1997. The value of the world´s ecosystem services and natural capital. Nature, 387: 253-260.

Costanza R. 2008. Ecosystem services: multiple classification systems are needed. Biological Conservation, 141 (2): 350-352.

Cretchen C. Daily. 1997. Nature´s Services: Societal Dependence on Natural Ecosystems. California: Island Press.

Crowley J M. 1967. Biogeography. The Canadian Geographer/Le Géographe canadien, 11 (4): 312-326.

Davies P E. 2000. Development of a national river bioassessment system. In: Wright J F, Sutcliffe D W, Furse M T. Assessing the Biological Quality of Fresh Waters RIVPACS and other Techniques Cumbria, UK: Freshwater Biological Association. AUSRIVAS in Australia, 2000: 113-124.

Dice L R. 1943. The Biotic Provinces of North America with Separate Map at 1 inch Equals 500 Miles. Ann Arbor: University of Michigan Press.

Elder J. 1994. The big picture: Sierra Club Critical Ecoregions Program. Sierra, 79: 52-57.

EU Water Framework Directive. 2000. Directive 2000 /60 /EC of the European Parliament and of the Council of 23 October 2000 establishing a framework for Community action in the field of water policy. Official Journal of the European Communities, L327: 1-72.

Falkenmark M, Folke C. 2000. How to bring ecological services into integrated water resources management. AMBIO: A Journal of the Human Environment, 29 (6): 351-352.

Flecker A S, Allan J D. 1984. The importance of predation, substrate and spatial refugia in determining lotic insect distributions. Oecologia, 64 (3): 306-313.

Friberg N, Skriver J, Larsen S E, et al. 2010. Stream macroinvertebrate occurrence along gradients in organic pollution and eutrophication. Freshwater Biology, 55 (7): 1405-1419.

Frissell C A, Liss W J, Warren C E, et al. 1986. A hierarchical framework for stream habitat classification: viewing streams in a watershed context. Environmental Management, 10 (2): 199-214.

Gravel D, Canham C D, Beaudet M, et al. 2006. Reconciling niche and neutrality: the continuum hypothesis. Ecology Letters, 9 (4): 399-409.

Hargrove W W, Hoffman F M. 1999. Using multivariate clustering to characterize ecoregion borders. Computing in Science & Engineering, 1 (4): 18-25.

Herbertson A J. 1905. The major natural regions: an essay in systematic geography. Geogr J., 25: 300-312.

Hirzel A H, Le Lay G. 2008. Habitat suitability modelling and niche theory. Journal of Applied Ecology, 45 (5): 1372-1381.

Hynes H B N. 1975. Edgardo Baldi memorial lecture. The stream and its valley. Verhandlungen der Internationalen Vereinigung Fur Theoretische und Angewandte Limnologie, 19: 1-15.

Johnson M G, Brinkhurst R O. 1971. Production of benthic macroinvertebrates of Bay of Quinte and Lake Ontario. Journal of the Fisheries Board of Canada, 28 (11): 1699-1714.

Karr J R. 2000. Health. integrity and biological assessment: the importance of whole things. In: Westra L, Noss R F. Ecological Integrity: Integrating Environment, Conservation and Health. Island Press: Washington DC.

Karr J R. 1991. Biological integrity: A long- neglected aspect of water resource management. Ecological Applications, 1 (1): 66-84.

Klein R D. 1979. Urbanization and stream quality impairment1. Water Resources Bulletin, 15 (4): 948-963.

Klijn M, Udo Haea H A. 1994. A hierarchical approach to ecosystems and its implications for ecological land classification. Landscape Ecology, 9: 89-104.

Lugo A E, Brown S L, Dodson R, et al. 1999. The Holdridge life zones of the conterminous United States in relation to ecosystem mapping. Journal of Biogeography, 26 (5): 1025-1038.

Marshall I B, Smith C S, Selby C J. 1987. A national framework for monitoring and reporting on environmental sustainability in Canada. Environmental Monitoring and Assessment, 39: 25-38.

Merriam C H. 1898. Life zones and crop zones of the United Stated. Bulletin Division Biological Survey 10. Washington DC: US Department of Agriculture.

Miers D. 2004. Situating and researching restorative justice in Great Britain. Punishment & society, 6 (1): 23-46.

Montgomery D R. 1999. Process domains and the river continuum1.

Moog O, Kloiber A S, Thomas O. 2004. Does the ecoregion approach support the typological demands of the EU "Water Frame Directive". Hydrobiologia, 516: 21-33.

Moog O, Schmidt-Kloiber A, Ofenböck T, et al. Does the ecoregion approach support the typological demands of the EU 'Water Framework Directive'. Integrated Assessment of Running Waters in Europe. Springer Netherlands, 2004: 21-33.

Muneepeerakul R, Bertuzzo E, Lynch H J, et al. 2008. Neutral metacommunity models predict fish diversity patterns in Mississippi-Missouri basin. Nature, 453 (7192): 220-222.

Naiman R J, Décamps H, Pastor J, et al. 1988. The potential importance of boundaries of fluvial ecosystems. Journal of the North American Benthological Society, 1988: 289-306.

Naiman R J, Lonzarich D G, Beechie T J, et al. 1992. General principles of classification and the assessment of conservation potential in rivers. River Conservation and Management, 1992: 93-123.

Olson D M, Dinerstein E. 1998. The Global 200: a representation approach to conserving the Earth's most biologically valuable ecoregions. Conservation Biology, 12 (3): 502-515.

Omemik J M, Gallant A L. 1990. Defining Regions for Evaluating Environmental Resources, Proceedings of the Global Natural Resources Monitoring and Assessment Symposium, Bethesda, Maryland, 936-947.

Omemik J M. 1987. Ecoregions of the conterminous United States (Map supplements). Annals of the Association of American Geographers, 77 (1): 118-125.

Pedersen M L, Friberg N, Skriver J, et al. 2007. Restoration of Skjern River and its valley-short-term effects on river habitats, macrophytes and macroinvertebrates. Ecological Engineering, 30 (2): 145-156.

Reice S R. 1985. Experimental disturbance and the maintenance of species diversity in a stream community. Oecologia, 67 (1): 90-97.

Rickett J, Claerbout J. 1999. Acoustic daylight imaging via spectral factorization: Helioseismology and reservoir monitoring. The leading edge, 18 (8): 957-960.

Schumm S A. 1979. Geomorphic thresholds: the concept and its applications. Transactions of the Institute of British Geographers, 1979: 485-515.

Statzner B, Gore J A, Resh V H. 1988. Hydraulic stream ecology: observed patterns and potential applications.

Journal of the North American Benthological Society, 7 (4): 307-360.

Statzner B, Higler B. 1986. Stream hydraulics as a major determinant of benthic invertebrate zonation patterns. Freshwater Biology, 16 (1): 127-139.

Statzner B, Holm T F. 1982. Morphological adaptations of benthic invertebrates to stream flow-an old question studied by means of a new technique (Laser Doppler Anemometry). Oecologia, 53 (3): 290-292.

Søndergaard M, Jeppesen E, Peder Jensen J, et al. 2005. Water Framework Directive: ecological classification of Danish lakes. Journal of Applied Ecology, 42 (4): 616-629.

Tansley A G. 1935. The use and abuse of vegetational concepts and terms. Ecology, 16 (3): 284-307.

Thayer R L. 2003. Life Place: Bioregional Thought and Practice. Berkeley, California: University of California Press.

Udvardy M D F. 1975. A Classification of the Biogeographical Province of the World. Occasional paper No. 18. Switzerland, Morges: International Union for Conservation of Nature and Natural resources.

U. S. Environmental Protection Agency (USEPA) . 2013. Level Ⅲ ecoregions of the continental United States: Corvallis, Oregon, U. S. EPA-National Health and Environmental Effects Research Laboratory, map scale 1 : 7 500 000. http://www.epa.gov/wed/pages/ecoregions/level_ iii_ iv.htm [2016-8-3] .

Wallace J B, Webster J R. 1996. The role of macroinvertebrates in stream ecosystem function . Annual Review of Entomology, 41 (1): 115-139.

Warry N D, Hanau M. 1993. The use of terrestrial ecoregions as a regional-scale screen for selecting representative reference sites for water quality monitoring. Environmental Management, 17: 267-278.

WFD. 2007. Surface water bodies not at risk. http://ec.europa.eu/environment/water/water-framework/facts_ figures/pdf/2007_ 03_ 22_ swb_ no_ risk.pdf [2016-8-3] .

Wickware G M, Rubec C D. 1989. Ecoregions of Ontario. Ecological Land Classification Series, No. 26. Sustainable Development Branch, Environment Canada, Ottawa, Ontario.

Williams B M, Houseman G R. 2014. Experimental evidence that soil heterogeneity enhances plant diversity during community assembly. Journal of Plant Ecology, 7 (5): 461-469.